KB179261

40억 년 간의 시나리오

40억 년 간의 시나리오

존 메이나드 스미스
에올스 스자스마리   지음

한 국 동 물 학 회   옮김

전파과학사

THE ORIGINS OF LIFE

From the birth of life
to the origin of language

번역에 부쳐서

한국의 생물학계를 선도하며 발전을 거듭하고 있는 뿌리 깊은 한국동물학회가 교양 총서 발간 세 번째 사업으로 생명의 기원과 진화에 관한 책을 선택하여 번역 출판한 것은 매우 뜻 깊은 일이 아닐 수 없다. 생명과학의 초석이 되는 생명의 기원과 진화에 관한 현재까지의 연구 자료를 바탕으로 명료하게 쓰여진 이 책이 독자들의 교양 함양과 생명관을 넓히는데 일조가 되기를 바라마지 않는다. 특히 언어의 진화 문제까지 다룬 이 책은 생명과학도 뿐만 아니라 인문, 사회과학도에게도 교육과 학문의 시야를 넓히는 데 도움이 될 것이다.

본 학회의 발전을 위하여 교양 총서 출판 사업을 기획하고 추진하고 있는 출판위원장 박은호 교수와 출판위원회 위원 여러분의 노고에 충심으로 감사를 드린다. 뿐만 아니라, 학회와 후진을 위하여 자원봉사자로서 번역에 참여한 본 학회 회원 여러분과 본 학회 회원이 아니면서도 기꺼이 번역을 분담해 주신 충남대학교 문과대학 언어학과의 성철재 교수의 노고에 감사의 말씀을 드린다. 또한, 훌륭한 책을 만들어주신 전파과학사 여러분들께도 본 학회를 대표하여 진심으로 감사드린다.

2000년 12월 31일
한국동물학회 회장
성신여자대학교 자연과학대학 생물학과 교수　　배　인　하

6

원저에 대하여

이 책의 원저는 영국의 썩세스대학교의 명예교수인 존
메이나드 스미스(John Maynard Smith)와 헝가리의 부다페스
트고등과학원의 에올스 스자스마리(Eörs Szathmáry) 교수가
저술한 「The Origins Of Life : from the Birth of Life to
the Origin of Language」이다. 1999년에 옥스퍼드대학교 출판
부(Oxford University Press)에서 출판한 이 책은 생명과학의
대 명제 중의 하나인 생명의 기원과 진화를 진화의 주요 전
환 과정을 중심으로 체계적으로 조명하였다.

특히 생명과학에서 그 동안 소홀히 다루었던 진화 과정
에서 언어 진화의 중요성을 이 책은 깊이 있게 다루고 있다.
본 학회는 이 책이 생명과학의 모든 분야의 밑바탕이 되는
진화생물학의 중요성을 후학에 일깨울 수 있다고 판단하여
교양 총서 제3권으로 번역 출판하게 되었다. 학회의 방침에
따라서 19명의 회원이 분담하여 번역한 후 내용의 통일성을
기하기 위하여 이를 출판위원회에서 가필 정정하였다. 모든
생물학 용어는 한국생물과학협회에서 심의 제정하여 2000년
에 출판한 『생물학 용어집』과 『교육부 편수 자료』에 따랐다.

2000년 12월 31일
한국동물학회 출판위원장
한양대학교 자연과학대학 생물학과 교수 박 은 호

번역하신 분들(가나다순)

김경진 교수(서울대학교 생명과학부)

김　욱 교수(단국대학교 첨단과학부 생물학 전공)

김일회 교수(강릉대학교 자연과학대학 생물학과)

김찬길 교수(건국대학교 생명과학부 생명공학 전공)

김철근 교수(한양대학교 자연과학대학 생물학과)

김현섭 교수(공주대학교 사범대학 생물교육학과)

김희백 교수(원광대학교 생명과학부 생물교육학 전공)

박은호 교수(한양대학교 자연과학대학 생물학과)

박정희 교수(수원대학교 자연과학대학 생물학과)

서동상 교수(성균관대학교 생명공학부 유전공학과)

성철재 교수(충남대학교 문과대학 언어학과)

안주홍 교수(광주과학기술원 생명과학과)

안태인 교수(서울대학교 생명과학부)

엄경일 교수(동아대학교 자연과학대학 생물학과)

이건수 교수(서울대학교 생명과학부)

전상학 교수(건국대학교 이과대학 생명과학부)

정영란 교수(이화여자대학교 사범대학 과학교육학과)

조철오 교수(한국과학기술원 생물과학과)

최재천 교수(서울대학교 생명과학부)

8

기획 및 편집진

◆ 출판위원장
박은호 교수(한양대학교 자연과학대학 생물학과)

◆ 출판운영위원
김현섭 교수(공주대학교 사범대학 생물교육학과)

◆ 출판위원
김일회 교수(강릉대학교 자연과학대학 생물학과)
김 욱 교수(단국대학교 첨단과학부 생물학 전공)
남궁용 교수(강릉대학교 자연과학대학 생물학과)
안태인 교수(서울대학교 생명과학부)
조철오 교수(한국과학기술원 생물과학과)
최재천 교수(서울대학교 생명과학부)

서문

1995년 우리는 『진화의 주요 전환 과정(*Major Transitions in Evolution*)』이라는 저서에서 진화의 전체 윤곽을 그려낸 적이 있다. 여기에서 진화라 함은 한 세대에서 다음 세대로 전해지는 정보의 변화이며, 정보가 저장되고 전해지는 과정에는 중요한 변혁이 있게 마련이다. 최초의 정보의 전달은 생체 분자의 복제를 통해 이루어졌겠지만 사람과 같은 고등 생물에서 세대간 정보 전달은 언어를 통하여 이루어진다.

이 책은 진화 과정에서 중요한 변혁이라는 의미를 다윈의 입장에서 설명해 보고자 한 것이다. 지난번 책은 생물학 전공자나 생물학적 지식이 있는 일반인을 대상으로 쓰여졌다. 그러나 이 책은 일반 독자층을 대상으로 하였다. 이 책을 읽는데 약간의 생물학적 지식이 필요하겠지만, 독자가 쉽게 읽을 수 있도록 최선을 다하였다. 이 책에는 수많은 생물학적 사실과 새로운 아이디어가 실려 있다. 누구나 마음만 먹으면 쉽게 생물학적 기본 개념을 이해할 수 있으리라 믿는다.

이 책이 나오기까지에는 여러분의 많은 도움이 있었다. 공동 저자의 한 사람인 스자스마리는 부다페스트고등과학원(Collegium Budapest)의 베커(Lajos Vékás) 전임 학장의 지원에 감사 드린다. 또한 1994~1995년과 1996~1997년 사이에 저자에게 격려와 조언을 해주신 여러분께도 고마움을 전한다.

또 다른 공저자의 한 사람인 메이나드-스미스도 썩세스대학교(University of Sussex) 생물학과의 여러 교수님들께 경의를 표한다. 특히 우리가 의도하는 바를 명백히 표현할 수 있도록 도와준 옥스퍼드대학교 출판부의 로저스(Michael Rodgers), 원고를 비평하여 준 크로닌(Helena Cronin), 리들리(Mark Ridley), 그리고 터지(Colin Tudge)에게 감사를 드린다. 이들 세 사람은 편집에 도가 튼 환상의 트리오이다. 세 분 모두에게 감사 드리고, 끝으로 세심하게 문장을 고치고 다듬어준 편집자 버니(Sally Bunny)께 고마움을 표한다. 이렇듯 여러 사람의 도움을 받은 이 책은 틀림없이 우리가 의도하고 기획했던 대로 씌여졌으리라고 확신한다.

1998년 11월 저자

차 례

제1장
··
생명에 깃들여 있는 정보

　생명체는 참으로 복잡하고 기묘하다. 생명에 관한 생화학, 해부학, 그리고 형태학에 대해 알면 알수록 생명체의 놀라운 적응력에 대해 감탄할 뿐이다. 도대체 이렇듯 놀라운 생명체의 복잡성은 어디서 유래한 것일까? 예를 들어 젖을 잘 만드는 소의 송아지는 커서도 젖을 잘 생산한다는 것은 우리 모두가 알고 있다. 이것이 바로 자손은 어버이를 닮는다는 유전 법칙이다. 유전이라는 말은 어찌 보면 어려운 용어가 아닐지도 모른다. 우리는 모두 어린애들이 부모를 닮았다는 사실에 익숙해 있으니까 말이다. 자연 선택에 의한 진화를 주장한 다윈의 이론도 본질적으로는 가장 잘 살아남는 자가 그 성질을 자손에게 전함으로써, 무엇보다도 개체 자신에게 유리한 형질로 진화한다는 것이다. 이는 아마도 우리가 이미 알고 있었던 심오한 과학의 일면이 아닌가 한다.

　다윈의 이론이 쉽기는 하지만, 다윈의 이론으로 우리 주변의 복잡성을 모두 설명하기는 어렵다. 우리는 교배를 통하여 젖을 잘 만드는 소를 만들 수는 있지만, 날개 달린 돼지, 말하는 말을 만들 수는 없다. 진화에서 복잡성을 점점 증가시키는 다양성이란 도대체 어떻게 생기는 것일까? 생물학 교과서를 보면 흔히 돌연 변이는 유전적으로 새로운 변이체를 만

들어내지만 이것은 드물게 일어난다. 여기서 드물게라는 말은
매우 모호한 단어로서, 일반적으로 새로운 돌연 변이가 일어
나면 적응해 나가기보다는 생존에 유해한 경우가 더 많다라
고 말하는 편이 더 낫겠다. 그렇다면 본질적으로 생존에 부적
절한 돌연 변이가 어떻게 환경에 잘 적응하고 있는 우리 주
변의 여러 생물들의 진화의 원인이 되었는가? 이 책에서는
이 질문에 대한 해답을 제공하고자 한다. 그 해답을 찾는 데
는, 수많은 현대생물학 책을 훑어보아야 했다.

　유전의 원리를 이해하는 것이 가장 중요한 첫 걸음이었
다. 왜냐하면 자연 선택에 의한 진화의 전 과정이 유전 현상
에 근거하고 있기 때문이다. 만일 어린이가 그 부모를 닮지
않는다면, 다윈의 이론도 성립할 수 없다. 그렇다면 어떻게
닮느냐? 이 질문에 대한 가장 간단한 대답은 원본이 있고 이
를 복사하여 닮는다는 것이다. 만일 금속으로 된 조각을 복사
하고 싶다고 하자. 아마도 먼저 진흙으로 거푸집을 만들고,
거푸집 속에 쇳물을 집어넣어 원본과 같은 복사본을 만들 것
이다. 이 방법은 겉모양을 복사하기에는 그럴 듯하지만, 분자
가 모여 세포가 되고 또 세포들이 모여 복잡한 내부 구조를
이룬 생명체를 복제하기에는 적당한 방법이 아니다. 실제로
복잡한 생명체가 복제될 때는 맨처음 수정란이 만들어지고
그 수정란이 자라나 성체가 된다. 수정란에는 복잡한 분자들
이 들어 있지만, 겉모습은 성체와 전혀 다르다. 전설과 같이
정자 속에 꼬마 난쟁이가 숨어 있는 것은 아니다.

　그렇다면, 어떻게 수정란의 종류에 따라 생쥐가, 코끼리
가, 그리고 초파리가 태어나는 것일까? 결론부터 말하자면,
각 수정란에는 고유의 유전자가 있어서, 어떻게 성체로 성장
하라는 지시를 내리고 있기 때문이다. 물론 수정란에게도 적

절한 환경 조건이 필요하고 유전 정보를 해석하는 데 필요한
기구가 있지만, 성체의 모습은 유전자 속에 들어 있는 정보에
의해 결정된다. 유전자 자체는 복제가 가능하다. 그렇다고 코
끼리를 그대로 복제할 수는 없지만, 유전자에 들어 있는 코끼
리에 관한 유전 정보는 복제되어 다음 세대에 전해진다. 유전
정보의 복제에 관한 개념은 아마도 다윈의 이론과는 잘 어울
리지 않을 지도 모르지만 우리들에게는 그리 생소한 개념이
아니다. 자기 테이프의 자성의 양상이 교향곡을 재생할 수도
있다는 사실, 또는 전자파가 텔레비전 화면에 영상을 만들어
낸다는 사실에 대해 우리는 익히 알고 있다. TV 영상이 비록
3차원적인 것이 아니라 2차원적인 것은 사실이지만, 이는 3차
원적 전자파를 내보내는데 어려움이 있는 것이 아니라 3차원
스크린을 만드는데 어려움이 있기 때문이다.

　　복잡한 생물의 발생이라는 것도 원칙적으로는 복제 가능
한, 이미 존재하고 있는 유전 정보에 의해 이루어진다. 진화
는 유전 정보가 무작위적으로 변화하고 자연 선택에 의해 그
변화가 채택되면서 일어난다. 진화가 일어나기 위해서는 유전
정보의 변화를 해석하지 않으면 안된다. 컴팩트 디스크는 CD
플레이어가 필요하고, 비디오 테이프의 영상은 TV가 있어야
볼 수 있는 것과 같은 이치이다. 많은 현대 생물학자들은 유
전 정보가 형질로 발현되는 기작에 대해 연구하고 있다. 이에
대해서도 나중에 다시 언급하겠다.

　　한 세대에서 다음 세대로 전해진 것은 성체의 구조 자체
가 아니라 그 구조를 어떻게 만들라는 정보이다. 물고기가 진
화하여 양서류, 파충류, 조류 그리고 포유류가 되었듯이 그
구조를 지령하는 정보는 무작위적 돌연 변이와 자연 선택에
의해 변화한다. 그러나 지령이 쓰여지는 매체와 그 지령이 구

조로 전환되는 기작은 언제나 근본적으로 같다. 이에 대하여 다윈 시대에는 거의 알려진 사실이 없었다. 이 문제에 대해서는 특히 제4장과 제10장에서 다룰 것이다.

이 책에서는 조금 다른 관점에서 본 진화를 강조하고자 한다. 생명체가 점점 복잡해지듯이, 생명에 관한 정보를 저장하고, 전하는 수단 역시 변화해 왔다. 정보를 암호화하는 방법이 새로 생겨나면서 생명에 관한 정보로부터 복잡한 생물도 만들어질 수 있다는 가능성이 제시되었다. 즉 물고기에서 정보를 암호화하는 방법이 새나 포유류의 방법과 크게 다르지 않다면, 정보를 표현하는 언어나 방법은 같고 그 속에 담긴 내용이 다를 뿐이라는 뜻이다. 그러나 만일 좀 더 거시적 입장에서 생명을 관찰해 보면, 맨 처음 유기 물질로부터 출발하여, 단세포, 다세포 생물 그리고 인간 사회에 이르는 정보의 전달 수단은 변화해 왔다고 하겠다. 이 변화가 바로 서문에서 말한 진화에서 전기가 되는 중요한 단계이며, 궁극적으로는 복잡한 진화를 가능케 한 원인이다.

이 책은 진화의 복잡성에 관하여 설명하고 있다. 철저히 다윈주의에 입각하여 유전 정보가 저장, 전달, 번역되는 방법을 표현하려고 하였다. 진화에 대한 이러한 접근은 최초 생명체에서부터 언어를 통해서 정보를 전달하는 인간에 이르는 진화 과정에서 중요한 변혁이 있음을 깨닫게 하였다. 아마 언어도 가장 최신의 세대간 정보 전달의 수단이 아닐지도 모른다. 우리는 그 의미도 모르는 채 중요한 변혁의 시대에 살고 있는지도 모른다.

생명이란 무엇인가?

생명을 정의하는 데에는 두 가지 방법이 있다. 첫째는 어떤 사물이 지구상의 이미 알려진 생명체와 같은 몇몇 특성들을 가지고 있으면 그것이 '살아 있다'라고 말하는 것인데, 성장하거나 외부 자극에 대해 반응을 하는 것 등이 좋은 예가 될 수 있겠다. 이 방법에서 한 가지 문제점은 생명체의 어떤 특성이 중요한 것인지를 결정하는 것이 어렵다는 것이다. 만약 화성에 처음 도착한 우주 비행사가 6개의 다리를 가지고, 앞쪽 부분에는 접시형 텔레비전 안테나 같은 두 개의 렌즈를 가지고, 날카로운 스파이크로 둘러싸인 모습으로 다가오는 물체를 보았다면 그것이 살아 있거나 혹은 살아 있는 생명체에 의해 만들어진 물건이라고 생각할 것이다. 그러나 만일 우주 비행사들이 보라색 진흙으로 덮혀져 있는 바위를 발견했다면 그것이 살아 있다고 생각하지는 않았을 것이다. 한편 생물학자라면 바위를 덮고 있는 물질의 구성물이 주변 환경에서부터 왔으며 서로 섞여져 여러 화합물들을 생성하고 나중에 다시 환경으로 배출하는 작용을 하는지를 살펴보고 그것이 물질 대사 능력이 있는 생명체라고 결론지을 것이다. 일반적으로 생명체라고 간주하는 지구상의 살아 있는 것들은 다리나 눈, 귀 그리고 입은 없어도 물질 대사를 한다. 따라서 물질 대사 능력의 유무를 기준으로 생명을 정의하는 것은 그럴 듯해 보인다. 그러나 여기에도 문제는 있다. 생명체가 아닌 것 중에도 물질 대사를 할 수 있는 것이 있고, 생명체라고 생각되는 것 중에서도 물질 대사 작용을 하지 못하는 것이 있다. 이 부분에 대해서는 뒤에서 다시 다루게 될 것이다.

생명을 정의하는 방법 중에 다른 한 가지는 한 개체군이 자연 선택에 의해 진화하는데 필요한 성질을 지니고 있다면 그 개체군은 살아 있다고 정의하는 것이다. 즉, 그 개체군이 번식, 다양성, 유전성을 가지고 있다면 살아 있는 것이다. 혹은 그러한 개체군에서 생긴 자손도 살아 있다고 할 수 있다. 말과 당나귀 사이에서 생긴 노새도 번식력은 없지만 살아 있기는 하다. 생명체가 번식력과 다양성을 지녔다는 사실은 이해하기 쉽다. 둘 이상의 유사한 개체군을 만들어낼 때 개체군은 번식한다고 한다. 유사하긴 하나 동일하지 않다면 여기에는 변이가 존재한다. 그러나 유전은 훨씬 이해하기 힘들다. 개체군내에 A, B, C 등의 다른 종류가 있고 그들이 번식할 때 A는 A를, B는 B를 만들어낸다면 개체군이 유전성을 가지고 있다고 충분히 말할 수 있다. 때때로 일어나는 유전성의 변화 즉 돌연 변이는 다양성을 초래한다.

왜 우리가 생명을 정의하는데 있어 이 세 가지 특징들을 고려해야 하는가? 그것은 한 개체군이 생명과 연관된 모든 특성으로 진화하는데 이 세 가지 특징이 꼭 필요하기 때문이다. 번식, 다양성, 유전의 특성만으로 복잡한 생물의 진화를 보장할 수는 없다. 환경 또한 적당해야 한다. 예를 들면, 걸어다닐 수 있는 생물이 진화하는데 있어, 필요한 에너지가 마련되지 않거나, 단단한 구조를 지탱하기에는 환경이 너무 뜨겁다거나, 중력장이 너무 크다면, 이들은 진화할 수 없을 것이다. 다른 말로 하면, 특정 구조의 진화는 환경에 더 일반적으로 말하면, 물리와 화학의 법칙에 의존한다는 것이다. 번식, 다양성, 유전만으로 진화를 보장할 수는 없지만 적어도 진화에 꼭 필요한 것이다.

이 장에서 우리는 생명의 두 가지 개념, 대사적 개념과 유전적 개념의 관계를 보다 깊게 알아볼 것이다. 마지막 부분

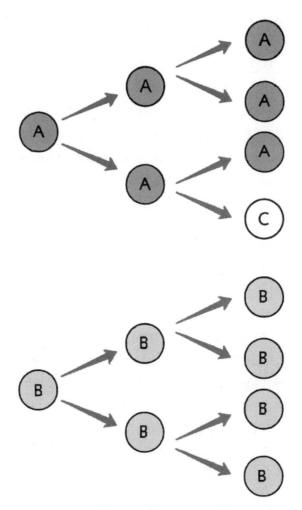

그림 1.1 생명의 특성에 대한 정의. 번식이란 한 개체가 둘을 만드는 것을 뜻한다. 유전은 A, B 등 여러 종류의 개체가 있고 각 개체가 그들과 비슷한 후손을 만드는 것을 뜻한다. 다양성은 유전이 완벽하지 못하여, 예를 들면 윗 그림에 표현한 것과 같이 때로 A가 C를 만든다든지 하는 경우에 일어난다. 이 세 가지 성질이 적절한 환경 속에서 자연 선택에 의해 진화하면, 물질 대사처럼 생물의 전형적인 특징을 가지는 생명체를 만들어낼 것이다.

에서는 서로 다르지만 실질적으로는 서로 상보적 개념인 두 개념에 대하여 논의할 것이다.

앞서 물질 대사의 기능은 있지만 살아 있지 않은 물체가 가능하다고 언급한 바 있다. 예를 들어 불을 보라. 연료와 산소 공급에 의해 원자들은 계속적으로 불로 들어가고, 일련의 화학적 변화 후, 이산화탄소나 물의 형태로 불을 떠난다. 그러나 불은 분젠 버너에서 푸른 중심과 노란 테두리를 가지는 것과 같이 일정한 상태를 유지한다. 또한 불은 번질 수 있다. 성냥으로 분젠 버너를 켤 수 있고, 분젠 버너로 실험실에 불을 낼 수 있다. 불은 또한 모양, 형태, 색깔이 변한다. 그렇다면, 왜 우리는 불을 살아 있다고 생각하지 않는가?

한 가지 가능한 답은 연료가 지속적으로 공급되지 않으면 불은 꺼지기 때문이라는 것이다. 명확히 하자면 이것도 답이라 할 수는 없다. 동물 역시 먹지 않으면 죽기 때문이다. 불이 살아 있지 않다고 생각하는 한 가지 이유는 불은 생명이라 하기에 충분한 복잡성, 특히 생존과 번식에 필요한 기관들이 없기 때문이다. 그러므로 우주비행사는 그 걸어 다니는 물체를 생물이라 판단했는데, 그 이유는 그 물체가 다리, 눈, 귀, 입을 가지고 있었기 때문이다.

이제 우리는 너무 단순하며 생존과 번식이 불가능한 불은 무생물인 반면, 화성에 있는 걸어 다니는 물체는 생물일 것이라는 결론을 내렸다. 화성 바위 위에 덮혀 있는 보라색 진흙에 대해서는 어떠한가? 우리는 이미 그 점착물이 대사 작용을 한다고 인정했었다. 그 점은 불도 마찬가지이다. 그러나 그 점착물들이 적어도 지구의 생명체와 비슷하다면 그것들은 대사 작용 이상의 특성을 지니고 있을 것이다. 생명체에서 일어나는 대부분의 과정에는 효소가 관여한다. 효소에 대해서는 나중에 좀 더 논의하게 될 것이다. 현재로는 효소란 자신은 변화하지 않으면서 특정 화학 반응을 촉매하는 큰 복합 분자라는 것만 알면 충분하다. 이들 효소는 개체를 생장시키는 원동력이다. 효소들은 다리나 눈과 마찬가지로, 자연 선택 없이는 존재할 수가 없었다. 즉 진화의 소산이다.

우리는 생명체라면 생장, 생존, 그리고 번식이 가능한 기관들을 가져야 한다고 생각한다. 그래서 그런 기관이 없는 불을 살아 있는 것으로 생각하지 않는다. 왜냐하면 불은 유전성이 없어서 자연 선택에 의한 진화를 하지 못하기 때문이다. 불은 다양하다. 하지만, 불의 특성은 그 순간에 공급되는 연료와 공기의 조건에 의존하는 것이지, 성냥에 의해 붙여졌느냐, 아니면 라이터에 의해 붙여졌느냐에 의해 결정되는 것은 아니다. 유전성을 가지지 않기 때문에 불은 진화할 수 없으며, 따라서 적응하면서 다양해지는 일은 없다. 이는 오로지 자연 선택에 의해서만 가능하기 때문이다.

모든 사물은 지능적인 존재가 만들어낸 피조물일 수도 있다. 재미있는 것은 생명체와 피조물의 차이를 단지 그 사물의 겉모습만 가지고 말할 수 없다는 것이다. 만일 우리가 생명체와 피조물을 구분하려 한다면 그들의 과거를 알아야 가능하다. 굳이 설명하자면 자동차나 흰개미집같이 다른 존재에 의해 만들어진 것은 피조물이라고 하고, 진화의 산물은 생물이라고 할 수 있을 것이다. 만약 누군가가 진짜 세포와 같은 살아 있는 세포를 시험관에서 만들어냈다고 하면 생명체와 피조물을 구분하는 일이 또 난관에 봉착하겠지만……

생명의 기원에 대한 문제는 어떻게 화학적 환경으로만 이루어진 원시 지구에서, 번식하고 다양성과 유전성을 가지는 개체가 생겨났는가 하는 것이다. 이 세 가지 성질로부터 생물

체의 여러 가지 다른 특성들이 진화한다. 이에 관해서는 제3
장, 생명의 기원에서 논의할 것이다. 이 장에서는 생장과 유
전에 대한 일반적인 견해를 제시할 것이지만, 먼저 생명체가
우주의 다른 곳에서 왔을 가능성에 대해 알아보아야 한다. 그
것이 우연적인 것이든 아니면 외계의 지적 생물체의 섬세한
노력에 의한 것이든, 이 가능성은 무시할 수 없다. 만일 그것
이 사실이더라도 우리는 결국 생명의 궁극적인 기원에 대해
설명해야 하는데, 이는 결국 지구에서의 생명의 기원 문제를
설명하는 것과 크게 다를 바가 없다. 생명의 기원이 외계에서
왔다는 증거가 없는 이상, 생명의 기원은 지구에서 일어난 것
으로 생각하는 것이 더 합리적일 것 같다.

자가 촉매 반응

유전되려면 우선 생장 후 번식 과정이 있어야 한다. 생장
의 핵심은 자가 촉매 반응이다(그림 1.2). 자가 촉매 과정에
서, 화합물 A는 A → B → C → D 등의 연속적인 변환 과
정을 거친다. 핵심적인 것은 변환 과정의 마지막 물질인 D가
두 분자의 A를 만드는 것이다. 따라서 각각의 A 분자는 새로
운 반응의 시작점이 되어 새로운 D 분자를 만들고, 만들어진
D 분자는 다시 새로운 A 분자 두 개를 만든다. 그러므로 연
속반응 과정 안에 있는 모든 분자들의 농도는 증가한다. 화학
계가 증가한다고 말할 수 있다. 실제로 이런 종류의 연속 반
응에서는 부반응들이 존재한다. 예를 들어 C는 항상 D를 생
산하는 것은 아니고 다른 것들을 생산하기도 한다. 그러므로
각 반응마다 분자의 농도 증가는 2배 이하이지만, 부반응의

양이 그리 크지 않다면 계 전체는 증가하게 된다.

자가 촉매 반응은 즉 추상적인 이야기가 아니라 실제로 존재한다. 살아 있는 생명체 밖에서도 자가 촉매 반응이 일어난다. 이 점은 생명의 기원에 대해 논의할 때 중요한 개념이 된다. 일찌기 1861년에, 러시아의 화학자인 버틀러로프(Alexander Butlerov)는 포르말린과 설탕이 든 용액에서 빠른 속도로 여러 종류의 당분자가 만들어지는 사실을 보고하였다. 설탕과 포르말린은 둘 다 제3장에서 언급한, 원시 대기 실험에서 쉽게 만들어지는 단순한 유기 화합물이다. 자가 촉매 반응에서 두번째로 중요한 것은 그림 1.2와 같이 화학적 에너지의 공급이 필요하다는 것이다. 역학적인 영구 운동 기관이 불가능한 것처럼 화학적 영구 운동 기관도 불가능하다. 그러나 이 점도 원시 지구에서는 문제가 되지 않는다. 지구 대기에서 태양 광선의 작용은 포르말린을 비롯한, 자가 촉매 반응을 일으키는데 필요한 원료를 쉽게 생산할 수 있기 때문이다.

원시 지구에서 자가 촉매 반응은 풍부하고 다양한 화학적 환경을 조성했기 때문에, 생명의 기원에서 중요하다. 하지만 이 반응은 유전적 기작을 지니고 있지 않다. 즉 자기 복제(self replication) 기능이 없다. 유전을 위해서는 "A"가 두 개의 "A"를 형성하는 것으로는 부족하다. 또한, 만약 "A"가 "A_1"으로 우연히 바뀌었다면, $A_1 \rightarrow B_1 \rightarrow C_1 \rightarrow D_1 \rightarrow 2A_1$의 새로운 반응이 일어나야 한다. 또한 A의 형태가 A와 A_1의 두 가지 상태로 존재하게 된다. 이것이 유전이다. 하지만 일반적으로 그렇게 되지는 않는다. 대신, A_1은 A_1이나 A를 더 이상 생산하지 못하게 하는 부반응의 시작점이 된다. 이 변화는 유전이 아니라, 퇴행을 유도한다.

그러나, 때로는 또 다른 자가 촉매 반응인 $A \rightarrow 2A$와 A_1

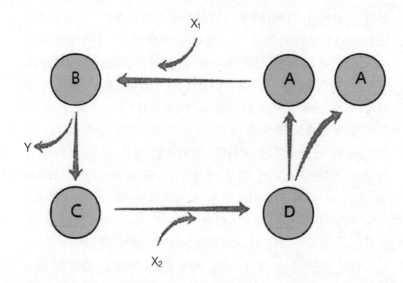

그림 1.2 자가 촉매 반응. A 단일 분자가 연속적인 화학 반응을 통해 두 분자의 A를 만들고, X_1과 X_2는 천연물이며, Y는 부산물이다. 자가 촉매 반응은 생장의 기본이 되나, 유전 기작은 없다. 왜냐하면 단 한 종류의 분자만이 증식하기 때문이다.

→ $2A_1$이 가능하고, 이중 하나가 우연적인 변화나 돌연 변이에 의해서 또 다른 것을 형성할 수도 있다. 따라서, 거의 필연적으로, 한 반응이 환경으로부터 물질을 이용하는데 있어 다른 것보다 더 효율적이 될 수 있어서 이 반응이 '자연 선택'된다. 즉 자연 선택에 의해서 진화가 이루어진다. 그러나 이것은 A에서 A_1으로, 또는 A_1에서 A로의, 다소 지루하고 한계가 있는 진화이다. 이것이 앞으로 우리가 한계가 있는 유전과 한계가 없는 유전을 구분할 수 있는 중요한 차이점이다.

한계가 있는 유전과 한계가 없는 유전

우리가 방금 서술했던 두 개의 경쟁적인 자가 촉매 반응은 한계가 있는 유전의 경우 중 하나이다. A와 A_1은 서로 다른 종류이며 이 둘은 복제할 수 있다고 하자. 여기에서 만들어질 수 있는 종류는 그 수가 매우 제한된다. 그러나 이것은 단순한 이분법보다는 낫다고 생각된다. 이분법의 경우는 그 수가 급격히 증가되나 진화적 입장에서 보면 별로 유리하지 않다고 본다. 계속적으로 진화하려면 한계가 없는 유전이 필요한데 이 경우는 무한한 종류의 구조들이 모두 각자 복제할 수 있어야 한다. 모든 생물체에서 유전은 보통 DNA라는 핵산의 상보적 염기 쌍에 의해서 결정된다. 원점 연구의 선구자인 오겔(Leslie Orgel)이 말하기를 생명의 기원을 찾으러 거슬러 올라가면, 생명의 특징은 하나씩 하나씩 없어져 마치 취셜 고양이의 얼굴에서 미소만 남는 것처럼 생물체에서는 상보적 염기 쌍만이 남게 된다고 하였다. 그 과정은 그림 1.3에 있는데 이것은 생명을 이해하는데 아주 중요하다. 염기 쌍은 무한한 유전의 가능성을 만든다. 100만의 염기 쌍이 있다고 하자. 4개의 염기로 100만의 염기 쌍의 종류를 만들 수 있는 방법은 $4^{100만}$으로 천문학적으로 엄청나게 많다. 그러므로 유전자의 다양성은 진화가 계속될 수 있는 원천을 제공한다.

유전 기작의 다른 유형은 모듈적 유전과 전체적 유전이다. DNA에 기초를 둔 유전은 모듈적이라고 할 수 있다. DNA 분자의 염기 쌍은 많은 모듈 염기 쌍으로 이루어져 있다. DNA 분자에서 한 모듈이 바뀌고 나머지는 바뀌지 않았다면 그 딸 분자에서도 그 한 모듈만 바뀌게 된다. 이와는 대조적으로 자가 촉매 회로는 한계가 있는 유전이며 전체적인 유전을 따르는 경우이다. 그 경우에는 부분이 바뀌면 전체가 다 바뀌며 부분만이 바뀔 수는 없다. 예를 들어 한 자가 촉매 회로의 경우, A가 A_1으로 바뀔 뿐 아니라 B가 B_1으로 C가 C_1으로 모든 중간 산물도 또한 바뀌게 된다. 이러한 이유로 전체적 유전은 상대적으로 진화와 무관하다.

모든 무제한의 유전 체계는 모듈로 이루어진 것이라고 생각된다. 이것은 DNA에 기초를 둔 유전 체계뿐 아니라 인간의 언어와 같은 체계에서도 그러하다. 언어에서도 소수의 단위 소리, 즉 ㄱ, ㄴ … ㅏ, ㅑ …가 다른 순서로 이어져 무한의 다른 뜻을 갖게 된다. 그런데 언어에서는 한 글자가 바뀌면 전체의 뜻이 바뀌는 경우도 있다. 홍길동을 송길동이라고 하면 되겠는가? 언어 문제는 제13장에서 더 다루도록 한다. 무제한 유전에서 모든 체계는 모듈로 이루어진다는 주장은 모루스 부호나 ASCII 코드와 같은 여러 인공적 체계에서도 사실이다.

인간의 언어라든가 ASCII 코드에 대한 언급으로 어떤 의문이 생긴다. 우리는 구조의 복제에 대하여 논의를 시작하고

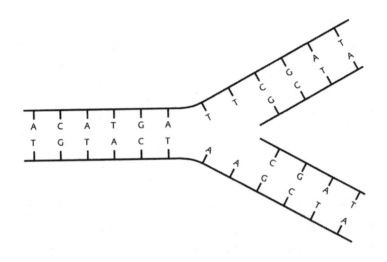

그림 1.3 상보적 염기 쌍과 복제. DNA에는 4종류의 염기인 아데닌(A), 시토신(C), 구아닌(G), 티민(T)이 있다. RNA에는 티민 대신 우라실(U)이 있다. 그림 왼쪽에 두 가닥으로 된 분자에서 보듯이 A는 T와, G는 C와 쌍을 이룬다. 이것이 유전의 기초가 되는 아니 결국 모든 생명의 기초가 되는 염기 쌍의 상보적 특성이다. 이 분자가 복제를 할 때는 그 두 가닥이 그림에서처럼 분리되며 두 개의 새로운 분자를 만드는데 이 새로 만들어진 분자들은 염기 쌍이 상보적 법칙에 따라서 합성되므로 원래의 분자와 염기 서열 즉 유전 암호가 똑같다.

정보를 전달하는 시스템을 언급하며 마무리하려고 한다. 이 책의 내용은 대부분이 정보의 저장과 전달에 관한 것인데 구조의 복제와 정보의 전달이 어떤 관계가 있을까? 모든 구조가 정보를 전달할까? 구조가 복제되어야 정보가 전달될 수 있는가? 정보라는 개념은 우리의 목적에 중심이 되는 너무나 중요한 개념이므로 더 자세하게 논의하여야만 하겠다.

정보와 생명

19세기에 사회는 기계로 인해 에너지가 한 형태에서 다른 형태로 바뀌었다. 증기 엔진이 화학적 에너지를 기계적 에너지로 바꾸고 전기 모터와 발전기가 전기적 에너지를 기계적 에너지로 바꾸었다. 이러한 공학의 발명품은 이론 과학, 열역학, 전자학의 발전과 더불어 발전했다. 증기 엔진이 먼저 나오고 그에 대한 열역학 이론이 나중에 나온 것처럼 어떤 때는 산물이 먼저 나오고 이론이 나중에 나올 때도 있었다. 또 어떤 때는 이론이 먼저 생기고 산물이 나중에 나오기도 했는데 화라데이(Michael Faraday)가 전기와 자석 사이의 관계를 밝힌 이론이 전기 산업의 기초가 된 것이 그 경우이다.

그러나 현대 사회는 기계에 의해 에너지의 형태가 바뀌는 것이 아니고 정보의 형태에 의해 바뀌고 있다. 우리가 친구에게 전화를 할 때 마음 속의 정보가 공기 중의 소리 파장의 유형으로 전환되고 다시 전화선에서 변동하는 전류로 전환된다. 만일 그것이 태평양을 횡단하는 통화라면 전류의 파동은 다시 전자석의 파동으로 바뀌고 수신기에서 앞에서 전환되었던 과정을 거꾸로 거쳐 바다 건너편의 친구는 우리의 마음에서 시작한 정보를 받게 된다. 소리의 파동이 변동하는 전류의 파동으로, 또 라디오 파동으로 바뀌더라도 바뀌지 않는 것이 있는데 그것은 정보이다. 전화뿐 아니라 테이프 녹음기, 전축, 라디오, 텔레비전, 컴퓨터는 모두 정보를 한 형태에서 다른 형태로 바꾸는 기계이다.

이러한 공학의 발달은 공학의 산물이 먼저 발달하였지만 정보의 수학적 이론의 발달과 그 보조를 같이했으며 또 어느 정도 그 이론의 영향을 받았다고 볼 수 있다. 순수 과학에서 정보 기술의 영향을 가장 많이 받은 분야는 생물학 특히 유전학이다. 그 영향은 유전학의 용어만 보아도 분명히 알 수 있다. 유전 암호(genetic code)라든가, 번역(translation), 전사(transcription), 전령(messenger) RNA, RNA 편집(editing), DNA 교정(proofing), DNA 도서관(library)과 같은 용어는 모두가 정보와 관계된 기술적 용어로 분자유전학에서 아주 정확한 의미를 지니고 있다. 생물학에 대한 정보 이론의 영향은 수학적 의미를 제공한다기보다는 어떤 일을 보는 시각을 달리하게 했다는 데에 있다. 4종류의 염기로 구성된 유전 암호가 20가지의 다른 아미노산을 지정한다면 유전 암호는 3글자로 되어야 한다. 만일 암호가 2글자라면 16개의 아미노산밖에 지정할 수 없다. 이와 같이 단순한 계산은 꼭 수학자가 아니더라도 할 수 있다. 그러나 이런 식으로 생각할 수 있다는 것이 중요하다.

우리는 유전자 즉, DNA 분자를 복제할 수 있는 구조로 혹은 복제되고 번역될 수 있는 정보로만 생각해야 되는가? 현재의 생물체에서는 그렇다. 유전자는 앞에서 말한 바와 같이 두 가지 역할을 한다. 유전자는 복제시 주형으로 작용하여 하나의 DNA 분자는 똑같은 두 개의 DNA 분자를 만들 수 있다. 만일 유전자가 할 수 있는 일이 복제뿐이라면 유전자는 단지 복제할 수 있는 구조에 지나지 않을 것이다. 그러나, 유전자는 복제할 뿐 아니라 단백질을 만들게 한다. 이 과정은 제4장에서 더 자세히 언급할 것이다. 지금은 유전자의 염기 서열이 한 단백질의 1차 구조인 아미노산 서열을 결정하고 이 아미노산 서열은 화학 법칙에 의해서 단백질의 입체적인 3차원적인 구조를 결정하며 이 3차원적 구조에 의해 단백질의 기능이 결정된다는 것만 알아두도록 하자.

테이프 녹음기나 텔레비전처럼 테이프의 자석 패턴이 녹음기에서 나오는 소리를 결정하는 것처럼 한 유전자의 염기 서열이 한 단백질의 구조를 결정한다. 이러한 과정에서는 두 가지 면이 중요한데 하나는 그 과정이 비가역적이라는 것이다. 어떤 정보 전환 기계는 가역적이다. 예를 들어 테이프 녹음기는 소리를 테이프의 자석 패턴으로 변화시킬 수 있고 자석 패턴은 소리로 변환될 수도 있다. 그러나 어떤 시스템은 비가역적인데 예를 들면 염기 서열이 단백질로 변환되는 과정은 비가역적이다. 이것이 획득 형질은 유전하지 않는다는 것에 대한 분자적 설명이 가능하기 전 생물학자들에 의하여 50년간 받아들여졌던 원칙에 대한 설명이다. 이 문제는 제10장에서 다시 다룰 것이다.

다른 중요한 점은 유전 암호를 번역하기 위해서는 기계가 필요하다는 것이다. 자석 테이프가 녹음기 없이는 소리를 내지 못하는 것처럼 유전자는 세포의 번역 기구가 없이는 단백질을 만들 수 없다. 이 기구에 대해서는 제4장에서 다룰 것이다. 그 기구는 무엇일까? 그 기구는 단백질과 RNA 분자로 구성된다. 앞에서 말했듯이 단백질은 유전자에 의해 그 구조가 결정된다. 불행히도 이러한 답은 연속되는 의문을 갖게 한

다. 그런데 번역 기구는 이미 존재하는 단백질에 의존한다
니…… 이것은 닭이 먼저냐 달걀이 먼저냐 하는 질문과 유사
하지 않는가? 철학자들은 이러한 질문을 좋아하지 않는다. 그
러나 생물학자들은 닭이 먼저냐 달걀이 먼저냐 하는 고전적
질문에 곧잘 연연한다. 번역 기구가 어떻게 생겼는지에 대해
서는 제4장에서 언급하겠다.

지금까지 오늘날의 DNA의 역할에 대해서 서술하였다.
그러나 제3장과 제4장에서 언급하겠지만 최초의 즉 태초의
DNA 분자는 그들의 역할을 잘 수행하지 못했었다. 최초의
복제 분자가 핵산이든 혹은 그보다 간단한 분자든간에 그것
은 어떤 단백질도 지정할 수 없었다. 따라서 정보를 나른다고
말할 수 없었다. 그것은 기껏해야 단지 복제할 수 있는 구조
일 뿐이었다. 번역 기구가 생긴 후부터 유전자는 특정 단백질
들을 지정할 수 있었고 그 후에야 유전자가 정보를 나른다고
말할 수 있었다. 정보이론가들은 '정보는 데이터와 의미의 합
이다'라고 한다. 생물에서 핵산의 염기 서열은 데이터를 제공
하고 단백질의 구조와 기능이 그 의미라고 할 수 있다.

생명의 이원적 본성

생명을 정의하는 데에는 두 가지 방법이 있다고 앞에서
말했다. 하나는 구조적인 면인데 살아 있는 생물체는 복잡한
구조를 갖는다. 다른 하나는 특성적인 면인데 생물은 여러 가
지 특성, 특히 자연 선택에 의한 진화에 필요한 유전 같은 특
성을 갖는다. 지금 우리는 이 두 가지 접근 방법을 잘 합성해
보려고 노력해야 한다. 아리스토텔레스는 생명이 이원적 본성

을 가졌다고 설파했다. 그는 생명의 물질은 난자에 의해 공급
되고 생명의 힘(entelecheia)은 정자가 준다고 했다. 그의 생
각의 근본에는 남자가 여자보다 더 우월하다는 생각이 자리
잡고 있는데 이것은 잘못된 것이다. 난자에는 미토콘드리아
DNA가 있으므로 생명에 대한 유전적 공헌도로 따지자면 그
의 생각은 옳지 않다. 그러나 생명의 두 가지 측면인 물질 대
사와 정보 면에서 보면 그의 생각은 옳다. 2000년 후에 미국
의 유전학자인 뮬러(Herman Muller)는 아리스토텔레스의 통
찰력은 노벨상을 받을 만하다고 격찬하였다.

　　철학자 데카르트(René Descartes)는 살아 있는 생물체는
기계라고 했다. 이 말은 그럴 듯한데 이러한 생각은 17세기의
특징이었다. 혈액 순환은 심장에 의해 조절된다는 하비
(William Harvey)의 혈액 순환의 기작에 대한 발견은 생물학
의 큰 승리 중에 하나라고 할 수 있다. 오늘날의 모든 생화학
자와 분자생물학자들은 기계적 물질주의자들이다. 그러나 그
들이 연구하는 기계는 데카르트가 생각했던 것과는 다르다.
철학자이며 수학자인 라이브니츠(Gottfried Leibniz)는 자연의
신이 만든 기계는 복제라는 기작에 의해 무한히 나누어진다
라는 사실을 처음으로 지적했다. 우리가 생물체를 분석해 보
면 생물체는 미세한 물질 대사 회로, 효소와 같은 미세한 기
계로 구성된다는 것을 알 수 있다. 생물체와 스팀 엔진을 이
런 면에서 비교해 보면 스팀 엔진은 부품은 있으나 이러한
미세 기계로 이루어져 있지 않다는 것을 알 수 있다.

　　라이브니츠는 인공물과 살아 있는 기계인 생물체의 또
다른 차이점은 살아 있는 기계에는 항상 약간의 생명의 힘이
있다는 것이라고 했다. 그는 이 힘의 본질이 무엇인지 더 밝
히지 못했으나 이 힘이 한 체계를 조정한다는 것을 분명히

알았다. 한참 후에 물리학자 슈레딩거(Erwin Schrödinger)는 그의 유명한 저서 『생명이란 무엇인가?(*What is Life?*, *1944*)』에서 생명의 이러한 면을 강조했다. 그 책에서 그는 정보를 나르는 유전 물질의 단위인 유전자는 비주기성을 가진 결정체라고 하는 유명한 말을 남겼다. 유전 물질은 안정적이고 상대적으로 불활성한 점이 결정체와 비슷하다. 그러나 소금의 결정체가 한 종류의 단위만으로 구성되는 것과는 달리 유전자는 여러 개의 다른 종류의 단위로 구성되므로 비주기성을 가진다. 똑같은 단위의 연속된 가닥, 예를 들면 AAAAA는 어떤 정보도 나타낼 수 없다. 반면에 같지 않은 단위의 연속된 가닥은 정보를 지닐 수 있다. 슈레딩거는 살아 있는 생물체는 기능을 해야 한다는 것을 알았다. 이것은 오늘날 살아있는 시스템은 계속적인 물질과 에너지의 이입 없이는 활성 상태를 유지할 수 없다는 것을 의미한다.

동시대의 수리 물리학자인 다이손(Freeman Dyson)은 그의 저서 『생명의 기원(*Origin of Life, 1985*)』에서 슈레딩거가 제기하였던 문제를 또다시 언급했다. 그는 생명은 두 가지를 필요로 하는데 하나는 스스로 유지되는 물질 대사이고 다른 하나는 유전 물질이라고 했다. 그는 유전 물질에 너무 집착하면 생명의 기원에 대한 통찰력을 얻는데 도움이 되지 않으므로 물질 대사에 집착하는 것이 더 낫다고 충고했다. 그러면 스스로 유지된다는 것은 무슨 뜻인가? 살아 있는 계는 계속적으로 변화한다 그리고 그 중 어떤 변화는 계를 분해시킨다. 그래서 생화학자들은 그들이 합성한 물질을 냉장고에 보관한다. 만일 한 계가 스스로 유지된다면 자신의 물질을 많이 생산할 수 있어야 한다. 그것이 물질 대사계가 자가 촉매적이어야 하는 이유이다. 자가 촉매는 스스로 생장하고 생식하는 등

자기를 유지하는 데 꼭 필요하다.

　이와 같은 생각의 일부는 후에 이론 생물학자가 된 헝가리의 화학공학자인 갠티(Tibor Gánti)가 발표하였다. 1966년에 그는 생명은 두 개의 아계로 구성된다고 주장했다. 하나는 항상성을 지닌 물질 대사계(homeostatic-metabolic system)이고 다른 하나는 주회로(main cycle)인데 그는 이것을 정보의 조정이라는 뜻으로 사용했다. 1971년에 출판된 『생명의 법칙(*The Principle of Life*)』에서 그는 '케모톤(chemoton)'이란 생명의 모든 특징을 보여주는 최소한의 화학 체계를 위한 기본적 디자인이라고 하였다. 케모톤은 자가 촉매적 화학 회로와 정보화된 분자로 구성된다. 이 견해에 따르면 바이러스는 살아 있는 생명체가 아니다. 컴퓨터에 비유하면 바이러스는 컴퓨터에서 여러 카피를 인쇄하도록 지시하는 프로그램에 비유할 수 있다. 잘못하면 컴퓨터가 그로 인해 고장날 수도 있다. 이 비유에서 컴퓨터는 세포이다. 생명체는 자신의 프로그램을 가지기는 하나 단지 하나의 프로그램이라고 하기보다는 컴퓨터와 유사하다고 생각된다.

　갠티는 생명체의 정의가 무엇인지 말한다. 그가 말하는 생명체란 실험적으로 증명된 생명에 꼭 필요한 특징을 지님을 의미한다. 생물체가 지니는 어떤 특징은 지구상의 모든 살아 있는 생물체에서 볼 수 있지만 그 특징을 생물체가 어쩌다 갖게 되었다고 말한다면 어떤 사람들은 이에 동의하지 않을 것이다. 예를 들면, 지구상의 모든 생물체가 연한 푸른색을 띠는 데 이것이 어쩌다 그렇게 된 것인지 푸른색을 띠는 것이 생명에 꼭 필요해서 그렇게 된 것인지 어떻게 알 수 있겠는가? 그러므로 생명을 정의하기 위한 실험적 접근에서 어쩌다 생긴 생물체의 특징을 필수적인 특징이라고 잘못 생각할 위험이 있다. 그러나 이 점을 그렇게 염려할 필요는 없다. 모든 자연과학은 실험적인 근거를 가지므로 나중에라도 새로운 자료가 발견되었을 때는 그 이론이 변하게 되는 것이다.

갠티는 생명의 기준을 정의하는데 실험적 접근을 택했다. 그는 두 종류의 기준을 구별했다. 즉, 절대적인 기준과 가능성이 있는 기준인데 절대적인 기준은 모든 생물체에 꼭 있는 것을 뜻하고 가능성이 있는 기준은 모든 생물체에 꼭 있지는 않지만 생물체가 자손을 퍼뜨리고 진화하는데 필요한 기준을 말한다. 예를 들면, 노새는 생존하긴 하지만 자손을 생산할 수 없다. 그러므로 생식할 수 있는 능력은 생명을 유지하는데 절대적인 기준이 아니고 가능성이 있는 기준이라고 할 수 있다. 갠티의 주장에 대해 더 자세히 알아보지 않아도 그가 그렇게 오래 전에 벌써 생명에 물질대사적 조절과 정보적 조절이 존재한다는 것을 인식했다는 사실은 놀랍다. 우리는 단지 개체의 생존에만 관심이 있는 것이 아니라 진화 문제에 더 관심이 많으므로 가능성이 있는 기준 특히 생식과 유전 문제에 대해 집중적으로 논의할 것이다.

제2장

....

진화의 주요 전환들

　자연 선택에 의한 진화 결과로 생물이 반드시 복잡해지는 것이 아니고, 단지 처해진 환경 조건 속에서 생존과 생식에 알맞게 되는 것이다. 실제로 조사해 보면 대부분의 생물은 수백년 동안 거의 변화하지 않았다. 우리들에게 동물학을 가르친 윗슨(D. M. S. Watson)이 한 말을 빌리면 악어는 백악기 이후 조금도 변하지 않았으며, 개맛과 속새는 그보다 더 오래 동안 변화하지 않았다.

　그러나 일부 생물은 더 복잡해졌다. 어느 과정에서 보면, 그 관점이 무엇이라고 꼬집어 말하기는 어렵지만, 삼척동자가 보아도 코끼리는 점균류보다 분명히 더 복잡하며 떡갈나무는 녹조류보다 더 복잡하다. 한 생물체를 구성하는 구조의 수를 기준으로 하거나 이로부터 생기는 행동의 종류를 기준으로 삼을 수도 있다. 코끼리는 적어도 수백 가지 세포로 이루어지는 반면, 점균류는 몇 가지 안 된다. 코끼리는 또 여러 가지 행동을 수행할 수 있다. 걷기, 기어가기, 자손 기르기, 나무 부러뜨리기, 나팔 소리 내기, 적에게 협박하기 등의 행동을 할 수 있으나, 점균류는 행동이 거의 없다. 그러나 이런 점들이 사실이기는 하지만 중요한 것은 못 된다. 그 이유는 이것들을 정량하기 어렵고 곧 추가적인 의문을 불러일으키지 못하기 때문이다.

복잡도를 가늠할 때 그보다 더 유익한 접근은 수학적인 접근이다. 미국의 수학자 채틴(G. J. Chaitin)은 구조적 복잡도는 이 구조를 만들 때 필요한 정보의 최소량으로 측정할 수 있다고 제안하였다. 즉 케익의 복잡도는 제조법에 대한 설명의 길이로 측정될 수 있다. 불행하게도 단백질을 만드는데 필요한 정보의 길이 즉 DNA 염기 서열의 길이가 얼마나 긴지는 정확히 말할 수는 있지만 코끼리 한 마리를 만드는데 필요한 염기 쌍의 최소 수는 알 수 없다. 우리가 말할 수 있는 것은 대략 얼마나 많은 염기 쌍이 실제로 필요하냐이다.

그러나 이러한 단순한 질문도 간단치가 않다. 코끼리 수정란의 핵의 DNA 양 즉 유전체양(genome size)도 쉽사리 측정할 수 없다. 수정란의 유전체양은 절반으로 나누어야 하는데, 그 이유는 코끼리는 2배체(diploid) 생물이기 때문이다. 이보다 큰 난관은 고등 생물의 DNA의 대부분은 단백질을 지령하는 정보를 간직하지 않는다는 점이다. 대부분의 DNA가 반복 서열(repetitive sequence)로서 정보와는 거의 무관하다. 이것은 불량한 라디오의 잡음과 같다. 이와 같은 DNA에 대한 이야기는 제8장에 언급하겠다. 그러나 필요하지 않으면 복잡성을 측정할 때 이를 무시해도 좋겠다.

복잡도의 차이가 있는 생물에 따라 정보가 담긴 DNA의 양이 어떻게 다른지는 표 2.1에 수록하였다.

박테리아와 같은 원핵 생물로부터 고등한 진핵 생물로의 전환은 제6장에 설명하였는데, 이 제6장에서는 정보를 간직하는 DNA의 획기적 증가가 일어난 원인에 대해서도 설명하였다. 왜 척추동물이 무척추동물보다 더 많은 DNA를 갖게 되

표 2.1 여러 가지 생물의 유전자 수

학명	보통명	대략적인 유전자 수
원핵 생물		
Escherichia coli	대장균	4000
척추동물을 제외한 진핵 생물		
Oxytrochis similis	섬모충류의 일종	12000-15000
Saccharomyces cerevisiae	이스트	7000
Dictoyostelium discoideum	점균	12500
Caenorhabditis elegans	예쁜꼬마선충	17800
Drosophila melanogaster	노랑초파리	12000-16000
Strongylocentrotus purpuratus	불가사리	<25000
척추동물		
Fugu rubripes	복어	5000-100000
Mus musculus	생쥐	30000
Homo sapiens	사람	30000-40000

있는지는 분명하지 않다. 왜 날개와 다리를 가진 곤충은 어류보다 더 적은 양의 DNA만 필요할까?

왜 진화의 결과로 생물이 더 복잡하게 되는지에 대한 일반적인 이유는 밝혀지지 않았지만 진화는 실제로 더 복잡하게 되는 방향으로 일어났다. 다음 부분에서 이와 같은 복잡도의 증가는 정보의 저장, 전달, 번역의 방식에서 주요 전환이 어느 정도 일어났는가에 따라 달라짐을 설명할 것이다.

주요 전환들

"주요 전환"이란 무엇인가를 가장 쉽게 설명하기 위하여

표 2.2 진화 과정에서 일어난 주요 전환들

복제 분자	→ 원시 세포의 분자 집단들
독립된 복제 물질	→ 염색체
유전자와 효소 기능을 함께 지닌 RNA	→ 유전자로서의 DNA 및 효소로서의 단백질
원핵 세포	→ 진핵 세포
무성 생식	→ 유성 생식
단세포 원생 생물	→ 다세포 동물, 식물, 균류
독립 개체	→ 개미, 꿀벌, 흰개미 등과 같은 비생식 계급을 가진 군체
영장류 사회	→ 언어를 구사하는 인류 사회

표로 나타냈다(표 2.2). 그리고 표에 요약한 설명은 실제로 이
책의 나머지 부분을 간추린 것이다. 만약 이 설명이 불확실하
다고 여겨지면 각 장을 읽어보면 확실해질 것이다.

1. **복제하는 분자에서 구획화된 분자들의 집단으로**
   우리 생각으로는 증식, 돌연 변이, 유전의 성질을 가진
   최초의 물질들은 복제 분자들로서, DNA와 비슷하지만
   그보다는 간단하고, 복제는 할 수 있으나 다른 구조들을
   지령하는 정보는 간직하지 못한 것이었으리라고 본다.

2. **독립된 복제 물질에서 염색체로**
   현존하는 생물에서 복제 분자들 즉 유전자들은 한쪽
   끝과 다른 쪽 끝이 서로 연결되어 염색체를 이룬다.
   대부분의 단순한 생물은 세포 당 1개의 염색체를 지닌

다. 이 때문에 1개의 유전자가 복제될 때 다른 유전자
들 모두가 함께 복제되는 효과를 가져왔다. 이러한 협
동적 복제는 한 구획 안에서 유전자들 사이의 경쟁을
막고 이들이 협동하도록 유도하였다. 이들은 모두 한
배에 탄 것과 같다. 이와 같은 전환에 대해서는 제5장
에서 설명하고자 한다.

3. **유전자와 효소 기능을 지닌 RNA에서 DNA 및 단백
질로**

오늘날에는 2가지 부류의 분자 사이에 일의 분업화가
이루어졌다. 즉 핵산인 DNA와 RNA는 정보를 저장하
고 전달하며, 단백질은 화학 반응을 촉매하고 근육, 인
대, 머리털 등과 같은 몸의 구조를 이룬다. 처음에는
이러한 일의 분업화가 없었으며 RNA 분자가 2가지
기능을 모두 수행하였을 가능성이 매우 크다. 태초의
RNA가 생명을 지배했던 "RNA 세계"에서 DNA와 단
백질 세상으로의 전환에는 유전 암호의 진화가 필요했
으며, 이에 의하여 염기 서열이 단백질의 구조를 결정
하게 되었다. 이 문제는 제4장의 주요 내용이다.

4. **원핵 세포에서 진핵 세포로**

현존하는 세포는 원핵 세포와 진핵 세포의 2가지 종
류로 크게 나눌 수 있다. 원핵 세포는 핵이 없고 보통
단 1개의 환형의 염색체를 가진다. 이런 세포로 이루
어진 생물에는 세균과 남세균(cyanobacteria)이 있다.
진핵 세포는 막대 모양의 염색체가 들어 있는 핵과 미
토콘드리아와 엽록체 같은 세포 소기관이라는 세포내
구조물들을 가진다. 진핵 세포로 이루어진 생물은 1개
의 세포로 구성된 아메바(*Amoeba*)나 클라미도모나스

(*Chlamydomonas*)로부터 사람에 이른다. 원핵 세포에
서 진핵 세포로의 전환은 제6장에서 설명하고자 한다.

5. 무성 생식에서 유성 생식으로

원핵 세포와 일부 진핵 세포에서 새로운 개체는 하나
의 세포가 무성적으로 2개로 분열해야만 생긴다. 그러
나 대부분의 진핵 세포로 이루어진 생물은 유성 생식
으로 새로운 개체를 만든다.* 우리가 잘 아는 사실이지
만 이러한 전환은 가장 당혹스러운 수수께끼 중의 하
나로서 이 점은 제7장에서 논의하고자 한다.

6. 원생 생물에서 다세포의 동물, 식물 및 균류로

동물은 근세포, 신경 세포, 상피 세포 등의 여러 가지
세포로 구성되어 있다. 식물과 균류도 마찬가지이다.
그러므로 각 개체는 1벌의 유전 정보만 가지는 것이
아니라 수백만 벌을 가진다. 비록 모든 세포가 동일한
유전 정보를 가지지만, 이 세포들은 모양, 물질 조성,
기능이 매우 다르다. 이와는 달리 원생 생물은 1개의
세포로 이루어지거나 한 가지 또는 몇 가지 세포로 이
루어진 군체로 존재한다. 동일한 유전 정보를 가진 세
포들이 어떻게 서로 구조와 기능이 달라질 수 있을까?
어떻게 서로 다른 종류의 세포들이 하나의 개체를 이
루도록 질서정연하게 배열하여 삶을 영위할 수 있을
까? 다세포의 동물과 식물이 진화하기 위해서 어떤 문
제들이 선결되었어야 할까? 이러한 의문들은 제10장에
서 논의하고자 한다.

---

* 한국유전학회 총서 제5권 「유전자, 사랑 그리고 진화」, 1998. 전파과학사,
　서울.

7. 독립 개체에서 군체로

개미, 꿀벌, 나나니벌, 흰개미 등과 같은 동물은 군서 생활을 하며, 소수의 개체만 생식을 한다. 이러한 군체는 초생물체(superorganism) 같은 조직을 이루어 다세포 생물체와 유사한 양상을 띤다. 불임인 일벌이나 일개미는 한 개체의 체세포와 흡사하며, 생식 개체인 여왕벌과 여왕개미는 생식 세포와 흡사하다. 이러한 군서 집단의 기원은 중요한데, 아마존 열대 우림의 동물 생물량의 1/3이 개미나 흰개미로 이루어져 있으며, 다른 서식처에서도 이와 유사하다. 인류 사회의 기원을 이와 같은 식으로 조명해 보는 것도 흥미롭다. 이 기원에 대해서는 제11장에서 논의할 것이다.

8. 영장류 사회에서 언어를 구사하는 인류 사회로

영장류 사회로부터 인류 사회로 전환되는 결정적 단계는 언어의 진화임을 제12장에서 설명할 것이다. 앞에서 이미 인류의 언어와 유전 암호의 사이에는 유사성이 있음을 강조하였다. 이 두 가지는 무제한적인 변화를 일으키는 자연적 시스템이다. 인류 사회의 성격과 기원은 제12장의 주요 주제이며, 제13장에서는 언어의 기원에 대하여 논의하고자 한다.

우리는 지금 정보에 대하여 이야기하고 있으므로 외부 세계에 대한 정보를 획득하고 이 정보를 이용하여 행동을 수정할 수 있는 신경계의 진화도 논의에 포함시켜야 하겠다. 신경계는 언어의 진화에 앞서 반드시 갖추어야 할 전제 조건이다.

이미 열거한 8가지 주요 전환 중에서 2가지를 제외한 나머지 6가지는 독특하고, 단일 계통 내에서 한 번씩만 나타났다. 2가지 예외는 3차례 이루어진 다세포 생물의 등장과 여러 차례 이루어진 불임 계급을 가지는 군서 동물의 등장이다. 6가지 독특한 전환에는 생명의 기원 그 자체와 함께 흥미로운 내용이 있으며, 이들의 발생 순서도 독특하다고 생각한다. 이들 중 어느 한 가지만이라도 일어나지 않았다면 우리는 오늘날 존재하지 않을 것이며, 지구상에 지금과 같은 모습의 생물군들도 존재하지 않을 것이다.

공통적인 문제

한권의 책 속에 유전 암호, 성, 언어의 등장과 같은 서로 다른 주제를 다루는 이유는 서로 다른 이 전환들 사이에 불가분의 유사성이 있기 때문이다. 이들 중 한 가지를 이해해야 다른 전환을 조명해 볼 수 있기 때문이다. 특히 한 가지 특징은 진화 과정에서 반복적으로 나타난다. 전환 이전에 독립적 복제를 할 수 있었던 실체는 나중에는 개체의 한 부분으로서만 복제할 수 있었다. 그 예는 다음과 같다.

1. 진핵 세포의 등장 도중에 나타난 중요한 사건은 두 가지 이상의 상이한 종류의 원핵 세포가 공생적으로 결합했다는 것이 상식적으로 알려진 이야기인데, 이 두 종류의 세포는 각기 독립적으로 증식할 수 있었으나 오늘날에는 융합되었으므로 전체 세포가 증식할 때만 증식할 수 있다.

2. 성의 등장 이후 개체는 유성적 집단의 구성원으로서만 생식할 수 있으나 초기에는 무성적으로 자신이 스스로

증식할 수 있었다.

3. 식물과 동물과 같은 고등 생물의 세포는 생장하는 동
안 분열할 수 있으나 이들의 장기적 미래는 다세포 생
물의 한 부분이 되느냐 아니냐에 따라 달라진다.

4. 개미는, 여왕 개미조차도, 군서 집단의 일원으로서만 생
식할 수 있으나 이들의 조상은 단일 개체로서 생식할
수 있었다. 인간도 실질적으로는 사회적 집단의 한 일
원으로서만 생식할 수 있다는 점도 사실이다.

여러 가지 전환의 공통적 특징은 공통적 문제를 발생시
킨다. 왜 하등 수준의 실체 사이 즉 원핵 세포 사이, 무성 개
체 사이 등에서 접합과 같은 융합이 일어나고 고등 수준의
실체 사이 즉 진핵 세포 사이, 유성 집단 사이, 다세포 생물
사이, 개미 집단 사이에서는 융합이 일어나지 않았는가? 이
질문에 대한 해답을 찾을 때 고등 수준의 실체가 가지는 유
리함을 지적하는 것은 충분한 것이 못 된다. 개미의 군서 집
단은 환경을 개척하는 데 매우 효과적일 수 있으나, 이는 왜
일개미 개체가 군서 집단의 이익을 위해 생식 능력을 희생해
야 하는지를 설명하지는 못한다. 적절한 설명을 위해서는 하
등 수준의 실체에 작용하는 선택을 통해서 고등 수준의 실체
의 등장을 설명해야 한다.

이는 새로운 문제는 아니며, 흔히 "선택 수준"의 문제라
고 일컬어지고 있다. 이 문제는 다윈 이후에 나타난 것이지
만, 근대적 논쟁은 1962년에 와인-에드워즈(V. C. Wynne-
Edwards)가 쓴『동물의 분산(*Animal Dispersion*)』이라는 책
이 출판되면서 시작되었다. 와인-에드워즈는 다음과 같은 의
문을 제기하였다. 즉, 대부분의 동물이 막대한 생식 능력을

가지고 있는 데도 왜 개체수가 급증하지 않고 먹이 고갈로
인하여 기아를 당하지 않는가? 그가 대답한 바에 의하면 수
적 증가는 보통 기아가 나타나기 전에 그들 스스로의 행동에
의해 제동이 걸린다는 것이다. 조류학자인 그는 영역을 확보
하지 못한 개체가 생식을 못한다는 사실에 주목하였다. 그는
이어서 이러한 행동이, 비록 기아를 막아서 집단에 유익하기
는 하지만, 생식하지 못하는 개체에게는 해롭다고 지적하였
다. 그래서 이러한 자기 희생적 행동은 "집단 선택"을 일으킨
다고 주장하였다. 이러한 행동은 이 행동을 하는 구성원이 있
기에 집단이 존속되며, 반면 이기적 개체들로 이루어진 집단
은 절멸하기 때문에 진화된다. 달리 말하면, 이러한 행동은
개체들의 희생으로, 일부 개체가 아니라 일부 집단의 선택을
통하여 진화되는 것이다.

　와인-에드워즈 논리의 커다란 장점은, 일부 형질이 집단
이나 종에게 유익하기 때문에 존재한다고 누군가가 주장할
때, 개체 사이가 아니라 종 사이에 선택이 작용한다는 생각을
하도록 만든다는 점이다. 어려운 점은 만약 특정 형질을 가진
개체는 선택되지만 이 형질을 가진 집단은 도태된다면 대개
의 경우 개체 수준의 선택이 승리하게 된다는 점이다. 만약
식량이 부족해져서 일부 개체는 생식을 지속하고 다른 개체
는 이를 중단한다면, 다음 세대에 유전자를 전달하는 것은 생
식하는 개체들이다. 비록 장기적으로 볼 때 그 결과는 집단의
절멸을 가져온다 하더라도. 실제로 와인-에드워즈가 제시한
대부분의 예는 개체 수준에서 작용하는 선택으로 설명할 수
가 있다. 예를 들어, 영역 설정에 실패하여 생식하지 못하는
개체들은 집단의 이익을 위해 스스로 희생되는 것이 아니라,
열악한 일에 최선을 다한다. 집단 선택을 불러일으킬 필요가

없다.

"선택의 수준"에 관한 논쟁은 처음에는 선택이 개체 사이에서 일어나느냐 또는 개체군 사이에서 일어나느냐 하는 것이었다. 이 책에서 우리는 수준의 수, 즉 유전자, 염색체, 세포, 개체, 생식 집단, 그리고 사회 등 다양한 수준에 관심을 두고 있다. 그러므로 우리는 서로 다른 선택의 수준 사이에서의 논쟁만을 이야기하고자 한다. 이기적 행동을 좋아하는 구성원들 사이에 선택이 일어남에도 불구하고 어떻게 복잡한 실체가 진화했는가를 설명해야 한다.

진화적으로 오랜 기간 동안 한 가지 융합된 실체가 존재하다가 이의 구성원이 원래의 독립된 조상 상태로 되돌아갈 가능성은 없다. 암세포는 인접한 정상 세포들과 비교할 때 선택적 유리함이 있어서 단기간 동안은 증식할 수는 있지만, 독립 생활하는 원생동물이 되어 장기간 존재할 수는 없다. 구성원 각자가 자신의 유전 정보를 가지면서 융합된 실체가 생긴 것을 설명하기는 어렵지만, 이 점은 한 생물체의 서로 다른 구성원 사이에 오늘날에도 존재하는 마찰을 예로 하여 설명할 수 있다. 다음과 같은 4가지 예를 생각해 보자.

1. 유전자들은 염색체의 한 부분이고 염색체의 행동은 멘델의 법칙을 따르며 각각은 배우자로 전달될 기회와 다음 세대로 전달될 기회가 동일하므로, 한 유전자가 개체의 적응력을 희생하면서 다른 유전자보다 다음 세대에 전달될 기회를 증대시킬 수 없다고 추측하기 쉽다. 이러한 추측은 잘못된 것이다. 제8장에서 유전자들이 속임수를 써서 다음 세대에 과도하게 발현되는 여러 가지 방식을 설명할 것이다.

2. 일벌이 집단의 이익을 위해 희생한다는 것이 일반적 상식이다. 그러나 이는 항상 통하는 진리가 아니다. 일벌이 여러 가지 속임수를 쓰는 방식을 나중에 설명할 것이다.

3. 세포 소기관들이 속임수를 써서 다음 세대에 수가 많아지는 방법을 뒤에 설명하고자 한다.

4. 영국에서나 헝가리에서나 아니 전세계의 일부 사람들은 공익에 반하여 세금 납부를 불법적으로 피한다.

만약 이러한 마찰이 오랜 공존 기간 뒤에도 잔존한다면 융합된 실체가 등장하는 동안에 이 마찰들이 더 명확하게 되었을 것이다. 그러면 비록 일어나기 어렵지만 왜 이것이 불가능하지는 않았는지에 대한 3가지 이유를 알아보자.

몇 가지 가능한 해답

유전적 동질성

복잡한 다세포 생물이 하나의 세포에서 유래한다는 것은 잘 알려진 사실이다. 다세포 생물이 이루어지려면 세포가 분열하면서 세포의 분화가 이루어져야 한다. 그것은 공학적인 과정을 통해서가 아니라, 보다 적절한 방법으로 분화된 세포 그룹들을 형성하여 이를 통해 통합된 개체를 만드는 것이다. 그러나 잘 알려진 바와 같이 수정란이 만들어진 이후에 일어난 체세포 돌연 변이를 제외하고는 한 개체가 갖고 있는 모든 세포의 유전자는 동일하다는 것이다.

이와 같은 생물체의 유전자 동질성의 효과는 이기적인

행동보다는 서로 협조하는 유전자를 자연 선택하게 한다. 그
러므로 신장 세포에서 두 가지 선택될 수 있는 유전자를 가
정하여 보자. 간단히 그들을 서로 협조하는 공조적인 경우와
이기적인 두 가지의 경우를 생각하여 보자. 보통의 공조적 유
전자는 일상적인 신장 세포의 배설 기능을 수행하나, 한편 이
기적인 유전자는 세포의 미분화를 야기하고 신장의 기능과
개체의 생존 또는 생식 능력을 감소시키면서 혈류를 따라 생
식선으로 이동하여 다음 세대로 전달된다. 그러면 어떤 유전
자의 유전자 빈도가 높아질 것인가? '빈도를 높이는 유전자'
란 같은 정보를 전달하는 유전자의 수가 많은 것을 의미한다.
그것은 물리적인 물체가 아니라 정보를 말하는 것이다. 공조
적인 유전자는 더 많은 자손을 갖기 때문에 더 많은 수가 전
달된다. 즉, 각 세포는 두 벌의 유전자들을 갖고 있으므로 그
들의 반이 전달된다.

　　이것이 옥스퍼드대학교의 동물학자인 해밀턴(William D.
Hamilton)이 제안한 사회 행동 진화설의 핵심이다. 그는 개체
사이에 공조적인 진화가 유전적으로 동일하지는 않으나 유전
적으로 관련이 있다는 어려운 문제에 당면하였다. 그의 결론
은 공조성을 $rb>c$ 라고 나타낼 수 있는 유명한 불균형이다.
b 는 주어지는 이익, c 는 혜택에 드는 비용, 그리고 r 은 둘
사이의 관련 정도이다. 한 개체의 세포들의 $r = 1$이다.

　　초기에 독립적으로 복제된 것들 사이의 공조 진화를 도
와주는 것은 근연 관계이다. 이 근연 관계란 상호 작용을 하
는 개체들의 그룹들이 모두 최근에 같은 유전적 정보를 갖고
있는 한 조상으로부터 전해졌거나, 작은 그룹의 조상들로부터
전해진 것을 말한다. 우리는 앞에서 주요한 전환 과정과 관련
이 있는 두 가지 예를 살펴보았다. 다세포 생물의 기원인 전

환 과정 6은 아마도 새로운 각각의 세포는 한 개의 세포로부
터 유래되었다. 그리고 동물 사회의 기원은 소수의 개체에 의
해서 형성된 새로운 기반이 된다. 대부분의 곤충 군체들은 한
마리의 암컷으로부터 만들어진다. 한 가지 더 주목할 일은 진
핵 생물의 기원인 전환 과정 4에서 세포는 미토콘드리아를
세포 내에 포함하게 되었다. 미토콘드리아는 한때 박테리아로
독립적인 생활을 하였으며 박테리아 유전자를 아직도 갖고
있다. 한 개의 세포 내의 미토콘드리아와 이기적인 미토콘드
리아 사이의 계속되는 진화 경쟁은 한 개체내의 모든 미토콘
드리아가 유전적으로 동일한 것으로 보아 크게 억제되었다는
것을 알 수 있다. 미토콘드리아는 동물의 유성 생식 과정에서
오로지 암컷의 난자를 통해서만 유전이 되기 때문이다. 왜냐
하면 수정때 정자의 미토콘드리아는 난자속에 정자의 핵과
함께 들어가나 곧 선택적으로 분해되어 버리기 때문이다. 이
와 같은 사실은 완벽하지는 않지만, 미토콘드리아 스스로 진
화하는 위험을 줄여준다.

협동 작용

서로 돕는 공조는 대가를 지불하며 진화하여 왔다. 두 공
조하는 개체들은 각자가 각각 행동하는 것보다 서로 협조하여
야 한다. 곤충들이 사회를 이루고 있는 이유는 그룹 내의 암
컷들이 공조하여 먹이를 수집하거나 애벌레를 죽이는 침략자
를 방어하기 위해서이다. 암수 한 쌍의 새 중 한 마리는 알을
품고 한 마리는 먹이를 찾는 공조도 이와 같은 이유로 설명할
수 있다. 즉 효율적인 노동의 분업 법칙이라고 볼 수 있다. 이
와 같은 행동의 예는 쉽게 생각할 수 있으며 모든 수준에 적
용할 수 있는 법칙이다. RNA는 효소나 유전 물질과 비슷한

성질의 물질로서 작용하였다. 전환 과정 3에서 단백질과 DNA 각각의 기능이 효율적으로 나뉘어졌다. 다세포 생물에 있어서 세포들은 다양한 기능들에 적합하게 특수화되었다.

미국의 컴퓨터 과학자인 코닝(Peter Corning)은 1983년 출판한 『협동 가설(*The Synergism Hypothesis*)』이라는 책에서 사회와 생물학적 진화에 있어 협동의 역할에 대하여 논의하였다. 우리가 『진화의 주요 전환 과정(*The Major Transitions in Evolution*)』이라는 책을 쓸 당시에는 그의 책을 보지 못하였으나, 다행스럽게도 그는 이 부분에서 논의하는 주제를 예견하여 대부분 우리와 같은 예를 들어 설명하였다.

중앙 통제

인간 사회에서 공조자는 흔히 중앙 권력에 의하여 무엇인가 강요당한다. 어느 국가에서나 대부분의 사람들은 세금을 내고 있고, 만약에 그렇지 않으면 벌을 받는다. 생물계에도 비슷한 예가 있지 않을까?

그와 같은 두 가지 예를 들 수 있다. 첫번째 예는 그림 2.1에서 보는 바와 같다. 대부분의 고등 식물은 자웅동체이며 밑씨와 화분을 같이 생산한다. 동물에서와 같이 미토콘드리아는 밑씨를 통해서만 전달된다. 만약에 우리가 미토콘드리아에 존재하는 유전자라고 가정하고 유전자의 눈으로 보자. 유전자로서 당신이 원하는 것 즉, 어떤 유전자가 선택되느냐 하는 것은 다음 세대에 더욱 더 많이 당신의 복사본이 자손에 전달되는 것이다. 가능하다면, 식물이 많은 씨를 생산하지만 화분을 통해서는 우리는 다음 세대에 전달되지 못하기 때문에, 꽃의 웅성 기관을 제대로 발육하지 못하게 하여, 우리의 복사본 즉 밑씨에 있는 미토콘드리아 DNA를 더 많이 남기려 할 것이다. 그와 같은 예로 식물에서 미토콘드리아의 유전자가 웅성 불임을 일으키는 예가 몇 가지 알려져 있는데, 특히 꿀풀과의 백리향에 대하여 많은 연구가 이루어졌다. 그러나 염색체상의 유전자의 관점에서 보면 밑씨와 화분을 통해 모두 전달될 수 있다. 웅성 불임은 이들 유전자들에게는 이익이 없으며 오히려 불리하다. 그러므로 백리향의 염색체상의 유전자가 미토콘드리아의 유전자를 억제하는 작용을 하여 웅성의 불임성을 회복시키는 것을 이해할 수 있다.

이것을 유전자간의 충돌로 볼 수도 있지만, 중앙 통제의 예로 볼 수도 있다. 미토콘드리아의 유전자보다 염색체상의 유전자가 훨씬 많이 존재하므로, 각각의 미토콘드리아 유전자가 돌연 변이를 일으켜도, 염색체상의 한 개의 유전자가 그것을 억제시킬 수 있다는 것은 놀라운 일은 아니다. 미국의 생물학자 라이(Egbert Leigh)는 이와 같은 효과를 '유전자 의회(parliament of the gene)'라고 불렀다. 의회는 과반수 투표로 운영된다. 라이의 생각은 대부분의 이기적 유전자들은 더욱더 많은 유전자들에 의하여 이기적 행동이 억제될 것이라는 것이다. 물론 투표 없이 결정되기도 하는데, 가능한 돌연 변이 종류의 수에 의하여 결정된다. 이것은 앞으로 제8장에서 자세히 다루도록 하겠다.

중앙 통제의 두번째 예로 지의류가 있는데 지의류는 곰팡이류와 조류의 공생체이다. 조류의 종들은 독립적으로 생활할 수 있지만, 지의류를 이루는 곰팡이는 한정되어 있다. 우리는 이와 같은 예를 노예와 같은 종속적인 관계로 볼 것인가? 아니면 공조적인 관계로 볼 것인가? 만약에 공조적인 관계라고 하면, 상대가 서로 이익을 주며 공생체를 유지하고 있을 것이다. 그러나 대부분의 지의류 공생체에서 조류가 곰팡

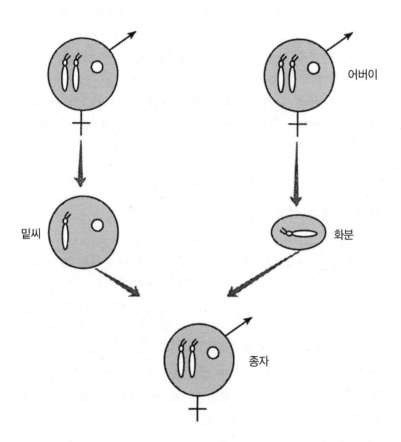

어버이

밑씨

화분

종자

그림 2.1 자웅동체 식물의 생식. 자손들은 각 양친으로부터 한 종류의 염색체 복사본을 받는다. 그러나 환상의 미토콘드리아 염색체는 밑씨로부터만 받는다. 미토콘드리아의 유전자는 밑씨로만 전해지기 때문에 화분 생산을 억제함으로써 밑씨에 유리할 수 있다. 백리향과 같은 식물의 미토콘드리아 유전자는 화분생산을 억제하나, 염색체의 유전자에 의하여 이들의 기능이 다시 억제되기도 한다. 이것은 이기적인 미토콘드리아 유전자를 염색체 유전자가 '중앙 통제'하거나 '지배'하는 현상이라고 볼 수 있다.

이류에 도움을 주는 점을 찾지 못하였다. 이들의 관계를 확실히 밝히는 것은 매우 어려운 일이지만 공조적이 아니라 종속적일 가능성에 대하여도 신중히 검토하여야 할 것이다.

뒷장에서 독립적인 존재가 공존하게 되는 다양한 전환 과정에 대하여 살펴보기로 하겠다. 전환 과정에서 혈연 관계와 협동 관계는 모두 중요하며, 동시에 중앙 통제도 역시 적절한 방법이 될 수 있다.

선견도 없고 되돌아가지도 않는다

전환 과정을 살펴보면 중요한 두 가지 양상을 보여주고 있다. 첫번째의 중요한 양상은 생물체에서 일어난 변화는 결과를 생각하지 않는 자연 선택에 의해 진화한다는 것이다. 전환 과정은 미래의 진화에 새로운 가능성을 줄 수도 있지만, 그것을 목적으로 변화하지 않는다. 예를 들어 원핵 생물이 염색체 구조가 바뀌고 유전자 양이 두 배로 되어 진핵 생물의 기원이 되었으며, 세포 분열을 할 때 염색체를 복제하여 딸세포들에게 염색체를 각각 한 벌씩 전해 준다. 이에 대한 자세한 논의는 제6장에서 하기로 하겠다. 원핵 생물이 진핵 생물로 진화하기 전에 가지고 있었던 DNA 양이 원핵 생물이 복제할 수 있는 최대의 DNA 양이었는가 하는 의구심을 가질 수 있다. 물론 이와 같은 변화가 있은 후에, 가질 수 있는 DNA 양은 증가되고 진핵 생물의 복잡성은 증가할 수 있게 되었다. 그러나 이와 같은 변화는 한계 요인을 제거하기 위하여 일어난 것은 아니다. 만약 우리의 생각이 옳다면, 원핵 생물의 견고한 세포벽을 잃어버린 초기의 진핵 생물에서 이와 같은 변화가 생겼을 것이다. 그러나 실제는 그렇지 않고 변화가 한번 일어나면 그것을 근거로 다른 의미를 가질 수 있는 변화가 반복되며 생물체는 진화하였다.

또 다른 중요한 양상은 전환 과정이 일단 진행되면 역으로 되돌아가는 것은 어렵다는 것이다. 이것은 성의 예를 들면 쉽게 설명된다. 소나무나 은행나무와 같은 나자식물은 유성 생식에서 단위 생식으로 바뀐 적이 없다는 것은 놀라운 일이다. 설명은 간단한데 우리가 전에 언급했듯이 유성 생식에서 세포내 소기관인 엽록체와 미토콘드리아는 한쪽 어버이에게서만 받는다. 나자식물에서 광합성 기관인 엽록체는 화분을 통해 전달된다. 그러므로 단위 생식으로 생성된 씨는 엽록체가 없어서 무색이며 생존할 수 없다.

한번 성이 결정되면 두번째 단계의 적응이 일어나게 되고 그래서 그 성 결정이 굳어진다. 포유류의 난자는 자연 상태에서든 실험실에서든 수정하지 않고는 발생할 수 없다. 그 이유는 현재 쉽게 설명하기 어렵다. 가끔씩 유성 생식 집단에서도 단위 생식으로 만들어진 자손이 있을 수도 있다. 실제로 종자식물을 포함해서 도마뱀, 잉어, 붕어와 같은 동물계에도 많은 단위 생식 자손이 존재한다. 그러나 이들을 포함하여 다른 모든 변이가 진화의 과정을 거꾸로 거슬러 가지 못한다는 것은 절대적이다. 다세포 생물이 단세포 자손을 절대로 생산할 수 없다. 불임인 계급이 있는 벌과 개미와 같은 곤충 군체에서 불임인 계급이 새로운 생식 능력이 있는 자손을 가질 수 있을 지는 명확하지 않지만, 진핵 생물은 절대로 원핵 생물의 자손을 만들 수 없다.

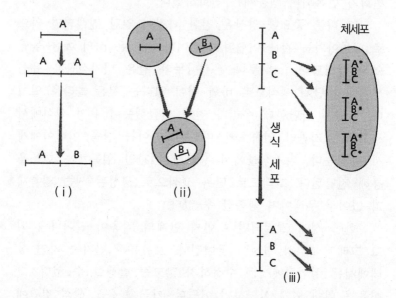

그림 2.2 한 개체에서 유전 정보가 증가할 수 있는 세 가지 방법. i) 중복과 분화. 한 개의 유전자가 중복되고 두 개의 복사본은 염기 서열이 달라지므로 두 종의 유전자가 만들어진다. ii) 공생. 서로 다른 조상과 서로 다른 유전 정보를 가진 두 개체가 결합한다. iii) 후성설. 다세포 생물에서 모든 유전 정보(ABC 등)는 수정란에서 배우자에 전달되고 합쳐진 후 다음 세대로 전달된다. 모든 정보는 모든 체세포로 전달되지만 발생 중에 그 정보가 발현되는 부분은 세포의 종류에 따라 다르다.

유전 정보는 어떻게 증가하였을까?

코끼리 하나를 만들기 위해서 얼마나 많은 DNA가 필요한지를 말하기는 어렵지만 세균을 만드는 것보다 많을 것이라는 것은 확실하다. 그림 2.2는 중복과 분화, 공생, 그리고 후성설로써 일련의 유전 정보가 증가할 수 있는 세 가지 방법을 보여주고 있다.

중복과 분화

한 개의 유전자에서 전체 세트의 염색체에 이르기까지 다양한 길이의 DNA 단편이 중복되는 것은 간단한 과정으로 일어날 수 있다. 이러한 우연한 사건은 제법 자주 일어나나 총 정보 양의 차이를 가져오지는 않는다. 한 유전자가 복사된 두 개의 복사본이 한 개보다 더 많은 양의 정보를 갖고 있지는 않다. 그것은 단지 나중에 선택적으로 프로그램될 수 있는 여분의 DNA가 만들어진 것일 뿐이다. 이와 같은 중복이 의미가 없어 보일지라도 그 과정은 컴퓨터의 메모리 능력을 늘리는 것과는 사뭇 다르다. 후자의 경우에서는 증가된 메모리는 공백의 상태로 있게 되지만 진화에서 새로운 DNA는 이미 정보를 갖고 있으므로 새로운 정보는 이러한 정보의 단계별 돌연 변이에 의하여 생기게 된다.

유전자의 중복이 중요하다는 것을 우리는 잘 알고 있다. 고전적인 예로 혈액에서 산소를 운반하는 단백질인 헤모글로빈을 살펴보면 헤모글로빈은 두 종류의 네 개의 소단위 폴리펩티드로 이루어져 있으며 두 종류는 각기 다른 유전자인 α와 β 유전자에 의해 프로그램된다. 두 개의 유전자는 중복에 의해 생겨났으며 두 유전자는 다만 작은 차이를 보일 뿐이다. 그리고 또 다른 한 단계의 중복과 분화가 일어나 포유류의 태아에서 쓰이는 또 다른 헤모글로빈을 만든다.

유전자의 중복은 흔히 있는 일이지만 모두 유전 정보의 증가로 이어지는 것은 아니다. 일반적으로 자연 선택은 두 개의 복사본이 나란히 유지되는 것을 허락하지 않기 때문에 둘 중의 하나는 일반적으로 발현되지 못하는 소위 위유전자(pseudogene)로 염색체 안에 존재한다. 중복된 복사본이 새로운 기능을 갖는 것은 아주 드문 일이다. 더욱이 중요한 것은 중복이 한 개의 유전자든지 전체 게놈이든지간에 그 자체로 의미있는 새로운 어떤 것을 만들지는 않는다는 것이다. 그것은 단지 새로운 유전자가 될 수 있는 여분의 DNA를 제공할 뿐이며 중복 그 자체가 즉시 새로운 기능을 수행하는 프로그램이 될 수는 없다. 중복은 복잡성을 증가시키기보다는 나중에 일어날 수 있는 복잡성을 증가시킬 수 있는 재료가 되는 것이다.

공생

공생이란 다른 종류의 두 개체가 함께 같이 살게 되는 과정이다. 자연계 대부분의 공생은 한쪽에게는 이득이 되고 다른 한쪽에게는 손해가 되는 기생의 형태이다. 그러나 우리는 여기에서 두 개체에게 모두 이득이 되는 상리 공생에 관심을 가지고 살펴보겠다. 제9장에서 우리는 진핵 세포의 기원과 공생과의 관계에 대해서 이야기할 것이다. 그림 2.3에서는 초기의 두 전환 과정에서 공생의 역할을 보여주고 있다. 독립적으로 다른 복제 가능한 두 개의 분자가 처음에 세포막 안으로 들어오게 되고, 이들의 끝과 끝이 붙어서 염색체의 형태로 연결 된다. 공생은 개체 내에서 즉각적인 유전 정보의 증가를 가져온다는 점에서 중복과는 다르다. 몇몇 유전 정보의 소실이나 비활성화가 일어나더라도 결과적으로 그 새로운 개체의 유전 정보의 양은 두 공생체의 유전 정보의 총합이 되는 것이다.

후성설

섬유아 세포, 간세포 그리고 표피 세포들은 각기 다른 성질을 갖고 있다. 그리고 그 다른 성질들은 유전된다. 만약 섬유아 세포를 조직 배양한다면 그 세포가 여러 번 분열한 그 자손들도 역시 섬유아 세포가 된다. 같은 방식으로 상피 세포 역시 같은 상피 세포가 된다. 그러면 어떻게 이와 같은 유전 현상이 일어날까?

유전 현상에는 정보가 관계된다는 것을 처음으로 명확하게 이해한 생물학자는 바이스만(August Weismann)이었다. 그 당시의 일반적인 생각이었던 획득 형질이 유전된다는 것을 그는 부정하였다. 예를 들어 제철공의 후천적으로 얻어진 우람한 팔뚝 근육은 그의 정자에도 영향을 주게 되고, 그의 아들 역시 우람한 팔뚝 근육을 갖게 된다고 그 당시에는 생각했었다. 그는 『진화설(*The Evolutionary Theory, 1902*)』이라는 책에서 '그것은 마치 중국으로 영문 전보를 보내면 중국 말로 받게 되는 것과 같은 것'이라고 표현했다. 그러나 그는 몸 전체의 세포들이 어떻게 각기 다른지에 대해서는 설명하지 못했다.

그는 두 가지의 가능성을 생각했는데 그가 말한 하나는 수정난은 소위 그가 ids라고 부른 유전 기질이라고 하는 전체 셋트의 유전자를 갖고 있는데 발생 단계에서 신장 세포는 신

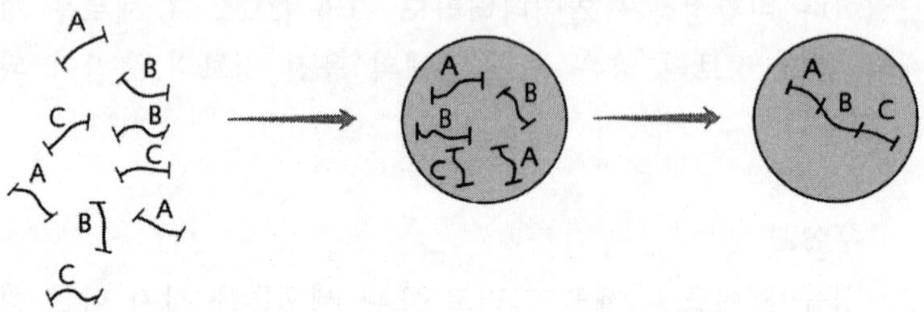

그림 2.3 생명의 초기 진화 시기의 공생. 초기에는 A, B와 C의 서로 다른 복제 분자가 용액이나 표면에 부착되어 자유로운 상태로 있었다. 그들은 경쟁적으로 '복제'하는 작은 분자들이었다. 후에 이와 같은 서로 다른 종류의 복제 분자들은 한 개의 막이나 원시 세포 안에 담기게 된다. 만약에 원시 세포의 생장과 분열이 원시 세포에 포함된 분자들에 의하여 가능하다면, 이들은 공조의 정도에 따라 선택되어진다. 최종적으로 이들 분자들은 끝과 끝이 연결되어 염색체를 형성하게 된다. 그러면 한 분자로 복제할 수 있게 되고 더욱 유리한 자연 선택으로 공조하게 된다.

장을 구성하는데 필요한 정보만을 받고 표피 세포는 표피를 이루는데 필요한 정보만을 받아들인다는 설명이었다. 그리고 오로지 생식 세포만이 전체 유전 기질을 다 갖게 된다고 그는 덧붙였다. 그러나 그는 또 다른 설명도 가능하다는 것을 전제하였는데, 각각의 세포는 모든 셋트의 유전자를 가지고 있고 외부의 다른 요인에 의해서 선택적으로 유전자가 활성화되어 다르게 변한다는 것이었다. 우리가 오늘날 옳다고 받아들이는 이 설명을 그는 너무나도 많은 종류의 특별한 요인이 유전자 발현에 필요하기 때문에 그 당시에는 부인했는데, 몇 백년이 지난 지금 그러한 요인에 대해서 조금씩 밝혀지고 있다.

다세포 생물체의 대부분은 유전자 발현에서 이와 같은 방식을 따른다. 몇 가지 예외를 제외하고는 각 세포는 모든 셋트의 유전 정보를 다 가지고 있지만 다른 세포마다 다른 유전자가 활성화된다. 이러한 활성화는 세포가 분열할 때 딸 세포로 전달되는데, 이것은 새로운 유전의 형태이며 DNA의 염기 서열 차이와는 무관한 후성적 유전이다. 보다 자세한 기작은 제9장에서 설명할 것이다.

그래서 태아는 DNA 염기 서열 복사에 의한 시스템과 유전자 활성 단계의 복사에 의한 두 종류의 유전 시스템을 가지게 된다. 동물체의 분화된 다양한 세포들과 개미 군체의 다양한 계급들, 그리고 인간 사회의 다양한 직업 사이에는 명백한 유사성이 있다. 이스라엘의 생물학자인 자블론카(Eva Jablonka)는 동물체와 인간 사회 사이의 유사성은 눈에 보이는 것 이상으로 더 관계가 깊다고 지적했다. 인간 사회 역시 DNA와 언어에 기초한 이중 유전 시스템을 갖고 있다.

제3장

···

단순한 분자에서 유전자로

다윈*은 『종의 기원(*Origin of Species, 1859*)』을 다음과
같은 마지막 문장으로 끝낸다.

"지구가 변하지 않는 중력의 법칙을 따르는 동안 창조주
의 입김을 불어넣어 생긴 최초의 몇 개의 생명체는 아주 간
단한 형태로부터 시작하여 아름답고 경이로운 셀 수 없이 많
은 다양한 생명체로 진화했다는 견해는 경이롭고 획기적인
것이다." 여기에서 흥미롭게도 '창조주의 입김을 불어넣어'라
는 문구는 초판에는 없었지만 두번째 판에 슬쩍 들어갔다. 아
마도 다윈이 독실한 기독교도인 그의 부인 에마를 기쁘게 하
려고 넣은 것 같고 생명의 기원은 자신이 다루기보다는 종교
적인 해석의 문제로 남겨 두려고 한 것 같다. 반면에 인류의
기원에 관해서는 자신이 연구하여 유용한 결과를 낼 수 있을
것으로 믿었던 것 같다.

태초의 수프

생명의 기원을 밝히려는 최초의 시도는 1924년부터 1929

---

* 한국동물학회 교양 총서 제1권 「찰스 다윈」, 1999. 전파과학사, 서울.

년 사이에 러시아의 생화학자인 오파린(Alexander Ivanovich Oparin)과 영국의 생리학자이자 유전학인 할데인(John Burden Sanderson Haldane)이 시작하였다. 그들의 주장은 태초의 대기는 산소가 없었기 때문에 번개의 전류나 자외선 에너지를 받아 다양한 유기 물질이 합성될 수 있었다는 것이다. 산소가 존재하지 않았다는 사실이 중요한데 왜냐하면 산소가 있으면 만들어진 유기 물질들이 모두 이산화탄소(CO_2)와 물(H_2O)로 산화되어 버렸을 것이기 때문이다. 할덴이 주장한 바는 이러한 유기 물질을 먹이로 하는 생명체가 아직 없었기 때문에 태초의 바다는 유기 물질이 희석된 뜨끈뜨끈한 유기 물질의 수프와 같은 상태였다는 것이다.

1953년 유레이(Harold Urey)의 조언을 받아서 밀러(Stanley Miller)가 이 생각을 실험적으로 검증하였다. 그는 물, 메탄(CH_4), 그리고 암모니아(NH_3)가 들어 있는 가상의 원시 대기에 전기 방전을 일으켰다. 그 결과는 놀라운 것이었다. 단백질의 구성 물질인 여러 종류의 아미노산과 당류, 그리고 핵산의 구성 물질인 퓨린과 피리미딘 등의 다양한 유기 물질이 만들어졌다.

이러한 실험은 상당히 고무적인 것이었지만 아직 풀어야 할 문제들이 있었다. 중요한 물질들의 농도가 낮았고 어떤 것들은 아예 만들어지지 않았다. RNA나 DNA의 뼈대를 만드는 리보스 당류는 만들어졌지만 많이 만들어지지 않았고 생물체의 세포막을 만드는 긴 고리 지방산도 아예 만들어지지 않았다. 아마도 더 중요한 문제는 이렇게 만들어진 간단한 유기 물질이 생물체에서 쓰이는 복합물로 어떻게 연결될 수 있는가 하는 문제이다.

화학을 전공하지 않은 사람에게 설명하자면 단백질이란

소녀의 목에 거는 목걸이와 같아서 각양각색의 유리알을 순서대로 엮어 놓은 것과 같다고 하겠다. 폭스(Sidney Fox)는 아미노산을 섞어서 끓이고 말려서 물에 녹여 보는 실험을 통해 분해 능력을 가지는 아미노산들의 연결된 물질을 얻을 수 있었다. 하지만 불행히도 이러한 아미노산들은 펩티드 결합만으로 이루어지지 않았고 많은 다양한 결합 방식으로 연결되어 있는 것이 문제였다. RNA나 DNA도 뉴클레오티드가 연결되어 만들어지기 때문에 앞에서 본 것처럼 밀러의 실험에서 핵산이 만들어졌다 해도 어떻게 정확하게 연결될까 하는 것은 쉬운 문제가 아니며 아직 확실하지 않다. 만일 정확하게 연결되지 않는다면 복제자로서의 기능을 수행할 수가 없을 것이다.

요약해서 말하면, 현대의 생명체에서 중요하고 다양한 유기 물질이 비생물학적으로 만들어지는 것은 어렵지 않게 이해할 수 있지만 이러한 유기 물질들을 특이하게 연결하는 반응이 어떻게 일어나는가를 이해하는 것은 매우 어렵고 더욱이 단백질과 핵산같이 특이한 화학적 결합으로 이루어지는 고분자 물질이 어떻게 만들어졌는가 하는 것은 불가사의 하다.

태초의 피자

위에서 말한 문제점들을 해결할 수 있는 방법을 제안한 사람은 웩터스하우저(Günter Wächtershöuser)로 이 분야와는 약간 동떨어진 인물이다. 그는 화학 분야에서 박사 학위를 취득하였지만 대학교나 연구소에서 연구를 하지 않고 화학 분

야의 특허 관련 변호사로서 뮌헨에서 개업하고 있었다. 아인
슈타인도 상대성 이론을 생각해 냈을 때 특허청에서 일하고
있었다는 사실을 보면 매우 흥미있는 일이다. 웩터스하우저가
1980년대 생명의 기원에 관한 논문을 발표하기까지 그는 포
퍼(Karl Popper)의 철학적인 영향을 매우 많이 받았다. 그래
서 그는 실험적으로 검증이 가능한 가설에 몰두하였고, 이론
적으로 헛점이 많은 가설들을 혐오하였다.

그의 생각은 특정 반응이 전기를 띠는 표면에 위치하는 이
온들 사이에서 일어났을 가능성이 높다는 것이다. 예를 들면,
고체 상태로 존재하는 소금은 전기를 띠지 않지만 수용액 상태
에서는 물 분자가 전기를 띤 소디움(나트륨) 이온과 염소이온
으로 갈라 놓는다. 이와 같이 대부분의 중요한 유기 화합물들
도 수용액 상태에서 이온화된다. 한 예는 인산 이온(PO_4^{3-})인데
이 이온은 핵산과 에너지 생성에 중요한 역할을 한다.

이러한 이온들은 서로를 끌어당기는 대신 전기를 띠는
표면에 붙어 있다가 서서히 표면을 지나서 움직일 수 있게
되는데 일정한 방향성을 유지하게 된다는 것이다. 이러한 가
설은 화학 반응의 빠른 속도와 특이성을 설명할 수 있다. 그
래서 웩터스하우저는 생화학에서 중요한 인산이온과 같은 음
이온을 붙잡고 있는 표면으로 양이온을 띠는 즉 색깔이 금과
비슷해서 혼돈하기 때문에 '바보들의 금'이라고 하는 황철광
을 태초의 반응 장소로 제안하였다. 이처럼 웩터스하우저는
태초에 일어났을 수 있는 특정의 화학 반응을 제안하였는데
이는 실험적으로 검증되어야 할 것이다. 여기에서 중요한 점
은 표면에 이온들이 붙어 있다는 점이며 이들이 방향성을 가
져서 한 방향으로만 움직일 수 있다는 가정이다. 만일 이들이
거꾸로 되었거나 모두들 3차원으로 제각기 움직인다면 유기

물질들이 서로 결합할 수는 없을 것이다. 표면에 이들이 붙어 있음으로 해서 국부적인 농도도 높아져서 반응도 빠르게 일어날 수 있을 것이다. 또한 중요한 점은 반응하는 분자들이 상대적으로 일정한 방향성을 가지게 되면 반응의 특이성을 높이게 되는 것이다.

복제의 기원

1986년 키드로프스키(K. von Kiedrowski)는 효소를 이용하지 않고 DNA를 최초로 합성하였다. 그가 합성하여 복제한 것은 작은 DNA 조각으로 여섯 개의 염기로 이루어졌고 복제에 쓰였던 원본은 세 개의 염기가 연결된 외가닥 DNA였다. 이는 중요한 업적이지만 우리가 생각하는 문제를 풀어주지는 못한다. 우리가 필요한 것은 무한한 복제를 할 수 있는 시스템이 필요한 반면에 이 복제는 제한된 것이기 때문이다. 모든 것이 가능하다면 염기의 짝짓기에 의한 복제 시스템이 필요한데 아직까지 누구도 이렇게 단량체로 구성되고 생명체 없이 또 효소의 개입도 없이 복제되는 시스템을 만들지 못하였다.

현재 존재하는 복제 시스템 중에서 가장 간단한 것을 그림 3.1에 소개하였다. 세포가 없는 시험관 안에서 진화의 실제 표본을 보는 것이다. 이러한 환경에서는 RNA 분자들이 점점 자신을 더 잘 복제하는 것으로 나타난다. 우연하게 나타나는 것이 아니고 자연 선택의 힘에 의해 적응해 가는 것이 분명하게 보여지는 예이다. 적절한 환경을 만들어 주어 생긴 이러한 진화의 결과는 독특한 235개의 염기로 이루어진 RNA

분자인데 처음 시작한 염기 서열과는 무관하였다. 이러한 실험은 자연 선택의 힘에 의한 적응을 보여주는 예이지만 우리가 만일 최초의 복제를 설명하려면 이 실험만으로는 설명할수 없는 것이 있다. 그것은 이 실험에서 올바른 단량체를 썼고 더욱더 Q$_\beta$ 복제 효소를 썼다는 것이다. 태초의 지구에는생명의 기원 이전에 이러한 효소가 있었을리 없기 때문이다.

핵산과 같은 물질의 복제를 효소의 작용 없이 이해하기힘든 것은 그 단위가 되는 단량체를 연결하는 반응의 특이성때문이다. 왜냐하면 만일 이러한 연결이 잘못된 화학 결합으로 되면 복제가 중단되기 때문이다. 현재로는 RNA보다 간단한 기본 구조를 가지고 있어서 단량체로부터 연결이 RNA보다 쉬운 물질을 찾는 것이 유일한 희망이며, 이러한 화학 반응이 어떤 표면에서 일어난다고 가정할 때 반응의 특이성이높아지는 것도 상상해 볼 수 있다. 하지만 현재로서는 무한한복제가 가능한 물질의 기원은 아직 풀리지 않는 숙제로 받아들이는 수밖에 없다. 그렇지만 『종의 기원』의 마지막 문장에도 불구하고 신만이 무한한 복제가 가능한 물질을 창조해 냈다는 믿음을 가지기에는 아직 이른 것 같다.

복제의 정확성과 오류의 한계

복제는 완벽하지 못하다. 만일 완벽하다면 자연이 선택할수 있는 다양성이 생겨나지 못했을 것이다. 하지만 초기의 문제는 돌연 변이가 너무 많이 일어나는 것이었지 너무 적게일어나는 것은 아니었을 것이다. 대부분의 돌연 변이는 적응력을 감소시킨다. 즉, 처한 환경에 대해 열악하다. 그래서 자

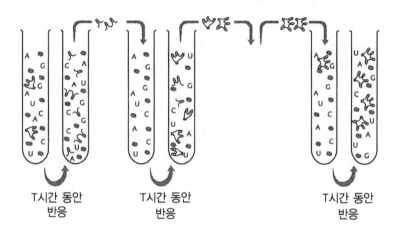

그림 3.1 시험관에서 재현한 진화. 처음 시험관에는 RNA가 만들어지는 네 종류의 염기, RNA를 복제하는 효소, 그리고 주형이 되는 RNA가 들어 있다. T 시간이 지난 후, 용액 한 방울을 다음 시험관으로 옮긴다. 이때 다음 시험관에는 효소와 네 종류의 염기는 들어 있지만 주형이 되는 RNA는 없다. 이러한 과정을 수없이 여러번 거치게 되면 RNA 분자의 진화 과정을 통한 변화를 관찰할 수 있다.

연 선택이 있어야 유용한 정보를 가진 것이 유지되는 것이다. 오래된 격언처럼 자연 선택이 없으면 백가쟁명의 혼돈스런 상태가 되는 것이다. 그렇다면 복제는 어느 정도까지 정확해야 하는가? 예를 들어 DNA 분자가 복제해서 두 개로 되는 것을 생각해 보자. 이 두 개는 다시 복제하여 네 개가 되고 또 복제한다고 하자. 이러한 복제 과정에서 복제가 잘못 되어 오차가 있는 것이 생기고 이들이 자연 선택에 의해 도태된다면 정확하게 복사된 것들만이 살아 남을 것이다. 분명한 것은 한 번 복제가 일어날 때 적어도 한 개는 정확하게 복사되어야 하고 그렇지 않으면 자연 선택에 의해서 원래의 원본마저도 유지되지 못할 것이다. 이렇게 생각하면 한 번 복제될 때 허용될 수 있는 돌연 변이 발생률의 최대값을 생각할 수 있고 동시에 복제될 수 있는 정보의 최대 길이도 알 수 있다.

만일 유전체 즉 유전자의 크기가 이러한 최대값보다 크거나 돌연 변이 발생률이 허용 가능한 최대값보다 커지면 돌연 변이로 가득한 정보가 축적된다. 이것을 아이젠(Manfred Eigen)과 슈스터(Peter Schuster)는 '오류의 한계(error threshold)'라고 불렀다. 이 이론에 의하면 쉽게 그 최대값이 어느 정도 되는지 계산해 낼 수 있는데 그러한 조건은 한 번 복제를 할 때 평균적으로 적어도 한 개는 완벽하게 복제되어야 한다는 것이다. 만일 n개의 표식이 있다면 한 개의 표식을 복제할 때 발생하는 오차율이 n분의 $1(1/n)$보다 커서는 안 된다는 것이다. 다시 말해, 1000개의 염기로 이루어진 유전체가 있다면 한 번 복제를 할 때 한 개의 염기를 잘못 복제할 확률이 1000분의 1 이상이 되면 안 된다는 것이다.

그림 3.1에서 설명하는 실험에서 오류 발생률은 1000분의 1에서 10000분의 1 사이 인데 이때 허용되는 유전체의 크기

는 1000에서 10000개의 염기로 이루어진다. 하지만 이 경우 효소에 의해 복제되기 때문에 만일 효소가 없다면 오류 발생률은 훨씬 커질 것이다. 그림 3.2에서 보여주는 실험은 오젤 (Leslie Orgel)이 한 실험으로 G 염기로 이루어진 원본에 C 염기가 아닌 다른 염기가 붙으면 오류가 일어난 것으로 간주하는 것이다. 이러한 오류율은 실험에 쓰인 용액과 온도 등 조건의 영향을 받는데 대략 20개의 염기가 쌍을 이룰 때 한 번씩 생긴다. 이 결과는 효소가 생기기 전에는 유전체의 크기가 20 염기 이상 될 수 없다는 것을 의미하게 된다.

이것은 매우 심각한 문제로 오랫동안 생명의 기원 문제를 풀어보려는 생물학자에게 큰 걸림돌이 되어 왔다. 효소의 작용 없이는 유전체 크기가 20 염기 정도밖에 되지 못하고 그 정도 크기의 유전체는 효소를 만들기에는 불충분하기 때문이다.

이러한 문제는 예상치 못한 발견에서부터 풀리게 된다. 단백질이나 단백질을 만드는 장치가 없어도 효소의 작용을 하는 것을 발견하였다. 그것은 다름 아닌 RNA 그 자체가 효소의 작용을 할 수 있다는 사실이다. 이러한 중요한 발견은 다음 장에서 자세히 소개하겠지만 최초의 RNA 분자는 단백질로 된 중합 효소 없이도 자신을 복제했던 것이다. 우리가 다음 문제로 옮겨가기 전에 복제의 정확도에 관하여 해답을 얻어야 하는 문제가 하나 더 남아 있다. 그것은 효소가 존재한다 해도 복제의 정확성을 대략 1000분의 1 또는 10000분의 1 정도로 예상하였는데 이는 유전체의 크기가 만개 정도의 염기로 구성되는 것이 최대라는 계산이 나오는데 실제로 동물이나 식물의 유전체의 크기는 10^9에서 10^{10} 개의 염기 정도이다. 물론 정보가 없는 염기를 제외한다 하더라도 이것은 어

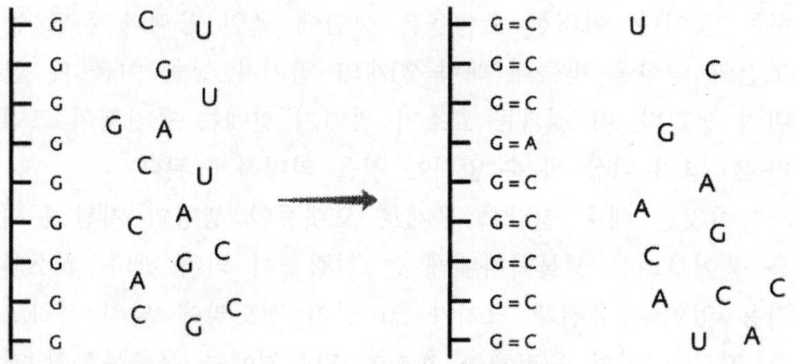

그림 3.2 염기 쌍 형성 실험. 모두 G 염기로만 이루어진 한 가닥의 RNA를 RNA를 이루는 네 종류의 염기 A, C, G, 그리고 U가 들어 있는 용액에 섞는다. 예상대로라면 G 염기가 C 염기와 쌍을 이루어야 하는데 가끔 실수가 일어난다. 그림에서처럼 A가 쌍을 이루는 경우가 생긴다. 이런 쌍 형성은 효소의 존재와 무관하지만 쌍 형성을 이룬 C 염기들은 효소가 없으면 연결된 가닥인 RNA를 이룰 수 없다.

떻게 된 것일까?

그것은 이 책을 한글로 번역하는 것에 비유할 수 있다. 출판위원장과 출판운영위원이 여러 사람이 번역한 것을 취합하여 통일을 위해 가필 정정할 때, 출판사의 편집진과 함께 무려 8차례나 정성들여 교정을 보아도 오류가 반드시 생길 것이다. 아무리 꼼꼼하게 본다고 해도 오류가 하나도 없을 수는 없을 것이다. 왜냐하면 오류를 수정하다보면 또 실수를 할 수도 있기 때문이다. 하지만 처음의 교정본보다는 오류가 확실히 줄어들 것은 분명하다. 우리의 DNA가 복제할 때도 이와 마찬가지이다. 처음에 효소에 의해 복제가 될 때 생긴 오류를 수정하는 두 가지 단계가 있는데 검색하는 단계(proof-reading)와 실수를 고치는 단계(mismatch repair)로 되어 있다. 이러한 단계가 가능한 것은 각각의 DNA는 두 가닥으로 이루어져 원본이 되는 가닥과 복사되어 생기는 가닥이 있고 세포 내에서 이 두 가닥이 쌍을 잘못 이루면 복사되는 가닥을 고쳐 오류를 교정하는 단계를 거칠 수 있기 때문이다.

이러한 두 과정을 거치면 오류가 생길 확률이 10억 개 중의 한 개 또는 그 보다 적어 진다. 하지만 생물학자들은 여전히 이러한 숫자가 비용을 많이 들이지 않고 자연 선택을 통해 얻어진 결과인지 아니면 이러한 숫자가 해로운 돌연 변이를 줄이는 방향과 우연히 발생하는 좋은 돌연 변이를 얻는 방향과의 중간에서 타협으로 얻어진 숫자인지에 관하여는 이론이 분분하다.

제4장
....

RNA 세계에서 현대의 유전 체제로

마지막장에서, 우리는 생명의 기원과 관련된 'catch-22'의 존재에 대하여 설명할 것이다. 복잡한 단백질로 이루어진 효소는 이들의 아미노산 서열에 관한 정보를 지닌 DNA 분자가 없이는 합성될 수 없지만, DNA 단편들은 효소 없이도 복제가 가능하다. 즉, 완전한 DNA 분자가 없이는 효소가 합성될 수 없으며, 또한 효소 없이는 긴 DNA 분자가 합성될 수도 없다. 그러나 RNA 분자는 복제의 주형으로 작용할 뿐만 아니라, 효소로써의 역할도 한다.

RNA 세계

먼저, RNA와 DNA의 차이점에 관하여 알아보자. 화학적 구조면에서 볼 때, 이들의 차이는 그다지 크지 않다. DNA의 염기 중에서 티미딘(thymidine)은 RNA에서는 유리딘(uridine)으로 치환되어 있다. 그러나, 염기 쌍을 이룰 때, 유리딘은 티미딘 대신 아데닌과 결합될 수 있기 때문에 전사(transcription)라고 부르는 과정을 통해 DNA 정보가 RNA로 전달이 가능하다.

　무엇보다 중요한 차이는 DNA가 세포 내에서 상보적인 이중 나선 구조로 존재하는 반면, 일반적으로 RNA는 단일 가닥으로 존재한다는 점이다. 이러한 차이는 크게 두 가지 결과로 나타나게 된다. 첫째, 73쪽에서 설명한 바와 같이 RNA 합성 중에는 교정 기작이 일어나지 않는데, 이는 새로이 합성된 가닥이 주형으로부터 곧바로 분리되기 때문이다. 따라서 염기쌍이 정확히 이루어졌는지 확인할 수 없다. 결과적으로, RNA 합성 중의 오류율 즉 전사과정에서 일어나는 돌연 변이율은 약 1/1,000 내지는 1/10,000 정도가 된다. 따라서 RNA는 매우 적은 유전체로 구성된 바이러스와 같은 생물에서나 적합한 유전 물질이 될 수 있다.

　RNA의 특성인 단일 가닥에서 오는 두번째 결과는 이들은 염기 서열에 따라 다양한 2차 구조를 갖는다는 점이다. 그림 4.1은 69쪽에서 설명한 바와 같이 시험관 내에서 합성한 어떤 RNA 분자이다. 이러한 RNA 분자는 여러 개의 헤어핀 고리(hairpin loop) 모양의 구부러진 2차 구조를 나타낸다. 고리 구조의 근간은 염기 쌍에 의해 이루어져 있으며, 분자 내에서 이들 고리의 위치는 염기 서열에 따라 결정된다. 염기 쌍을 이룰 때는 언제나 서로 반대 방향의 가닥끼리 결합하게 된다. DNA와 RNA 가닥들은 극성을 지니고 있기 때문에 각각 반대 방향의 가닥끼리 염기 쌍을 이루게 된다.

　그림 4.1은 2차 구조를 설명하는 그림으로써 이는 헤어핀 구조를 나타내고 있다. 그러나 실제로는 이 보다 더 접히고 구부러지는 과정을 통하여 3차 구조를 형성하게 된다. 그러므로 RNA 분자는 3차 구조의 다양성을 지니는 반면, 모든 DNA 분자는 단순한 2중 나선 구조의 특성을 지닌다.

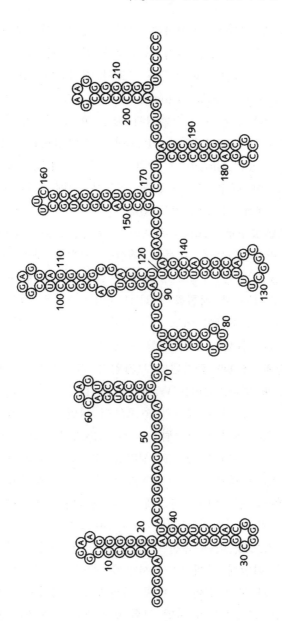

그림 **4.1** 시험관에서 합성한 어떤 RNA 분자의 2차 구조

단백질 분자를 구성하는 아미노산들의 서열에 따라 그 단백질의 3차 구조가 결정되는 것과 같이, RNA 분자 또한 이들의 염기 서열에 따라 3차 구조가 결정된다. 1967년, 웨스 (Carl Woese), 크릭(Francis Crick), 그리고 오겔(Leslie Orgel)은 RNA 분자가 단백질과 같은 효소 기능을 할 수 있을 것으로 추측했다. 이후, 1980년대 체흐(Thomas Cech)와 알트만(Sydney Altman)의 발견을 시작으로 RNA 효소에 관한 증거들이 다수 확보되었다. 이들은 이에 관한 업적으로 1989년 노벨화학상을 받기도 했다.

RNA 효소로 불리는 최초의 리보자임(ribozyme)이 생물체에서 발견되었는데, 이들은 핵산을 기질로 하여 작용하며 염기 쌍을 이루는 방법으로 기질과 결합한다. 그림 3.1에서와 같이, '시험관에서 재현한 진화'를 통한 새로운 실험 방법을 이용하여 리보자임이 어느 정도까지 효소로써의 기능을 갖는지에 관하여 현재 연구가 진행 중에 있다.

생명의 기원과 관련된 리보자임의 역할은 매우 광범위하다고 볼 수 있다. 길버트(Walter Gilbert)가 처음으로, 핵산과 단백질이 각각 유전 정보와 효소로써 역할을 양분하고 있다는데 이의를 제기한 것처럼, 우리는 RNA 분자들이 두 가지 기능을 모두 가지고 있다고 생각할 수 있다. 따라서 복잡한 생화학적인 문제가 이러한 RNA 세계로부터 제기되게 되었다. 그럼에도 불구하고, 나중에 역할 분담이 어떻게 이루어지게 되었는지 아직까지 분명하게 밝혀져 있지 않다.

근본적으로, 이는 유전 암호(genetic code)의 기원에 관한 문제로써, 어떻게 하여 염기 서열이 아미노산 서열을 결정하게 되었는가 하는 점이다. 비록 아직까지는 어려운 문제로 남아 있지만, 리보자임이 어떤 화학 반응에서 촉매 역할을 한다는 사실로 볼 때, 이러한 문제점이 다소 쉽게 이해될 수도 있다. 다음 부분에서, 우리는 유전 암호의 기원에 대한 시나리오를 제시하게 될 것이지만, 오늘날 어떻게 RNA에서 단백질로 번역(translation)이 일어나는지를 먼저 설명하고자 한다.

어떻게 번역이 일어나는가

번역의 기구에 대한 근본적인 특성은 그림 4.2에 나타나 있다. 아래 부분에 어떤 전령 RNA, 즉 mRNA가 표시되어 있다. 이러한 mRNA의 염기 서열은 바로 어떤 단백질을 결정할 수 있는 유전 정보를 지닌다. 이와 같은 염기 서열은 어떤 DNA의 한 가닥과 상보적으로 결합됨으로써 합성 된다. mRNA는 단백질 합성이 일어나는 리보솜(ribosome)이라고 부르는 구조물로 이동하게 된다. 우리는 이러한 리보솜을 테이프 레코더에 비유할 수 있다.

그림에서는 하나의 새로운 아미노산이 신장되는 폴리펩티드 가닥에 첨가되고 있음을 보여주고 있다. 보다 자세히 말하면, mRNA 상의 3자 암호(triplet codon)인 UAC가 타이로신 아미노산으로 번역되는 과정을 보여주고 있다. 어떻게 이러한 반응이 일어날 수 있겠는가? 이 경우에 해당하는 타이로신은 이미 운반 RNA, 즉 tRNA 분자와 결합되어 있다. tRNA 분자는 하나의 고리 구조를 가지고 있는데, 이곳에 있는 세 개의 염기(그림에서는 AUG)가 안티코돈(anticodon)으로 작용한다. 이러한 안티코돈은 mRNA 분자에 있는 세 개의 염기 즉 3자 암호인 UAC와 상보적으로 결합하게 된다. UAC와 같이 mRNA 상에 있는 세 개의 염기 단위를 코돈(codon)

이라 한다. 이러한 특정 코돈(그림에서 UAC)은 타이로신이라
는 아미노산의 암호로 작용한다. 따라서 이와 같은 mRNA 코
돈은 타이로신을 부착하고 있는 tRNA의 AUG 안티코돈과
결합하게 된다. 아미노산이 리보솜에 있는 효소들에 의해
tRNA로부터 분리되어 신장되고 있는 아미노산 사슬인 폴리
펩티드에 부착하며, 한편 분리된 tRNA는 다시 아미노산을 운
반하는 역할을 수행하게 된다.

또한 그림에서는 방금 분리된 tRNA외에, CCG 안티코돈
을 지닌 tRNA가 글리신과 결합하여 다음 순서의 GGC 코돈
에 부착할 준비를 하고 있음을 보여주고 있다. 그러나, 이러
한 다음 단계의 결합은 UAC 코돈이 번역되고, 또한 tRNA가
분리되어 mRNA가 리보솜을 따라 이동함으로써 GGC 코돈이
새로운 위치로 자리를 옮길 때까지 일어날 수 없다.

아미노산과 코돈과의 관계를 예로 들면, UAC는 티로신
을 지정하므로 티로신의 유전 암호(genetic code)라고 한다.
64 종류의 코돈 모두가 아미노산의 암호로 사용되지는 않으
며 일부는 종결 암호(stop codon), 즉 단백질 합성 종결 코돈
(UAA, UAG, UGA)도 있다. 이와 같은 종결 코돈에 이르면,
더 이상 새로운 아미노산이 사슬에 부착되어 신장될 수 없으
며, 리보솜으로부터 떨어져나가 단백질 합성이 완료된다. 나
머지 61 종류의 코돈은 20 종류의 아미노산을 지정하는 암호
로 작용하는데, 결과적으로 이들 암호는 과잉된 중복성을 가
지기 때문에 대부분의 아미노산들은 하나 이상의 코돈을 가
지고 있다. 티로신의 암호는 UAC 또는 UAU이다.

유전 암호는 특정 아미노산을 지정하는데, 예를 들면
UAC는 티로신의 암호로만 작용하며, 여타 다른 아미노산 의
암호로는 사용되지 않는다. 이는 UAC 코돈과 상보적으로 결

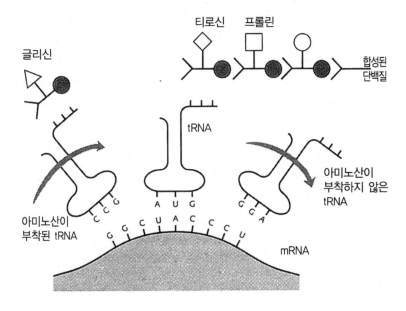

그림 4.2 mRNA 분자에 있는 각각의 코돈이 아미노산으로 번역되는 단백질 합성 과정

합되는 안티코돈 AUG를 지닌 tRNA가 타이로신만을 부착할 수 있기 때문이다. tRNA 상에 부착되어 있는 아미노산의 위치는 안티코돈에서 다소 떨어져 있다. 즉, tRNA의 3′ 말단 부위에 아미노산이 부착한다.

특정 tRNA에 특정한 아미노산이 부착하는 반응은 특이적인 효소에 의해 이루어진다. 즉, 아미노산의 종류에 따라 특이적인 지정 효소가 tRNA와 아미노산을 결합시킨다. 유전 암호는 화학적으로 임의적일 수도 있다. tRNA의 서열이나 이러한 지정 효소의 특이성이 변하게 되면 유전 암호는 바뀔 수 있다. 대부분 치사가 되는 돌연 변이의 경우, 이와 같은 방법으로 유전 암호에 돌연 변이가 일어나는 것으로 알려져 있다. 그러나 유전 암호가 언제나 임의적인지에 대해서는 아직까지 분명하게 알려져 있지 않다.

현존하는 모든 생물은 기본적으로 이와 같은 유전자 발현 체제를 가지고 있다. 생체 내에서만 증식할 수 있는 바이러스의 경우, 그들 자신은 이러한 번역 체제에 필요한 리보솜, tRNA 및 특정 효소에 관한 유전 정보를 지니고 있지 않으나, 숙주 세포의 번역 체제를 자신의 단백질 합성에 이용한다. 아직까지 완전한 번역 체제와 이러한 체제가 없는 경우와의 중간 형태에 속하는 번역 체제를 발견하지 못하고 있기 때문에 이들 체제의 진화 과정을 추정하기가 매우 어렵다. 그러나, 하나의 특정 아미노산이 일정한 RNA의 서열과 결합한다는 중요한 사실은 유전 암호의 기원을 설명할 수 있는 단서가 될 수 있다.

유전 암호의 기원과 본질

진화적으로 볼 때, 일반적으로 특정한 기능에 적응한 복잡한 기관들은 단순한 형태로부터 복잡하게 분화된 경우가 많다. 그 흔한 예로써, 동물의 깃털은 초기의 단순한 형태에서 오늘날 매우 특수한 형태로 분화되었다는 것을 알 수 있다. 우리는 유전 암호의 기원 또한 이와 비슷한 과정을 통하여 이루어졌다고 생각할 수 있다. 바로 앞부분에서 설명한 바와 같이, 결정적인 단계는 특정 아미노산이 특이한 염기 서열을 가진 RNA 분자와 화학 결합을 한다는 것이다. 추측컨대, 이러한 현상은 처음부터 하나의 단백질 합성 기구에서 일어난 것이 아니라, 리보자임의 한계성과 효율성을 높이기 위한 것이라 생각된다.

리보자임은 아미노산을 보조 인자(cofactor)로써 획득하게 되었을 것이다. 즉, 한 아미노산이 리보자임에 부착함으로써 보다 더 효과적인 촉매 작용을 지니게 되었다. 오늘날, 단백질 효소의 경우에도 흔히, 보조 인자들이 이들 효소의 활성 부위에 부착하여 효소 반응에 관여하고 있다. 이와 같이 보조 인자들을 사용함으로써, 촉매 활성도의 한계성과 효율성을 증가시킬 수 있다. 리보자임들은 단백질 효소들에 비하여 더 많은 보조 인자들을 필요로 하고 있는데 왜냐하면, 보조 인자 없이는 반응의 범위가 매우 제한적이기 때문이다. 즉, 이들은 아미노산처럼 20 종류가 아닌, 화학적으로 서로 다른 4 개의 단량체만으로 구성되어 있기 때문이다. 아미노산은 보조 인자로써 매우 적절한 특성을 지니고 있다. 이는 밀러(Stanley Miller)의 실험에서 나타난 바와 같이, 이들 아미노산들은 원시 지구상에 매우 풍부하게 존재하고 있었기 때문이다.

그림 4.3에서처럼, 한 아미노산이 특정 리보자임의 일정한 표면상에 상보적인 염기 쌍을 이루면서 부착한다. 아미노산은 몇 개의 뉴클레오티드만으로 구성된 RNA 분자 올리고뉴클레오티드와 결합하고, 이러한 올리고뉴클레오티드는 염기 쌍에 의해 리보자임의 표면에 부착한다. 그림에서 R_1과 같은 리보자임은 어떤 화학 반응에 촉매 역할을 하게 된다. 현존 생물에서는 이와 같은 반응이 단백질 효소에 의해 촉매되고 있다. 단백질 효소가 리보자임과는 서로 다른 과정을 통하여 독립적으로 진화한 것 같지는 않다. 1980년대, 화이트(H. B. White)가 제시한 바와 같이, 리보자임은 점진적으로 중간 잡종 형태의 효소를 거쳐 단백질 효소로 전환되었다고 보는 것이 더 타당하다. 태초의 효소는 RNA로 구성되어 있었으며, 아마도 아미노산이 보조 인자 역할을 하고 있었을 것이다. 이후, 오늘날에는 효소가 아미노산으로 구성되게 되었으며, 또한 자신의 RNA 기원에 해당하는 흔적으로써 뉴클레오티드를 보조 인자로 구성하고 있다고 생각된다.

따라서 우리는 두 가지 기본적인 생각을 할 수 있다. 첫째 어떤 아미노산과 뉴클레오티드와의 결합은 보조 인자를 구성하는 것이며, 둘째 리보자임은 점진적으로 단백질 효소로 전환되게 되었을 것이다. 그림 4.3에서, 이러한 생각이 어떻게 유전 암호의 기원을 설명할 수 있는 근거가 되는지를 보여준다. 어떤 아미노산이 우연적으로 올리고뉴클레오티드와 결합하는 것이 아니란 점이다. 이러한 결합은 그림에서처럼 R_2 효소에 의해 촉매된다. R_2 리보자임이 존재하는 조건에서는 여러 개의 동일한 보조 인자가 합성될 수 있다. 즉 각각의 올리고뉴클레오티드에 아미노산이 결합하여 보조 인자를 구성하게 되며, 이와 같은 방법으로 서로 다른 리보자임에 의해 보

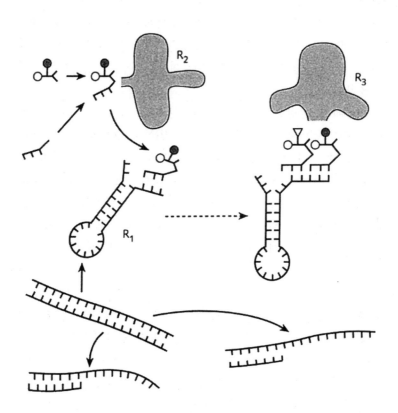

그림 4.3 유전 암호의 기원

조 인자가 이루어지게 된다. 처음에는 단지 한 종류의 아미노 산과 하나의 올리고뉴클레오티드만이 결합하여 태초의 리보 자임을 형성하였을 것이다. 이후, 두번째 아미노산은 또 다른 리보자임에 의해 올리고뉴클레오티드에 부착되어 이어지게 되고, 같은 방법으로 이러한 과정이 계속적으로 일어나게 되었을 것이다.

앞에서 설명한 바와 같이, 유전 암호의 결정적인 특성은 특정 아미노산이 지정 효소에 의해 tRNA 분자에 부착한다는 점이다. 이러한 부착은 우선적으로 보조 인자를 형성하기 위해 일어나며, 이 반응을 리보자임이 촉매하였으리라고 추측하고 있다. 그림 4.3에서 이들 리보자임, 예를 들면 R_2는 오늘날의 지정 효소를 의미하며, 보조 인자인 올리고뉴클레오티드 구성체는 오늘날 tRNA 분자의 조상형을 나타낸다고 볼 수 있다.

이러한 체제가 오늘날의 단백질 합성 기구로 어떻게 진화하게 되었을까? 이에 관한 해석은 추상적이긴하나 그림 4.3에서 개괄적으로 설명할 수 있다. 첫번째 단계에서는 아마도 하나의 단일 리보자임에 둘 이상의 아미노산 보조 인자들이 사용되었을 것으로 추측된다. 만약 이들 아미노산들이 펩티드 결합에 의해 서로 결합되었다면, 단백질 효소를 형성했다고 볼 수 있다.

그림에서는 세번째 리보자임 R_3에 의해 펩티드 결합이 이루어지고 있다. 따라서 분명하지는 않지만 오늘날의 번역 기구에 해당하는 여러 구성 요소들의 전신형을 그림에서 볼 수 있다. 이미 이야기한 바와 같이 R_2와 같은 리보자임은 지정 효소의 조상형이며, 보조 인자의 올리고뉴클레오티드 부분은 tRNA의 조상형이다. 리보자임 R_1은 mRNA로 진화하게 된다. 최종적으로 펩티드 결합을 시키는 리보자임 R_3는 오늘날 리보솜의 초기 단계라고 볼 수 있다. 오늘날 펩티드 결합을 촉매하는 리보솜의 효소가 아마도 리보자임일 것이라는 사실은 매우 흥미로운 일이다.

우리는 지금까지 유전 암호가 어떻게 진화되어 왔었는가에 대해 추정했지만, 특정 암호의 진화에 대해서는 전혀 언급하지 않았다. 왜 특정 3개 염기로 이루어진 한 조가 일정한 한 아미노산의 암호로 작용하게 되었는가? 예를 들면, 왜 UUU는 페닐알라닌의 유전 암호가 될 수 있었는가? 먼저 유전 암호는 거의 대부분의 생물에서 보편적이며 동일하다는 점을 들 수 있다. 물론 일부 예외적인 경우도 있는데, 예를 들면 AAA는 보편적으로 리신의 암호로 작용하지만, 일부 생물의 미토콘드리아에서는 아스파라긴의 암호에 해당하기도 한다. 이러한 사실은 해석하기가 매우 힘든데, 왜냐하면 일단 유전 암호가 확립되면 어떻게 진화하는지를 이해하기가 쉽지 않기 때문이다. 따라서 만약 AAA 유전 암호와 상보적인 리신을 운반하는 tRNA를 결합시키는 지정 효소가 돌연 변이를 일으켜서 리신 대신에 아스파라긴을 부착했다고 생각해 보자. 이는 여러 다른 단백질에서 리신이 위치해야 할 자리에 아스파라긴으로 대치되는 결과를 가져오게 된다. 이러한 변화는 해당 단백질의 3차 구조에 큰 영향을 주어 개체가 분명히 치사되거나 개체에 유해한 영향을 주게 될 것이다. 한편, 유전 암호는 여분의 중복된 특성을 가지고 있다는 점을 들어 설명해 보자. 리신은 AAA뿐만 아니라 AAG 유전 암호에 의해서도 지정된다. 만약 어떤 생물에서 모든 리신들이 AAG에 의해 지정되고 AAA 유전 암호는 사용하지 않는다면, AAA는 아스파라긴에 대한 암호로 다시 기능을 부여받을 수도 있다.

단, 돌연 변이가 일어나서 아스파라긴이 상보적인 tRNA에 부
착하였으나 유해한 결과를 가져오지 않았을 경우에만 가능하
다. 일부에서 이러한 변화가 발견되기도 하나 극히 드문 현상
이다. 유전 암호가 매우 보편적이고 공통적이라는 사실은 지
구상의 모든 생물이 단일 기원으로부터 진화했음을 의미한다.

비록 유전 암호의 일부 특성으로 보아 그 기원을 우연적
인 것으로 볼 수도 있으나, 적응적인 또 다른 특성을 더 많이
가지고 있다. 따라서 코돈의 진화 과정에는 특히 다음과 같은
자연 선택이 작용했을 것으로 추측된다.

1. 비슷한 코돈들은 동일한 아미노산을 지정한다. 예를
   들면, GUU, GUC, GUA 그리고 GUG는 모두 발린의
   암호이다.
2. 비슷한 코돈들은 화학적으로 유사한 아미노산들을 지
   정한다. GAU와 GAC는 아스파르트산의 암호이며,
   GAA와 GAG는 화학적으로 유사한 글루탐산의 암호
   이다.
3. 단백질 합성에 보다 흔히 사용하는 아미노산은 여러
   종류의 다른 코돈들에 의해 지정된다. 예를 들면, 가장
   흔히 사용하는 류신은 6 종류의 코돈들이 지정하지만,
   비교적 드물게 사용하는 트립토판의 경우는 단지 한
   종류의 코돈이 지정한다.

위에서 1과 2의 특성은 돌연 변이의 유해성을 감소시키
는 효과를 지닌다. 왜냐하면, GUU가 GUC로 돌연 변이가 일
어나더라도 전혀 단백질에는 변화를 가져오지 않거나, 또는
화학적으로 유사한 아미노산으로 대치되기 때문이다. 만약 유

전 암호가 매우 드물게 돌연 변이가 일어난다면, 어떻게 이와 같이 적응적인 특성으로 진화할 수 있었겠는가? 자연 선택은 다양성이 없는 것들을 새로운 환경에 적응시킬 수는 없다.

이는 아마도 서로 다른 암호간에 자연 선택이 작용한 것이 아니라, 다른 방법에 의해 적응적인 유전 암호로 진화되었을 것이다. 유전 암호가 처음 생겨났을 때, 그 암호는 지금보다 훨씬 덜 특이적이었을 것이다. 비슷한 코돈들은 화학적으로 유사한 아미노산들 중에서 어느 한 종류의 암호로만 작용했을 것이다.

세번째 특성은 보다 효과적으로 단백질을 합성하기 위해 적응된 결과처럼 보인다. 그러나, 이것도 전적으로 비적응적인 결과로 설명할 수 있다. 유전 암호가 고정되었을 때, 류신을 지정하는 어떤 한 코돈에서 무작위로 일어나는 돌연 변이율이 트립토판을 지정하는 단일 암호에 비하여 여섯 배나 높게 일어났다고 가정해 보자. 이와 같은 원인에 의해 류신의 코돈이 많아 졌다면, 단백질에서 트립토판에 비하여 류신이 더 많이 발견될 수 있다. 따라서 단백질 합성에 류신이 더 많이 필요해서 류신의 코돈이 많은 것이 아니라, 류신의 코돈이 많기 때문에 단백질에 류신이 많이 존재하고 있다고 보는 것이 더 타당하다. 또는 이들 중간의 어느 원인 때문일 수도 있다.

유전 암호의 본질은 태양계의 구조와 멘델예프(Dimitri Mendeleyev)의 화학 원소의 주기율표와 같이 오늘날 세계에서 우리가 발견한 것들 중에서도 가장 놀랄만한 현상 중에 하나다. 유전 암호의 기원과 진화를 이해하려는 시도는 우리의 커다란 도전이며, 이제 막 초기 단계에 와있다.

제5장

···

유전 물질에서 단순한 원시 세포로

앞장에서 유전 암호의 기원에 대하여 간단하게 설명한 내용은 유전 물질인 복제 분자들이 서로 상호 작용을 하여 유전 암호가 만들어졌다는 것이다. 예를 들면, 어떤 한 리보자임이 또 다른 리보자임의 효율을 증가시키는 보조 인자를 만들어내는 기능을 수행하였다는 것이다. 비록 이 가설이 잘못된 것일지라도, 단순한 복제 분자가 더욱 복잡한 생명체로 진화되는 단계에서는 유전자들 사이에서 협동적인 상호 작용의 연결 고리가 진화해야 한다는 점은 분명하다. 이 장에서는 어떻게 이러한 과정이 일어나는지에 대해 살펴보고자 한다.

생태계와 개체

먼저 생각할 점은 다양한 종류의 복제 분자로 구성된 여러 가지 체제를 상상하는 것이다. 복제 분자들은 다양한 방법으로 서로 상호 작용을 한다. 가장 분명한 사실은 복제 분자의 구성 요소인 단량체의 공급이 제한되어서 이들 분자들이 서로 경쟁한다는 것이다. 만일 그렇다면, 이들 분자들의 행동은 마치 생태계에서 생명체들이 경쟁하는 것과 비슷하다. 또 다른 방식의 상호 작용도 가능할 것이다. 한 복제 분자가 제 2의 분자의 복제를 도울 수 있을 것이고, 역으로 제2의 분자가 처음의 분자를 도울 수도 있다. 이와 같이 복제 분자들의 행동은 마치 생물이 생태계에서 공생하는 것과 비슷하다. 또는 효소적인 작용으로 다른 분자를 공격해서 그 분자를 분해하여 복제하지 못하게 하고, 그 분해 산물을 자신의 복제에 이용한다. 이와 같은 현상은 생물의 포식 작용과 같은 것이다. 마지막 예를 들어보면, 어떤 복제 분자는 자신이 복제하기 위해서 다른 분자의 도움을 받아야만 하나, 다른 분자에게는 어떤 도움도 주지 않는다. 이러한 분자의 행동은 생태계에서 기생 현상과 같다. 실제로 복제 분자들은 단순한 분자적 생태계를 형성하게 된다.

　우선 복제자들 집단의 행동과 생태계의 현상이 유사하다는 점을 강조해야 할 필요가 있다. 예를 들어 숲이나 호수와 같은 생태계를 생각해 보자. 각 종에 속한 개체들은 복제자이다. 각각의 개체는 같은 종류를 만들어낸다. 생물 개체들이 생존하고 생식하는 기회를 갖도록 영향을 주는 상호 작용이 같은 종 안에 있는 개체들과 다른 종에 속한 개체들 사이에서 일어난다. 한 체제 안에는 다량의 정보가 있으나, 이 정보는 개체에 따라 특이하다. 생태계 전체를 조절하는데 필요한 부차적인 정보는 없다. 그러므로 생태계를 거대한 생물체로 생각하는 것은 잘못된 것이다. 특히 개체의 한 부분, 예를 들면 동물의 눈이나 식물의 잎은 그 개체가 생존하고 진화되는데 필요한 특성이다. 그러나 생태계 전체가 유지되고 진화하는데 필요한 특성이 생태계에 속한 개체나 종이라고 생각하는 것은 잘못된 것이다. 왜냐하면 한 생태계가 생존하기 위해

서는 자연 선택에 의해서 다른 생태계가 희생되어야 하는 것
은 아니기 때문이다. 이와 같은 사실은 분명하나 때로는 그대
로 인정되는 것은 아니다. 예를 들면, 지구와 생물권을 하나
의 생물체로 비유한 가이아의 가설(Gaian hypothesis)로 생물
권을 평가하는 방법은 매우 논리적이다. 그리고 기후와 지구
의 대양과 대기의 화학적 구성이 끊임없이 변화한다는 점을
살아 있는 생물체의 역할과 비교하여 강조한 이 가설은 과학
적으로는 정확한 설명이다. 그러나 동물이나 식물이 자신을
스스로 방어할 수 있는 것처럼 지구가 스스로 방어할 수 있
다고 생각하는 점은 잘못된 것이다.

　현재의 생태계의 본체와 복제 분자로 구성된 원시 생태
계의 본체는 무엇인가? 왜 특정한 복제 분자들이 전체의 생
존을 유리하게 하는 특성을 갖도록 진화하게 되었는가에 대
한 보편적인 이유도 없고, 이 복제 분자들이 경쟁적으로 상호
작용한다기보다는 오히려 서로 협동적으로 상호 작용할 이유
도 없다. 물론 어떠한 상호 작용이 우연히 협동적으로 일어날
수는 있다. 아이젠(Manfred Eigen)과 슈스터(Peter Schuster)
는 그림 5.1에서 설명한 과순환 고리(hypercycle)라고 부르는
상호 협동적인 상호 작용 중의 한 형태를 중요시하는 데 대
해서 비판했다. 그림 5.1에서 보면 A, B, C, D와 같은 4종류
의 복제자가 있다. 각 종류의 복제율은 순환 고리 내에서 이
복제자가 다음 단계로 진행되는 농도에 따라 증가한다. 즉 B
의 복제율은 A의 농도에 따라 증가하고, 회로를 따라 순환한
다. A의 복제율이 D의 농도에 따라 함께 증가하기 때문에 순
환 고리가 형성된다.

　과순환 고리의 흥미로운 점은 이들 복제자들이 동일한 단
량체로 구성되었기 때문에 같은 공급원에 대해 서로 경쟁적

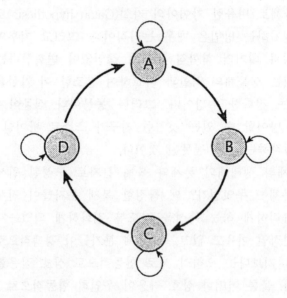

그림 5.1 과순환 고리. A, B, C, D의 각 단위는 복제자이다. 각 단위의 복제율은 다음 단계로 진행되는 단위의 농도에 따라 증가한다. 그래서 B의 복제율은 A의 농도에 따라 증가한다.

일지라도 생태학적으로 안정하다는 것이다. 이와 반대로 만약 그림 5.1에 표시한 것처럼 4종류의 상호 작용이 없다면, 오직 한 종류만이 생존해야 되기 때문에 같은 자원에서 경쟁에 의하여 4종류 중에 한 종류만이 생존할 것이라는 것은 자명하다. 그림 5.1에 표시한 체제는 매우 축약되어 있으나, 생태계에는 과순환 고리로 가득 차 있다. 그 중 한 경우를 그림 5.2에 표시하였다. 조류와 물벼룩($Daphinia$) 및 큰가시고기는 모두 복제자이다. 물벼룩의 복제율은 조류의 농도에 따라 증가하고, 큰가시고기의 복제율은 물벼룩의 수에 따라 증가한다. 그리고 이 순환 고리는 어류가 조류의 생장을 증가시키는 요인인 질소 화합물을 물에 노폐물로 배설하기 때문에 존재하게 된다.

과순환 고리는 생태계를 안정화하고 생장을 촉진한다. 현 생태계의 과순환 고리처럼 복제 분자들로 구성된 체제에서도 과순환 고리가 존재하고 있다. 그러나 우리들은 과순환 고리 내의 성분들의 상호 작용이 증가하는 방향으로 과순환 고리가 진화한다고는 생각할 수 없다. 이러한 진화가 과순환 고리를 붕괴할 것이라는 것은 사실이다. 예를 들면 물벼룩이 조류를 더 잘 섭식할 수 있도록 진화적으로 변화한다고 생각되지만, 물벼룩은 어류가 먹기 쉽도록 변화한다고는 생각되지 않는다. 실제로 물벼룩은 몸에 가시를 자라게 함으로써 어류가 먹기 힘들도록 진화하여 왔다. 복제자의 회로를 분자 수준에서 보면, 복제자의 순환 고리에서 한 복제자를 다음 구성원을 복제하는 복제 효소와 같은 것으로 생각한다면, 그 다음 단계에서는 두 종류의 돌연 변이에 의해서 순환 고리를 보다 효율적으로 개선하게 될 것이다. 즉, 하나는 보다 나은 복제 효소 분자를 만드는 돌연 변이이고, 또 다른 하나는 복제하는데 보다

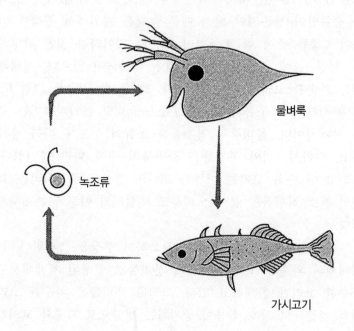

그림 5.2 생태학적 과순환 고리. 세 가지 복제자는 물벼룩(*Daphinia*), 단세포 녹조류(*Chlamydomonas*), 그리고 큰가시고기이다. 물벼룩은 조류를 먹고, 그리고 먹이가 풍부하면 더 빨리 증식한다. 물벼룩을 먹는 큰가시고기의 경우도 마찬가지이다. 조류의 생장률은 물에 존재하는 질산염의 양에 의존하고, 큰가시고기는 질산염을 배설한다. 즉 순환 고리의 각 구성원은 다음 복제자의 생식을 촉진한다.

효율적인 복제 분자 자체를 만드는 돌연 변이이다. 이 두 가지 돌연 변이 중에서 후자가 선택될 때 더욱 유리하다.

그렇지만 두 가지 돌연 변이 중에서 어떤 돌연 변이가 선택되는가에 따라 상황이 유리해지는 경우가 있다. 모든 분자들이 어떤 구획이나 세포 안에 갇혀 있다고 가정해 보자. 만약 세포 안에 전체 복제하는 분자의 수가 가장 빨리 증가하고 빨리 분열한다고 가정한다면, 가장 빠르게 복제하는 과순환 고리를 가지고 있는 세포가 다른 것들보다 상대적으로 증가율이 높을 것이다. 결과적으로 볼 때 세포 안에 갇혀 있는 분자들의 그룹을 선택하는 방법을 응용하여 새로운 수준의 선택을 할 수 있다. 다시 말하면 세포 안에 있는 분자 그룹들 중에서 선택하는 방법과 같이 세포들 중에서 선택할 수 있다. 다음 절에서는 세포 안에 갇혀 있는 분자 그룹들의 효과에 대해 다룰 것이다. 즉 세포가 어떻게 생성되는가를 다룬다.

왜 하필 세포인가? 확률적으로 수정한 세포 기원의 모델

초기의 원시 세포에 필요한 것은 무엇인가? 세포는 주머니 또는 막으로 둘러 싸여 있고, 이 주머니는 세포와 함께 생장한다. 막은 영양분은 통과시키나, 거대 분자나 대사에 관련된 작은 분자들은 투과하지 못한다. 물질 대사의 결과로 새로운 막이나 새로운 유전 물질 및 물질 대사에 필요한 구성 성분에 대한 기본 요소들이 공급된다. 마지막으로, 세포 전단계에서 진화한 산물인 유전 물질은 유전자들이 서로 물리적으로 연결되어 있는 염색체와는 달리 단순한 집합체이고 이 유전 물질의 조절에 의해 초기의 원시 세포가 만들어지게 된다. 이에 관여한 유전자들은 DNA가 아닌 다양한 생명 현상 특히 물질 대사 과정의 촉매로써 작용한 RNA와 같은 분자일 것이다. 제1장에 케모톤(chemoton)은 이 단계의 진화 과정에 적합한 모델이라고 설명하였다. 비록 아직까지는 이런 체제의 존재를 실험실에서 입증하지는 못했지만 수십 년 안에 이 인공 체제를 합성해 낼 수 있을 것이다.

우리가 현재 설명하고자 하는 확률적으로 수정한 모델은 수학적 분석과 컴퓨터 시뮬레이션으로 연구하고 있다. 그러나 이 모델 자체는 간단하지만 그 기능은 수학의 도움 없이는 이해할 수 없다(그림 5.3). 다음의 가정을 생각해 보자.

1. 두 종류의 복제자 A와 B가 있다. 그 중 한 종류인 A는 다른 종류인 B보다 빠르게 복제한다. 그러므로 만일 세포가 존재하지 않았다면, B는 자연 선택에 의해 제거되었을 것이다.

2. 복제자는 세포 안에 둘러 싸여 있고, 각 세포 안에 단지 소수의 분자들이 있다. 세포 안의 분자 수가 어떤 임계치에 도달하게 되면, 세포는 둘로 분열한다. 분열할 때 그 분자들은 임의로 두 개의 딸세포에 분배된다. 만약 딸세포가 복제자를 가지지 않는다면 죽게 되고 가지면 복제는 계속된다.

3. 세포 안에서 A 분자가 B 분자보다 빠르게 복제하지만, 만일 A와 B 분자들이 동수로 존재한다면 A, B 분자의 복제율은 가장 클 것이다, 만약 둘 중 한 종류가 전혀 없다면 최저 상태가 된다. 그래서 A와 B분자 사이에서는 상승 작용이 나타난다, 다시 말하면 A와 B 분자

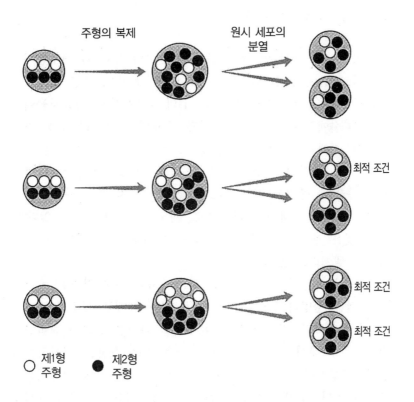

주형의 복제

원시 세포의
분열

최적 조건

최적 조건

최적 조건

○ 제1형
　주형

● 제2형
　주형

그림 5.3 확률적으로 수정한 모델. 처음 구획에는 제1형과 제2형의 주형들이 각각 세 개씩 들어 있다. 복제하는 동안 검정색 주형이 흰 것보다 빨리 생장하는 경향이 있다, 그러나 마찬가지로 돌연 변이의 기회도 존재한다. 두 종류의 주형을 가진 원시 세포들이 단 한 종류를 가진 세포보다 더 빨리 자란다고 가정한다. 원시 세포들이 분열할 때 주형은 딸세포에 무작위로 분배된다. 수학적 분석에 의하면 그 집단은 각 종류가 세 개의 주형을 가진 최적의 원시 세포가 일정한 비율로 평형에 도달하게 된다. 이 모델에는 원시 세포가 두 가지 주형을 함께 갖는 것을 선호하는 '집단 선택'과 각 원시 세포가 검정색 주형을 선호하는 '개별 선택'이 존재한다. 세포당 주형의 수가 적고 우연히 돌연 변이를 일으킬 기회가 많기 때문에 집단 선택이 우세하다.

가 상호 작용을 한다.

이 가정에 따르면, 가끔 A 세포만이나 또는 B 세포만이 우연히 만들어질 수 있지만, A와 B 두 분자를 가진 세포가 생존할 수 있음을 증명한다. A, B와 같은 상호 작용자들이 생존한다는 결과는 세포당 분자의 수보다는 오히려 상호 작용자가 존재하는가에 의미가 있다. 그 이유는 다음과 같다. 만약 우연한 사건의 수가 작거나, 특히 세포가 분열할 때 분자가 우연히 분리된다면, 세포가 가지는 분자들간의 수에 차이가 생기고, 그래서 효과적으로 세포들을 선택할 수 있다. 이 모델은 우연한 사건의 중요성을 고려하여 확률적으로 수정한 모델이라고 한다.

우리는 단 두 종류의 복제자를 가지고 가장 간단한 종류의 모델을 설명하였다, 그러나 상호 작용 체제는 세포가 존재할 때 유리하다. 다시 말하면 효율적인 과순환 고리가 진화하게 되고, 그래서 또 다른 형태의 상호 작용 체제로 진화하게 된다. 그렇지만 이 모델을 무엇에 적용할 것인가에 대해서는 한계가 있다. 우리는 세포당 복제자의 전체 수가 적어야만 한다는 사실을 강조하였다. 이 의미는 소수의 서로 다른 종류의 복제자를 가진 단순한 체제가 오히려 유지될 수 있다는 것이다. 많은 수의 서로 다른 종류의 복제자를 가진 체제는 오히려 빨리 도태되는데, 그 이유는 세포가 분열할 때, 여러 종류 중에 한 가지를 우연히 모두 잃어버릴 수 있기 때문이다. 현재의 세포들은 유전자들이 서로 연결되어 염색체를 만듦으로써 이러한 문제들을 해결하고 있다.

염색체의 기원

염색체에 유전자들이 연결되어 있으면 두 가지 이점이 있다. 첫째는 한 유전자가 복제될 때 모든 유전자도 함께 복제되므로 복제에 동시성을 부여할 수 있다. 잔치를 며칠 간격으로 벌리는 것보다 연속으로 치루는 것이 보다 효율적인 이치와 같다. 둘째로 세포 분열시 각 유전자의 복제물은 각각의 두 딸세포에 보다 정밀하게 분배할 수 있다. 실을 토막내어 흐트러 놓고 반분하는 것보다 타래로 엮어서 나누는 것이 보다 정밀한 이치와 같다. 두 가지 이점은 동시에 이루어지지 않는다. 세포 분열 전에 유전자들이 동시에 복제될 수 있도록 하는 유전자들의 연관 현상은 세포 분열에서 유전자를 정확하게 딸세포에 분배하기 위하여 진화되었다.

연관의 기원은 확률적으로 수정한 모델을 응용함으로써 연구할 수 있다. 앞서와 같이 단지 두 종류의 복제자가 존재하는 경우를 생각하자. A의 끝과 B의 끝이 연결되어 새로운 결합 분자가 만들어지는 것과 같은 매우 드문 돌연 변이를 상상해 보자. 이러한 염색체는 자연 선택에 의해서 확산될 것인가? 이 염색체의 문제점은 길이가 2배로 늘어나므로 A나 B 단독 분자보다 복제 속도가 느리게 된다는 점이다. 그렇기 때문에 새로운 A-B 분자는 소멸되는 방향으로 자연 선택이 이루어질 것이다. 그럼에도 불구하고 두 종류의 단일 분자들이 상호 공존하는데 필요한 같은 조건을 적용한 컴퓨터 시뮬레이션의 결과는 A-B 염색체가 확산될 수 있음을 보여 주었다. 세포마다 소수의 분자들이 있을 것이고, 두 종류의 분자는 서로 상호 작용을 할 것이다. 다시 말하면 두 종류의 분자를 가진 세포가 한 종류를 가진 세포보다 빠르게 생장할 것이다.

컴퓨터 시뮬레이션을 하지 않아도 A-B 염색체가 확산될 것임을 직관적으로 알 수 있는 방법은 2가지가 있다. 그 하나는 두 가지 기능의 염색체를 가지는 세포는 더 빨리 생장한다. 즉 세포 사이의 선택에서 이러한 두 가지 기능의 염색체를 가진 세포가 자연 선택에서 유리하다는 것과 마찬가지로 세포 안에 있는 분리된 서로 다른 종류의 복제자들이 존재하면 그러한 세포가 자연 선택에 유리하다는 것이다. 다른 방법은 유전자의 관점에서 본 견해이다. A 유전자는 단독으로 존재할 때 세포에서 더 빨리 복제된다. 그러나 B 유전자와 연결되어 있을 때는 복제에 시간이 더 걸리게 되나, 세포 분열 후 A와 B 두 가지 기능을 모두 소유하므로 자연 선택에서 적응한 세포가 된다. 세포당 복제자의 수가 적고, 실제로 이들이 서로 유리하게 상호 작용하는 조건이 주어지면 이 염색체는 확산될 것이 분명하다.

만약 두 개의 연관된 유전자들이 단일 유전자로 대체될 수 있다면, 그 다음에 C나 D 등과 같은 유전자들이 첨가되어 보다 큰 새로운 연관군이 된다. 이러한 과정은 염색체에 의해 각 딸 세포에 유전자가 전달되는 분리 기작과 상관없이 일어날 수 있다. 제6장에서는 현존하는 두 가지의 주요 세포 형태인 원핵 세포와 진핵 세포가 어떻게 분지되었는지에 대한 기작과 원핵 세포가 진핵 세포로 어떻게 진화되었는가에 대하여 살펴보고자 한다. 그러나 원핵 생물의 진화 기작은 진핵 세포보다는 단순하게 보이지만 너무 복잡한 기작이다. 현재까지 이 두 세포가 분지되는 최초의 기작에 대해서는 알려진 바 없다.

막과 원시 세포(protocell)

태초에 복제하는 분자들의 집단이 막으로 둘러싸여 있었을 것으로 추측하고 있다. 그러면 어떻게 이러한 일이 일어날 수 있었을까? 먼저 현재 그러한 사건이 어떻게 이루어졌는가를 기술하고 다음에 그 기원에 대하여 조사하여 보자.

현존하는 생체막들은 긴 지방산의 사슬로 이루어진 지질 이중층으로 구성되어 있다(그림 5.4). 이 말은 복잡하게 들리나, 사실은 그렇지 않다. 한 분자의 지방산은 두 개의 화학적으로 다른 말단을 가진 긴 분자이다. 한쪽 말단은 소수성이다. 소수성이란 지방 또는 기름처럼 물과 섞이지 않는 것을 말한다. 다른 말단은 산성말단으로 친수성이다. 친수성이란 물과 쉽게 섞이는 것을 말한다. 지방산 분자를 물에 넣어 잘 섞으면, 지질 이중층이 자연적으로 형성된다. 소수성 말단은 물을 피하고, 지질 이중층의 중심 쪽으로 향하여 다른 것들과 결합한다. 친수성 말단은 지질 이중층의 바깥 면으로 향하여 물과 접촉한다. 지방산은 지질 이중층뿐만 아니라 자연적으로 둥근 주머니 형태를 만든다. 지질 이중층이나 둥근 주머니를 형성하는 이유는 만약 지방산이 편평한 단층막이라면 단층막의 한 쪽면인 소수성 말단들이 물과 접하게 될 것이기 때문이다. 그러므로 구형으로 접혀져야만 소수성 분자들 사이에서 서로 접촉이 이루어질 수 있고 물을 피할 수 있기 때문이다.

언뜻 보기에는 원시 세포의 기원은 문제가 되지 않는 것으로 보여진다. 그러나 그렇지는 않다. 원시 세포가 탄생하려면 세 가지의 문제가 있다. 그 첫번째는 이미 언급하였다. 긴 사슬 형태의 지방산은 어디서 유래하였는가? 밀러의 원시 지구를 가상한 실험의 원시 수프에서는 지방산 분자가 형성되

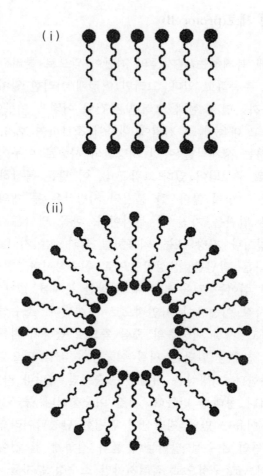

그림 5.4 물에서 긴 지방산 사슬에 의해 자연적으로 형성되는 막의 구조. 각 지방산 분자의 머리는 친수성이고 꼬리는 소수성이다. (i)에서 보면 지방산은 이중층의 막을 형성하는 데 머리 부분은 물과 접하고 꼬리 부분은 다른 지방산의 꼬리와 접촉한다. 지질 이중층에 의해 작은 주머니가 형성되면 꼬리는 물과 접촉하지 않는다(ii). 작은 주머니 안에 물이 존재함을 주목하라.

지 않았다. 우리가 희망하기는 용액 상태의 원시 수프보다 유기 퇴적물과 같은 반고형의 원시 피자 상태의 전하를 띤 표면에서 지방산이 형성되었을 것이라는 것이 더 그럴듯하나 그 과정에 대한 실험적 조사가 필요하다. 다른 두 가지 문제 중 하나는 원시적인 둥근 주머니의 안과 밖으로 원시 세포 형성에 필요한 물질이 어떻게 수송되었는가에 대한 것이고 또 다른 하나는 이 주머니가 어떻게 분열하였는가에 대한 문제이다.

현존하는 생물체에는, 분자의 수송에 필요한 복잡한 여러 종류의 단백질이 세포막에 매몰되어 있다. 이 단백질에는 두 가지 종류가 있다. 첫째는 작은 분자들이 통과할 수 있는 작은 구멍을 가진 단백질이고, 둘째는 에너지를 사용해서 농도 구배에 역행하여 막을 가로질러 특정한 분자들을 수송하는 물질 수송 펌프와 관련된 단백질인 투과 효소(permease)이다. 분명히 이러한 단백질을 가진 막은 원시적이지 않다. 따라서 그러한 단백질이 없으면 이산화탄소와 황화수소 같은 소수의 무기 분자들만이 막을 통과할 수 있었을 것이다. 그러나 많은 필수 분자들 특히 전하를 띤 분자 또는 이온 예를 들어 인산이온은 막을 통과할 수 없다.

첫째로 왜 원시 세포막은 작은 분자의 통과를 허용하였을까? 결국 원시의 막은 전체적인 관점에서 보면 세포 안에 들어 있는 복제자들의 유입이나 유출을 막기 위한 것이 아닌가? 사실 그렇다. 그러나 이와 같은 원시의 막은 어떤 작은 분자가 통과하는 것을 허용해야만 한다. 그 이유를 설명하기 위해서는 이들 원시 세포가 그들이 필요로 하는 에너지를 어디에서 얻을 수 있는가에 대해 설명해야 한다. 우리가 이미 강조했듯이, 세포들은 화학 반응이 일어나는 엔진이고, 이 엔진에는 에너지가 공급되어야 한다.

오늘날 세포들은 다음 세가지 중 어느 한가지 방법으로 에너지를 얻는다.

1. **광합성**. 원핵 생물인 남세균(cyanobacteria)과 진핵 생물인 조류 및 고등 식물은 햇빛으로부터 직접 에너지를 얻는다. 그들은 태양 광선으로부터 직접 에너지를 포획해서 특히 당 같은 에너지가 풍부한 유기 화합물을 합성하는데 사용한다. 이 유기 화합물들은 세포의 물질 대사 과정을 수행하는 데 연료로 사용된다.

2. **종속 영양**. 동물과 곰팡이 그리고 비광합성 세균류는 일반적으로 에너지가 풍부한 화합물을 섭취한다. 이들 화합물의 근원은 광합성이다. 초식 동물은 식물을 먹고 육식 동물은 초식 동물을 잡아 먹는다. 곰팡이와 대부분의 박테리아들은 썩은 동물 및 식물에서 영양소를 얻는다. 종속 영양을 가르키는 heterotrophy의 헤테로라는 말의 어원은 한 생물체가 에너지원으로서 다른 생물체에 의존한다는 뜻이다.

3. **독립 영양**. 몇몇 박테리아는 이산화탄소와 같은 단 하나의 탄소 원자로 된 화합물로부터 독립적으로 유기 물질을 합성한다. 이러한 과정에 필요한 에너지는 태양 광선이나 무기물들로부터 얻는다. 예를 들면 깊은 바다 속에 있는 더운 물이 분출하는 열수공(hydrothermal vent)이나 화산 분출 지역에 서식하는 세균은 황화수소를 산화하여 에너지를 얻는다. 현재에도, 심해 분출구의 생태계를 구성하고 있는 독립 영양 생물은 에너지원으

로 광합성보다 심해 분출구에서 생성되는 에너지에 의
존한다.

원시 세포의 에너지 획득 방법은 무엇이었을까? 분명, 광
합성은 그럴 듯한 답이 아니다. 왜냐하면 광합성 과정에는 복
잡하고 진화된 형태의 여러 종류의 단백질이 필요하기 때문
이다. 최초의 생물체는 독립 영양 생물이었을 것이다. 최초의
생물체는 에너지를 얻기 위해서 다른 생물체에 의존하지 않
았다. 그러나 원시 대양에는 밀러의 실험에서 합성된 유기 화
합물과 유사하게 무생물적으로 합성된 유기 화합물이 풍부했
을 것이다. 이 유기 화합들의 에너지원은 태양 광선이다. 유
기 화합물이 만들어지는 효율성을 볼 때 태양 광선의 에너지
의 분획처럼 유기 화합물에 함유되어 있는 에너지는 광합성
에 의한 효율과 비교할 때 매우 낮다. 그러나 그것은 문제가
되지 않는다. 문제점은 최초 세포에 에너지가 어떻게 공급되
는지 알기 어렵다는 것이다. 특별한 단백질 펌프의 도움 없이
당은 지질 이중층을 통과하지 못한다. 최초 세포는 에너지원
으로 무기 화합물사이의 반응을 기초로 해서 에너지를 얻는
독립 영양 세포였을 것으로 추측된다.

광물질 표면에서 작은 물집같이 형성된 반세포(semicell)
에 의해서 세포의 수송 문제를 해결할 수 있다(그림 5.5). 왜
광물질 표면에서 지방산 분자가 최초로 합성되고, 지방산 분
자가 모여서 반세포를 형성하게 되는지에 대한 적당한 화학
적 이유가 있다. 반세포는 광물질 자체를 구성하고 있는 분자
들이나 그 표면에 부착된 분자들을 얻을 수 있다. 이러한 사
실은 반세포가 광물질로부터 반세포를 구성하는 분자를 합성
할 수 있는 요소뿐만 아니라 에너지원도 공급받을 수 있다는

사실을 의미한다. 반세포적인 형태로 이행되어 가는 과정에서 물에 녹아 있는 필요한 화합물을 통과시킬 수 있는 분자들이 막에 삽입되어 막의 투과성이 점진적으로 증가되어 왔을 것이다. 항상 새로운 진화 단계를 설명할 때는 자연 선택에 의해 더욱 잘 생존할 수 있는 기회를 갖는 중간 단계를 찾게 된다. 반세포는 필요한 요소를 광물질 표면으로부터 얻어 중간 단계의 구조가 되었을 것이다.

다음으로 해결해야 할 문제는 '최초의 세포가 어떻게 분열하는가?' 이다. 이 문제는 얼핏 보기에는 간단할 것 같다. 새로운 막을 형성하는 지방산 분자들이 그 내부에 있는 복제자나 리보자임과 같은 속도로 합성되어져서 작은 주머니를 형성하는 현상을 상상해 보자. 지방산 분자가 만들어지는 것처럼 지방산 분자들이 막 안으로 저절로 삽입되어 막이 커지게 될 것이다. 구형 주머니의 막을 구성하는 모든 성분과 주머니 내부의 성분이 충분하다고 가정할 때 구형 주머니가 두 가지 요소에 의해 증가하는 것을 상상해 보자. 만약 구형의 작은 주머니 형태로 되어 있으면서 표면적이 2배가 된다면, 부피는 4배 이상이 되나, 내용물의 양은 희석되어 2배밖에 되지 않는다. 그러면 어떤 일이 일어나게 될까? 이 문제를 자연적으로 해결하는 방법은 막이 잘룩하게 되어 그 주머니가 둘로 나누어지게 된다는 것이다. 루이시(Pier Luigi Luisi)는 막이 복제하는 주형으로 두개의 하위 체제(막이 잘룩하게 되는 것을 의미함)를 만드는 실험으로 막이 분열한다는 가설을 증명하였다. 이 작은 구형 주머니는 유전 물질이 복제되고 두 가지 성분을 상대적으로 같은 비율로 보유한 채 분열된다. 이 작은 구형 주머니의 분열하는 행동 방식은 케모톤이 되는 커다란 첫 발걸음이 되는 것이다.

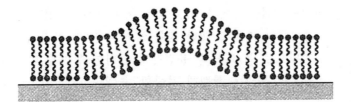

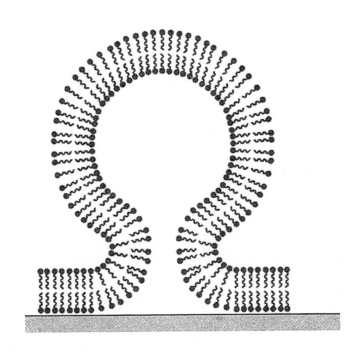

그림 5.5 광물질 표면에서 일어나는 반세포의 형성.

작은 주머니가 분열할 때 작은 주머니 속에 있는 복제자를 포함한 모든 성분들이 임의로 두 딸주머니로 나누어진다. 이 점에 대해서는 복제자 사이에서 서로 상호 작용에 의한 진화와 염색체의 기원에 대한 항목을 논의할 때 이미 언급하였다. 마지막으로 복제자 즉 유전자의 완벽한 한벌을 받기 위해서는 염색체 분리를 확실히 보증할 수 있는 기작이 진화되어야 한다. 이와 같은 과정을 작은 주머니가 획득하게 되면 비로서 진정한 세포가 출현하게 될 것이다.

제6장
···
진핵 세포의 기원

우리의 몸을 구성하고 있는 세포는 세균 세포보다 훨씬 더 복잡하다. 사람은, 여러 다른 종과 함께 진핵 생물의 범주에 속한다. 진핵 생물이라는 이름은 그리스어에서 유래한 것으로, 정상적인 핵을 가지는 생물체임을 의미한다. 즉, 핵이 세포의 중앙에 위치하고 두 개의 막에 의해 세포질과 분리되어 있는 상태를 말한다. 핵은 광학현미경 상으로도 쉽게 관찰할 수 있다. 핵에는 염색체가 가득 차 있는데, 이러한 염색체에는 물리적으로 연결된 유전자들이 여러 종류의 핵단백질(nucleoprotein)과 DNA가 코일처럼 감겨 있는 뉴클레오솜(nucleosome)의 형태로 존재한다.

반면, 세균은 보통 한 분자의 환상 DNA로만 이루어진 염색체를 가지며, 진핵 생물과 같은 뉴클레오솜을 이루지 않는다. 또한, 세균의 염색체는 세포벽에 붙어 있기는 하나, 비교적 자유롭게 세포질에 유리되어 있는 상태로 존재한다. 그러므로, 박테리아를 원핵 생물이라고 부른다. 즉, 정상적인 핵을 갖지 않는다는 뜻이다. 전형적으로, 진핵 세포는 원핵 세포보다 훨씬 더 큰데, 평균적으로 10,000 배 정도 더 크다.

그렇다면 핵을 가지는 것 외에 진핵 생물과 원핵 생물의 차이는 무엇인가? 진핵 생물에는, 원핵 생물에는 없는 여러 세포 소기관들이 존재한다. 이러한 소기관 중에는 에너지 대사에 매우 중요한 기능을 하는 미토콘드리아도 포함되어 있는데, 이 소기관은 이중막으로 둘러싸여 있고 박테리아와 같이 이분법(binary fission)으로 세포 내에서 스스로 분열하여 그 수가 늘어난다. 광합성을 하는 진핵 생물인 고등 식물, 녹조류, 적조류, 그리고 아래에서 설명하고 있는 크로미스트(chromist)라고 불리는 홍미로운 부류에는 미토콘드리아 외에도 이와 유사한 소기관인 색소체(plastid)가 있다. 색소체는 빛에너지를 이용하여 무기물로부터 유기물을 합성하는데, 이때 특수한 광합성 색소를 이용하여 빛에너지를 흡수한다. 색소체도 역시 이중막으로 둘러싸여 있고 이분법으로 그 수를 증가시킨다.

색소체와 미토콘드리아의 독특한 구조와 스스로 분열하는 특성으로 인해 수백년 전부터 여러 과학자들이 이 두 소기관들이 이전에는 이와 유사한 물질 대사적 성질을 가지고 있으면서 자유롭게 생활하였던 세균의 진화적 산물일 것이라고 생각해 왔다. 하지만 그 당시 이러한 생각은 농담으로만 거론되었을 뿐 그다지 심각하게 받아들여지지 않았었다. 그러나 훗날 유전학이 발달함에 따라 미토콘드리아와 색소체에 영향을 미치는 돌연 변이들이 핵의 DNA 때문이 아니라 그 소기관 자체가 지닌 유전자들 때문이라는 사실을 발견하게 되었다.

그 이후에 분자생물학이 발달하면서 이 소기관들 내에 세균과 유사한 작은 환상 DNA와 작은 리보솜들이 존재하고 있다는 것을 발견하였다. 그리하여, 1970년 대 초반에 말구리스(Lynn Margulis)는 색소체와 미토콘드리아가 먼 옛날 원시 진핵 세포에 공생하면서 오늘에 이르게 되었다고 강력하게 주장

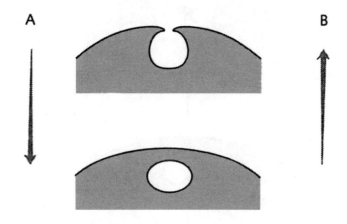

그림 6.1 시토시스(cytosis). 세포막을 밀면서 세포내 소포가 형성되거나 (A), 소포가 세포막과 융합하여 세포막의 일부가 된다 (B).

하기에 이르렀다. 현재는 생물학계가 이론의 여지없이 이러한 관점을 받아들이고 있다.

　　그러나 소기관들의 공생적 기원에 관한 학설을 인정한다고 해도 이러한 사실만으로 진핵 세포 자체의 기원에 관해서 충분히 설명할 수는 없다. 첫째, 진핵 세포에 존재하는 핵은 어디에서 유래한 것인가? 이미 제안하였던 것처럼 이것도 이전의 공생자로부터 기원한 것인가? 아니면 공생과는 관계 없이 진화한 것인가? 진핵 세포의 세포질에는 원핵 세포에 없는 다른 구조들도 존재한다. 특히, 소포체(endoplasmic

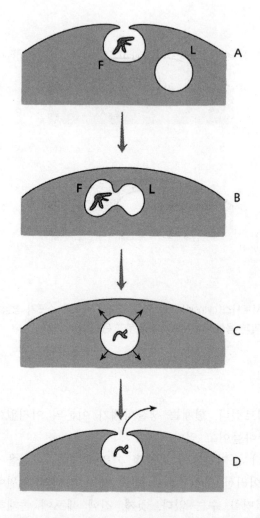

그림 6.2 식세포 작용. (A) 고체의 섭취 물질이 새롭게 형성된 식포(F)에 감싸여 세포질 안으로 들어온다; 리소좀(L)은 내부에 이전에 형성된 것으로 소화 효소를 함유하고 있다. (B) 식포와 리소좀이 융합한다. (C) 섭취한 물질이 소화되고 작은 입자가 소포를 빠져나와 세포질로 이동한다. (D) 소화하지 못한 부분은 세포 밖으로 배출한다.

reticulum, ER)라고 불리는 막 조직이 있는데 이 소기관의 기원과 중요성에 관해서는 자세히 설명하여야 한다.

진핵 생물의 기원을 이해하고자 한다면, 아마도 원핵 세포와 진핵 세포간의 가장 큰 차이점을 알아야 할 것이다. 전자는 단단한 세포벽(혹은 매우 단단한 세포막)으로 둘러싸여 있지만 대부분의 진핵 세포들은 세포벽이 없으며 세포 모양이 역동적으로 변화할 수 있다는 점일 것이다. 세포벽의 없음으로 진핵 세포는 그림 6.1에서 표현한 것과 같이 시토시스(cytosis) 과정이 가능하게 된다. 막으로 둘러싸인 소포는 세포막과 융합한 후 세포막의 일부가 되거나, 반대로, 세포막 안쪽에 소포가 형성될 수 있다. 시토시스는 여러 세포 소기관 형성 과정에 관여하는데, 아마도 원래의 역할은 진핵 세포가 고체 입자들을 섭취할 수 있게 하는 과정인 식세포 작용(phagocytosis, 즉 그림 6.2)이었을 것이다. 세균은 세포막을 통하여 분자들을 흡수함으로써 영양 물질을 섭취한다. 이 때 세균은 반드시 먼저 주위 환경에 자신이 만든 소화 효소들을 분비해야 하고, 이어서 소화 효소가 분해한 산물을 세균이 흡수하는 매우 비생산적인 과정을 거쳐야 한다. 진핵 생물의 경우에는 식포를 통하여 섭취 물질을 삼킨 후 시토시스로 이 식포가 소화 효소의 저장고인 리소좀과 융합되기 때문에 영양 물질이나 효소의 낭비 없이 영양 물질을 섭취할 수 있게 된다. 아마도 식세포 작용이 발달되면서 원시 진핵 세포의 진화가 성공적으로 이루어질 수 있었을 것이다.

만일 세포벽의 상실과 식세포 작용이라는 진화가 진핵 생물 기원의 최초 단계라고 생각하면 이것이 어떻게 공생적인 세포 소기관의 진화로 연결되었는지는 쉽게 상상할 수 있다. 즉, 일종의 세포의 소화 불량으로, 섭취한 세균이 소화되지 않아서 이러한 세포 소기관이 형성된 것이라고 볼 수 있을 것이다. 이렇게 공생자를 획득한 것이 2차적인 진화적 사건일 것이라는 가설은 현존하는 원생 생물의 연구를 통해 부분적으로나마 입증되고 있다.

가장 오래된 원시 진핵 생물 중에 지금까지 생존하고 있는 유일한 생명체는 원시원생동물(Archaezoa)이다. 이 생명체에는 핵도 존재하고 막대 모양의 염색체도 있지만, 절대로 다세포로 존재하는 일은 없으며 미토콘드리아나 색소체를 지니지는 않는다. 또한, 리보솜은 전형적인 진핵 생물의 것보다 작다는 면에서 세균과 유사하다. 분자 계통 발생학적인 연구를 통해 현존하는 이 원시원생동물이 최초의 진핵 생물의 조상임이 확인되었다.

이제 원핵 생물이 진핵 생물로 진화하는 과정에 대해 보다 상세하게 설명하고자 한다. 물론, 이러한 과정을 설명하자면 매우 복잡하고, 생소한 구조물과 학술 용어들이 많이 나타날 것이다. 그러나, 전체적으로 논리 정연한 가닥이 있다. 사건의 발단은 원핵 생물인 세균의 단단한 바깥쪽 세포벽이 상실되면서부터 시작된다. 이러한 상실이 일어나게 된 원인은 불분명하지만 아래에서 이러한 원인일 것으로 추측되는 내용에 관해 정리하였다. 세포는 외부 골격에 해당하는 세포벽을 상실한 후에 반드시 메꿔야 할 여러 가지 일들에 봉착하게 되었다. 우선, 세포의 형태를 유지하기 위해 섬유와 미세 소관(microtubule)으로 새로운 내부 골격을 형성해야 했다. 또한, 세포 분열 시에 각각의 딸세포에게 염색체 한 벌씩을 전달하는 과정인 유사 분열이라는 기작을 개발해야만 했다. 왜냐하면 세균일 당시 존재하던 염색체 분열 기작에서는 DNA와 세포벽과의 부착이 필수적이었으나, 진핵 생물에서는 세포벽을 더 이상 이용할 수 없었기 때문이다.

세포벽을 상실하면서 여러 가지 문제점들이 발생하기는 하였으나 이에 상응하는 다양한 이익과 새로운 기회들이 생겨났다. 이미 설명한 것처럼, 고체 물질을 삼킬 수 있는 새로운 섭취 방식이 가능해졌는데, 이는 아마도 최초의 진핵 생물을 확실하게 생존할 수 있게 즉각적인 이익을 주었을 것이다. 이러한 새로운 섭취 방법은 새로운 세포 소기관들의 진화를 유도하였는데, 미토콘드리아나 엽록체와 같은 소기관들은 삼켜지기만 하고 소화되지 못한 세균으로부터 유래한 것들이다.

새로운 방식의 염색체 분리는 예상치 못한 새로운 차원의 이익을 제공하게 되었다. 즉, 세균이었을 때에는 하나의 복제 기점(origin of replication)에서만 염색체 복제를 시작해야 했기 때문에 한 세포가 지닐 수 있는 유전 정보의 양이 극히 제한되었던 것과는 달리, 이제는 유전 정보의 양이 수배 증가할 수 있게 된 것이다. 이제 좀 더 자세하게 이러한 변화 과정에 대해 알아보기로 하자.

세포벽의 붕괴

바깥쪽 세포벽의 상실은 세포로 하여금 새로운 섭취 방법을 가능하게 함과 동시에 다양한 변화를 수용할 수 있도록 하였기 때문에 매우 중요한 의미를 지니고 있다. 이제 더욱 상세한 이야기를 할 때가 되었다. 이미 설명한 것처럼, 일반적으로 세균은 단단한 세포벽을 가지고 있다. 원핵 생물의 또 다른 부류인 고세균(古細菌, archaebacteria)처럼 세포벽을 소유하지 않는 대신 매우 단단한 세포막을 가지는 경우도 있다.

이 세균은 온도가 높고 산성인 유기공(solfataras)*이나
완전 혐기성 환경 등과 같이 일반적인 생물의 생존 환경과는
동떨어진 환경에서 서식하며, 여러 특이한 대사 과정을 수행
한다. 1977년에 위세(Carl Woese)는 고세균의 DNA 염기 서
열이 보통 세균과 매우 다르다는 것을 발견하였다. 이 세균은
마치 원시 생명이 시작되었을 때와 같은 극단적인 환경에서
서식하기 때문에 이를 고(古, archae) 세균이라고 명명하게
되었다.

오래 전에는 대부분의 생물학자들이 고세균이 가장 오래
된 생명체이며 최초의 살아 있는 세포로부터 직접 유래하였
을 것이라는 주장에 동의했었다. 그러나 최근 연구 결과에 의
하면 이 세균은 진정세균(eubacteria)이라고 부르는 보통 세균
으로부터 유래한 것으로 판명되었다. 이러한 결과가 나오기
전에 이미 영국 생물학자 카발리어-스미스(Tom Cavalier-
Smith)는 고세균과 진핵 생물 모두가 단단한 세포벽이 붕괴
된 진정세균으로부터 유래되었을 것이라는 가설을 내세웠었
다. 그렇다면 이러한 사건이 왜 발생하였을까?

만일 세포벽이 붕괴된 이유가 세균의 일부가 훗날 식작
용을 진화적으로 얻어낼 수 있도록 하기 위한 것이었다고 주
장한다면 진화 자체가 미래를 예견할 수 있다고 말하는 것과
마찬가지가 될 것이다. 불확실하기는 하지만 가능성 있는 의
견으로는 다음과 같은 것이 있다. 즉, 일부 세균에서 경쟁적
인 수단으로 다른 세균의 분열을 방해하기 위하여 다른 세균
의 세포벽 합성을 저해하는 항생제가 진화적으로 생겨났다고
생각할 수 있다. 페니실린 등과 같이 현재 사용 중인 항생제

---

* 유기공 : 화산의 분화구 부근과 같이 수증기와 함께 황화수소, 이산화황과
  같은 화산 가스를 분출하고 있는 곳.

가 세균을 죽일 수 있는 것도 이와 같은 진화의 맥락이라고 볼 수 있을 것이다. 이렇게 세포벽의 붕괴가 일어나게 된 원인은 불분명하지만 세포벽의 붕괴에 의해 그 이후의 변화들이 일어나게 된 것이라는 주장은 일반적으로 받아들여지고 있는 견해이다.

실험실에서 세균을 다루다 보면 세포벽이 없는 세균은 극도로 연약하다는 것을 알 수 있다. 진화가 일어나면서 이러한 세포벽의 상실은 셀 수 없이 여러 번 일어났을지도 모른다. 그렇다면 이로 인해 초래되는 예상 가능한 결과는 아마도 이 계통의 세포막이 없는 세균들 중 이 항생제와 같은 독극물에 대한 해독제를 개발한 세균들을 제외하고는 모두 멸종하였다는 것이다. 그러나 서로 연관되어 있는 두 계통의 세균은 이러한 재난에 대한 자구책을 개발하기에 이르렀다. 즉, 한 부류에서는 새로운 종류의 막 형성 물질들을 이용하여 세포벽에 버금가는 단단한 세포막을 개발함으로써 고세균이 탄생하였고, 사람의 조상이 되는 진핵 세포의 다른 부류에서는 세포의 내부 골격인 세포 골격(cytoskeleton)을 개발하였다.

세포 골격의 출현

세포 골격은 크게 액틴 필라멘트와 미세 소관의 두 가지 종류로 이루어져 있다. 이들은 서로 상보적인 기능을 수행하는데, 액틴 필라멘트는 잡아당기는 힘에 대한 저항성을 부여하고, 미세 소관은 압축 및 전단(剪斷)되는 힘에 대한 저항성을 부여한다. 세포 골격의 이러한 특성 때문에 우리의 세포는 단단한 세포벽 없이도 세포 골격으로 세포의 모양을 유지한다. 그러나 세포 골격은 역동적으로 변하여 세포의 모양을 변형시킬 수 있으며 세포 내에서 물질의 이동을 가능하게 하기도 한다. 즉, 미세 소관은 입자와 소포의 세포 내 수송을 위한 케이블카의 케이블과 같이 궤도로 사용되는 것이다. 또한, 세포 분열 때 염색체를 양극으로 끌어당기는 역할을 하기도 하고, 섬모나 편모와 같은 운동 기관의 구성 성분이기도 하다.

액틴 필라멘트는 세포 분열과 식세포 작용에서 중요한 역할을 한다. 물질을 이동시키기 위해서는 분자의 물리화학적인 힘을 사용해야 하는데, 화학적 에너지를 물리적인 움직임으로 전환시켜야 한다. 이러한 작용을 위해서는 단백질 입자가 원활하게 모양을 변형할 수 있어야 한다. 다시 말하면, 팔을 뻗어서 무엇인가를 잡은 후 잡아당길 수 있어야 한다.

이러한 능력은 어디서부터 유래한 것일까? 진정세균에서도 이러한 작용이 기본적인 형태로 존재한다. 세균이 분열할 때 세포막에 홈이 생긴다. 이를 위해서는 물리적으로 활성화된 분자가 필요한데 진핵 생물의 단백질들이 이러한 세균 단백질과 유사한 DNA 염기 서열을 지니는 것으로 나타났다. 그러므로, 분열을 촉진하는 단백질은 결국 세포 골격의 기능을 수행하는 것으로 전적응(preadaptation)된 것이다.

현대적인 진핵 세포에는 여러 종류의 다양한 막성 구조물들이 존재한다. 이제 이러한 것들이 어떻게 진화적으로 형성되었는가에 대해 다루고자 한다. 시토시스에 의해 세포막으로부터 출아하듯이 떨어져 나가는 식포가 초기에 진화적으로 형성된 과정은 그다지 어려운 설명이 필요 없다. 세균에서는 세포막에 부착된 리보솜에서 분비될 소화 효소들이 합성된다. 만일, 초기의 진핵 생물에서 기본적인 세포 골격의 도움으로

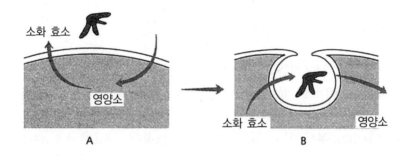

그림 6.3 식세포 작용의 기원. 원핵 생물의 경우 (A), 고체의 섭취 물질을 소화하려면 반드시 소화 효소(E)를 주위 환경에 분비해야 하며, 소화 된 영양소를 흡수한다. 식세포 작용(B)은 단순히 소포를 형성하는 과정에서 유래되었을 수도 있다. 왜냐하면 막은 이미 소포 내로 소화 효소를 분비하고 소화 산물을 흡수하는 데 적응되었을 것이기 때문이다. 그림 6.2에서처럼 식포와 리소좀의 역할 구분이 나타난 것은 그 이후에 진화적으로 생겨난 현상일 것이다.

섭취 물질을 삼키면서 우연히 식포가 형성되었다면, 그 이후
소포 내에서 섭취 물질의 소화, 그리고 영양 물질의 흡수는
원래 세균이 지니고 있던 기작에 의해 수행되었을 수 있을
것이다(그림 6.3).

내막계

진핵 세포에는 여러 종류의 다양한 막성 구조물들이 존
재한다. 이 모두에 대해 여기서 자세하게 설명할 수는 없지
만, 어떤 것인지에 대해 감을 잡을 정도로는 설명할 수 있다.
우선 식포부터 시작하는 것이 좋을 듯하다. 세균에서는 리보
솜이 바깥쪽 세포막에 부착되어 있다. 여기에서 세포막의 일
부를 형성하는 단백질 예를 들면, 영양 물질과 배설 물질을
수송하는 막을 통과하는 데 관여하는 단백질이나 주위 환경
에 분비하는 소화 효소 등을 합성한다. 마지막 단원의 끝 부
분과 그림 6.3에서 우리는 원시 진핵 생물에서 식포가 형성되
었을 때 이것이 소화 효소들을 합성하고 영양 물질을 흡수한
다는 면에서 기능적으로 세포막과 매우 유사하다고 가정하였
다. 그러나 현재의 진핵 생물은 이러한 가정에 해당하지 않는
다. 세포막에 부착된 리보솜이 없기 때문에 세포막에서 형성
된 식포는 그 안의 섭취 물질을 소화하지 못한다. 그러나 그
림 6.2에서처럼 식포는 소화 효소를 함유하고 있는 리소좀과
융합한다.

만일 세포막에 리보솜이 없고, 그 결과 단백질을 합성할
수 없다면 어떻게 세포막은 생장할 수 있을까? 본질적으로는
식포가 형성되는 것과 반대의 과정에 의해 세포막은 생장한

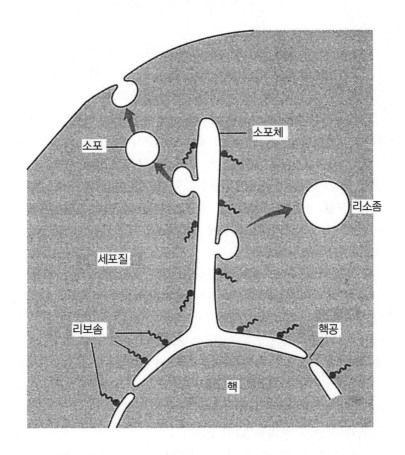

그림 6.4 소포체(ER)와 핵막. 소포체는 핵을 둘러싸는 두 개의 막 중 바깥 쪽의 외막과 연결되어 있다. 이 막과 소포체에는 모두 리보솜이 부착되어 있어서 이곳에서 단백질이 합성된다. 소포는 소포체로부터 발아하듯이 떨어져 세포막과 융합하여 세포 생장에 기여하게 된다. 리소좀도 역시 소포체로부터 발아하듯이 떨어져 나와 형성된다.

다. 즉, 세포 내부에서 형성된 소포가 바깥쪽 막과 융합되는
것이다.

이러한 소포들은 소포체(endoplasmic reticulum, ER)라고
알려진 구조물로부터 유래한다(그림 6.4). 소포체는 세포막과
유사한 막으로 이루어진 세포 내의 구조물로, 이는 구형의 소
포가 납작하게 눌려서 형성되기 때문에 단면으로 보면 마치
막이 차곡차곡 쌓여 있는 것 같이 보인다. 리보솜은 소포체에
부착하여 단백질을 합성하게 된다. 다양한 종류의 소포들이
소포체로부터 출아하듯이 떨어져 나가는데, 각각의 소포 내에
는 다양한 종류의 단백질이 들어 있다. 이러한 소포 중에는
바깥쪽 막과 융합하여 생장에 관여하는 것들도 있고 소화 효
소의 저장고인 리소좀도 있다.

따라서 진핵 생물에는 리보솜이 없는 세포막과, 리보솜을
가지고 있으며 새로운 세포막 물질을 합성할 수 있는 소포체
가 있는 셈이다. 이것은 막들 사이에 나타난 최초의 차이점일
수도 있겠지만 차이는 이것만이 아니다. 핵을 둘러싸고 있는
핵막도 납작해진 소포들로부터 형성된 것이어서 핵막은 이중
막으로 구성되어 있다. 안쪽의 것은 리보솜이 없고, 두 개의
막 중 바깥쪽 것은 그림 6.4에 나와 있는 것처럼 그 구조가
소포체의 연장 형태로 되어 있다.

핵막이 형성되면서 핵과 세포질 사이에 역할 구분이 일
어났는데, 핵 안에서는 단백질 합성은 일어나지 않으면서
mRNA를 합성하는 전사가 이루어지고, 세포질에서는 단백질
합성이 이루어지게 되었다. 이에 따라 핵막에는 mRNA가 세
포질로 나갈 수 있고, DNA 복제와 전사에 필요한 효소들이
세포질에서 핵 안으로 이동하는 것을 가능하게 하는 핵공이
라는 구멍들이 필요하게 되었다.

서로 다른 종류의 단백질을 에워싸고 있는 여러 종류의 막들이 세포 내에 존재한다면 문제가 발생하게 된다. 특정한 단백질이 어떻게 정확한 장소를 찾아갈 수 있는가? 예를 들어, 핵 내에 필요한 단백질들은 어떻게 핵공을 찾아갈 것인가? 이 질문에 대한 개괄적인 답변은 이러한 단백질에는 특수한 신호 펩티드(signal peptide)가 있어서 이것이 해당되는 막에 있는 인식 부위에 대한 친화력을 가지고 있다는 것이다. 이러한 과정에도 특수한 단백질들이 정확한 부위에 마무리 배치 작업을 해야 하기 때문에 세포 소기관의 진화적 기원에 관해 다룰 때 이 주제를 다시 다룰 것이다.

유사 분열의 기원

세포가 분열을 할 때, 똑같은 한 벌의 유전 물질이 각각의 딸세포로 전달되어야 하는 것은 매우 중요한 일이다. '염색체 분리(chromosome segregation)'라고 불리는 이 기작은 원핵 생물과 진핵 생물에서 확연히 다르게 나타난다. 원핵 생물에서의 이 기작은 그림 6.5에서, 그리고 우리에게 더 친숙한 진핵 세포에서의 기작은 그림 6.6에 나타나 있다. 이 두 기작은 너무도 달라서 그들 사이에서 모종의 연관성이 있음을 상상하기가 어렵다. 그러나 카발리어-스미스(Tom Cavalier-Smith)는 그림 6.6에 요약한 바와 같이 매우 그럴 듯한 각본을 제안하였다. 그 세부적인 내용은 복잡하므로 여기서는 주된 요점만을 설명하고자 한다.

원핵 생물에서 염색체 분리는 복제 기점과 복제 말단이 세포막에 부착하는지 여부에 달려 있다. 특히 원래의 복제 기

(i)

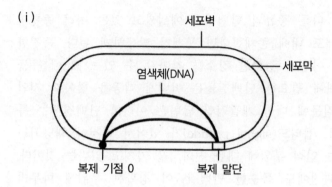

(ⅱ)

(b₂)

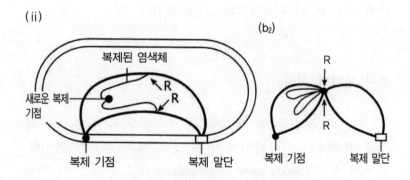

(ⅲ)

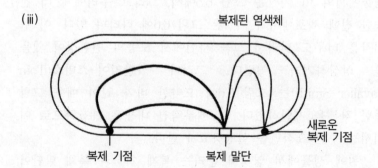

(iv)

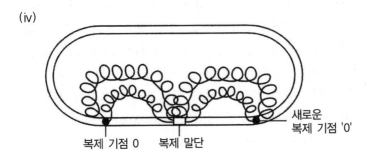

복제 기점 0   복제 말단   새로운
복제 기점 '0'

(v)

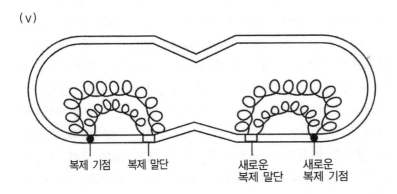

복제 기점   복제 말단   새로운   새로운
복제 말단   복제 기점

그림 6.5 세균의 세포 분열. (i) 분열하기 전의 세포. 환상 염색체의 복제 기점
과 말단이 세포막-세포벽 복합체에 붙어 있다. (ii) 양 방향으로의 복제. 새 복
제 기점과 복제 복합체(R)가 형성되었다. 그러나 (b₂)에 나타낸 것처럼 새 복제
기점은 복제 효소와 결합하여 복제 말단으로 이동한다. (iii) 복제가 완료되고,
새 복제 기점은 세포막에 결합한다. (iv) 말단이 두 원점 사이의 세포벽에 다시
결합한다. 이 이동은 염색체가 꼬임으로 이루어진다. (v) 복제 말단이 분열하고,
격막이 생성되면서 세포가 분열한다.

점(그림 6.5의 O)의 반대 방향에 새로운 복제 기점('O')이 위치하는가가 중요하다. 그러므로 여러 개의 복제 기점이 같은 염색체 상에 존재한다는 것은 불가능하다. 그러므로 전체 염색체는 1개의 레프리콘(replicon)이라는 하나의 복제 단위라 할 수 있다. 이 단위수가 세포 분열률의 최고치를 결정한다.

최적 조건일 때, 복제 복합체(replisome)가 복제 기점으로부터 말단까지 이동하는데 약 40분이 걸린다. 만약 한 번에 하나의 복제 복합체만이 활성을 가진다면 이로 인하여 복제 속도의 상한은 40분으로 결정된다. 그러나 세균은 한 번에 염색체를 따라 이동하는 복제 복합체가 하나 이상이므로 실제에 있어서는 이보다 두 배 정도의 속도로 DNA를 복제한다. 그러나 '유전체양(genome size, DNA amount)' 때문에 이런 방식으로 복제하는 데는 한계가 있다. 그러므로 만약에 두 개의 복제 복합체가 동시에 활성을 가지게 되면, O 근처에는 4 벌의 유전자가 있게 되며, 그중 한 벌의 유전자만이 말단 가까이에 위치한다. 그렇지만 유전자의 양은 물질 대사에 중요한 영향을 미치므로 세균은 한꺼번에 너무 많은 복제 복합체들이 활성화되지 못하게 한다. 이것이 바로 제한된 크기의 유전체에 대한 복제율의 상한선을 결정하며, 이는 또한 진화에 있어서 빠른 세포 분열에 상응하는 유전체의 크기를 결정하는 요소가 된다.

딱딱한 세포벽의 소실은 진화 과정에서 원시 진핵 생물로 하여금 새로운 염색체 분리 방법을 개발하도록 하였다. 이 새로운 기작인 유사 분열에서 염색체들은 염색체의 동원체(centromere)에 부착된 미세 소관에 의해서 분리된다. 원핵 생물에는 미세 소관이 없다. 이는 세포 골격의 구성 성분이며, 세포벽의 소실을 보완하는 방편으로 진화한 것이다. 그러므로 유사 분열은 태초의 원핵 생물이 사용하던 기작을 더 이상 사용하지 못하게 됨으로써 진핵 생물이 자구책으로 강구해낸 것으로 보는 견해도 있다.

또한 유사 분열은 진핵 생물에게 새로운 가능성을 열어 주기도 하였다. 염색체가 각각의 딸세포로 정확하게 전달하기 위하여 복제 기점과 말단이 세포막에 부착해야 할 필요가 없어졌으며, 하나의 염색체에 존재하는 복제 기점의 수의 제한도 없어졌다. 진핵 생물에는 각 염색체에 수많은 복제 기점이 있다. 그러므로 유전체 당 DNA의 양에 대한 제한이 없어졌으며, DNA 복제율에 의한 DNA 복제 기점 수의 제한도 없어지게 된 것이다. 진핵 생물의 DNA 양은 세균이 가지고 있는 것보다 수 천배나 더 많을 수 있다. 대장균의 유전체는 10^6 bp 인데 비해서 인간의 유전체는 약 10^9 bp나 된다.

이는 진화에서 복잡성의 증가에 대하여 흥미로운 의미를 내포하고 있다. 세포 분열 기작의 변화가 기폭제가 되어 일어난 유전체 크기의 증가는 복잡한 다세포 생물의 진화에 충분 조건은 아니지만 필수 조건은 된다. 그렇다고 세포 분열 기작의 변화가 진화하였다는 것은 아니다. 왜냐하면 그 변화라는 것이 이와 같은 미래의 진화적 가능성을 허용하였을 뿐, 진화는 그와 같은 선견지명을 가지고 일어나는 것이 아니기 때문이다. 앞에서 말한 것처럼, 새로운 분열 기작은 최초의 진핵 생물에게는 강요된 것이었지만, 일단 한 번 일어났던 진화는 복잡성의 증가라는 진화를 가능하게 하였다.

그러면 염색체는 왜 환상에서 막대 모양으로 그 구조를 바꾸었을까? 그 가능한 설명은 다음과 같다. 만약 두 개의 환상 염색체 사이에서 재조합이 일어난다면, 이로 인하여 세포 분열때 염색체 분리가 억제된다(그림 6.7). 그러면 재조합은

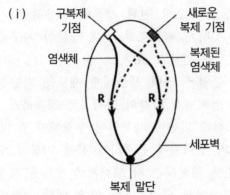

(i) 구복제 기점 / 새로운 복제 기점 / 염색체 / 복제된 염색체 / R R / 세포벽 / 복제 말단

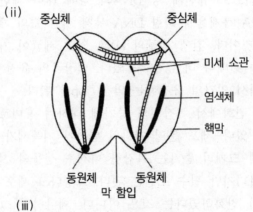

(ii) 중심체 / 중심체 / 미세 소관 / 염색체 / 핵막 / 동원체 / 동원체 / 막 함입

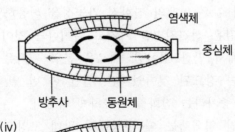

(iii) 염색체 / 중심체 / 방추사 / 동원체

(iv)

그림 6.6 유사 분열의 진화. (iii)은 현존한 진핵 생물에서 보편적으로 일어나는 유사 분열 과정을 나타낸 것이다. 실제로는 많은 수의 염색체가 존재하지만 여기서는 간단히 염색체를 하나로 나타내었다. 염색체는 미세 소관으로 이루어진 방추사에 의해서 분리되어 이동한다. 방추사는 염색체의 동원체에 부착한다. 동원체가 복제되고 나면, 이 두 개의 동원체는 양극의 중심체로 끌려가게 된다. 이 이동은 인접한 두 소관이 능동적인 활주를 하기 때문에 일어난다. 그렇다면 이러한 기작은 그림 6.5에 제시한 세균의 염색체 분리 기작에서 어떻게 진화되었는가? 그림 (i)과 (ii)에 가능한 중간 단계를 나타내었다. (ii)는 현존하는 몇몇 원생 생물에서 나타나는 면생 유사 분열(pleuromitosis)이며, (i)은 가상적인 것이다. 가능한 각본은 다음과 같다. 가상적인 중간 단계인 (i)에서 염색체는 세균에서처럼 여전히 환상이며, 복제 기점과 복제 말단 또한 아직도 세포벽에 붙어 있다. 중요한 변화는 복제 기점이 나누어져 있으며, 염색체의 복제가 이루어지고 있는 동안에 신구의 복제 기점이 따로 분리된다는 것이다. 면생 유사 분열 (ii)는 (i)과 중요한 몇 가지가 차이난다. 염색체는 환상이 아닌 선상이며, 세균의 복제 기점은 중심체로, 복제 말단은 동원체로 진화되었다. 이제 분열 기작은 세포막이 아닌 미세 소관에 의존하고 있다. 현존한 생물의 유사 분열에서처럼 두 개의 중심체는 미세 소관에 의해서 나누어지며, 미세 소관이 각각의 동원체를 자신의 중심체 쪽으로 잡아당긴다. 면생 유사 분열에서 전형적인 유사 분열로의 진화는 위상학적으로 (iv)에 나타낸 것과 같이 쉽게 이해할 수 있다.

왜 일어나야 하는가? 우리는 일반적으로 재조합은 유성 생식에서 새로운 유전자형을 형성하는데 즉 유전적 다양성을 획득하는데 중요한 것으로 생각한다. 그러나 유사 분열에서 재조합의 의의는 다른 곳에 있다.

자신에게 어떤 성별이 있다는 것은 큰 의미가 없다. 유사 분열의 재조합은 도태되지 않은 DNA 회복 과정의 부산물*일 것으로 추측한다. DNA 분자의 두 가닥 모두에 손상(double

---

* 한국유전학회 총서 제5권 「유전자, 사랑 그리고 진화」, 1998, 전파과학사, 서울.

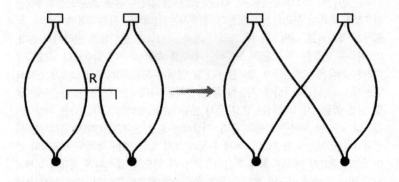

그림 6.7 환상 염색체들간의 교차(crossing-over). 환상인 두 염색체들간의 재조합(R, recombination)은 세포 분열을 억제한다.

strand DNA damage)이 일어날 경우 이를 수선하자면 많은 에너지가 필요하다. 이런 손상을 복구할 때, 손상된 염색체는 손상되지 않은 다른 상동의 염색체로부터 복제한 새로운 DNA로 대체한다. 이런 수선 과정에 필요한 효소는 진핵 생물 뿐 아니라 세균에도 존재한다. DNA 상해라는 뜻밖의 재난을 수선하는 과정에서 두 염색체 사이에 재조합이 일어난다는 것이다. 이때 만약 위에서 설명한 대로 염색체가 환상이라면 이는 재앙을 초래할 수도 있다. 그러나 염색체가 막대 모양이면 문제가 없다. 이 현상은 성의 기원을 논의할 때 다시 보기로 한다.

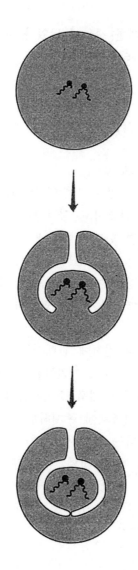

그림 6.8 핵막의 기원. 세포막의 함입에 의한 기원 가설. 이 각본은 핵막이 이중막이라는 것과, 그림 6.4에서 보여주듯이 핵막의 외막이 소포체와 연결되어 있다는 점에서 일치한다.

핵막의 기원에 대한 질문이 남았다. 이에 대한 그럴 듯한 해답을 그림 6.8에 나타내었다.

공생체에서 세포 소기관으로

우리는 지금 DNA 염기 서열 자료를 바탕으로 미토콘드리아와 엽록체가 각각 공생 자주세균(purple bacteria)과 공생 남세균으로부터 유래하였다고 생각한다. 지금부터 이들의 기원에 대해서 알아보려 한다. 세포 내 공생은 결코 드문 현상이 아니다. 예를 들면 심해 밑바닥에 사는 저서 동물들은 해저로부터 분출되는 황화수소를 산화하여 얻은 에너지를 이용하여 이산화탄소로부터 유기물을 합성하는 공생 세균들을 가지고 있다.

이와 같은 공생의 진화에 관해서는 제9장에서 설명한 바 있다. 그러나 고대의 세포 소기관들은 한 가지 중요한 점에서 최근의 공생으로 기원한 세포 소기관들과 매우 다르다. 그것은 미토콘드리아나 엽록체에 존재하던 유전자의 대부분이 세포의 핵으로 옮겨갔다는 점이다. 여기서 우리는 다음 두 가지 질문에 대해 논의해 보자. 첫째, 진핵 생물은 미토콘드리아나 엽록체의 기원이 된 세균들과의 공생을 통해서 어떤 이익을 얻었는가? 둘째, 유전자가 세포 소기관에서 핵으로 옮겨간 원인와 결과는 무엇인가?

세포 소기관들의 역할

진핵 세포가 세포 소기관으로부터 얻는 소득이 무엇일까? 이 질문에 답하기 위해서 먼저 화학에서 에너지가 어디

서 유래하고 에너지를 무엇에 사용하는지에 대한 이해가 필
요하다. 현대 사회에서, 에너지원은 화석 연료, 석탄(탄소), 석
유(탄소와 수소의 화합물)가 주종을 이룬다. 이산화탄소와 물
이 되면서 연소할 때 방출되는 에너지는 전동기에 이용되며,
석탄은 연소하여 증기 엔진을, 휘발유는 연소하여 자동차를
움직인다.

우리 자신에 있어서도 똑같은 원리가 적용된다. 우리는
당이나 그밖의 탄수화물을 연소하여 에너지를 얻는다. 첫번째
예로, 우리는 이 에너지를 ATP 분자를 합성하는데 사용한다.
이 ATP를 마치 도깨비 방망이로 생각해 보는 것이 이해에
도움이 된다. ATP는 에너지를 필요로 하는 세포 곳곳으로
운반된 다음 도깨비 방망이를 풀어놓는 것과 같다. 이 도깨비
방망이는 스프링이 늘어나듯이 에너지를 방출하여 다른 일련
의 작용들이 일어나게 한다. 당을 산화하여 얻은 에너지는 다
시 도깨비 방망이를 만드는 데 사용한다. 말하자면 바로 이
ATP가 세포 내의 '자유에너지'의 원천이라는 것이다. 이 에너
지는 세포 내에서 에너지를 필요로 하는 많은 과정들, 예를
들면 합성 과정, 세포 운동, 세포막을 통한 물질 수송 등에
이용된다.

생명의 기원 초기에는, 당을 포함하는 유기물들은 무생물
학적인 방법으로 자연에서 합성되었다(p. 64 참조). 그 당시에
는 유리된 산소가 없었으므로 이러한 유기물들의 산화를 통
해서 에너지를 얻을 수는 없었다. 그러나 무산소 상태에서 당
을 알코올로 전환시키는 발효라는 과정을 통해서 약간의 에
너지를 얻을 수는 있었다. 예를 들면 포도주를 만들 때 포도
의 당이 효모에 의해 알코올로 변하는 것과 같다. 이 과정으
로 약간의 에너지가 생성되기는 하지만 같은 양의 당을 산화

시켜서 얻을 수 있는 에너지의 1/10 정도에 불과하다.

오늘날에는 생물들은 더 이상 무생물학적인 방법으로 생산된 화합물질에 의존하여 에너지를 얻지 않는다. 그 대신에 녹색 식물은 햇빛 에너지를 포획하여, 그것으로 물을 수소와 산소로 분해한다. 그 결과 산소는 대기 중으로 방출되고, 유리 수소에 포함된 에너지를 사용하여 당을 합성한다.

당을 합성하기 위하여 햇빛 에너지를 포획하고 ATP를 합성하기 위해 당을 산화하는 이 두 과정은 이미 원핵 생물계에 존재하였던 것이다.

진핵 생물에서는 이 두 과정을 미토콘드리아와 엽록체라는 세포 소기관이 수행하고 있다. ATP는 이미 분자적 증거들을 통해 자색비황세균(purple non-sulphur bacteria)으로부터 유래한 것으로 알려진 미토콘드리아에서 합성되며, 광합성은 남세균으로부터 유래한 엽록체가 수행한다. 그러나 여기에 풀리지 않은 의혹이 있다. 이 두 세균 조상인 자색세균과 남세균은 두 기능을 모두 수행할 수 있다. 그렇다면 왜 번거롭게 두 번의 공생을 거쳐야 했던 것일까? 이 답은 상대적인 효율성에 있다. 자색세균은 비효율적인 광합성 체계를 가지고 있으며, 황 화합물이 존재하는 환경에서만 살 수 있다. 남세균은 비록 광합성 효율은 좋지만 호흡율은 저조하다.

이들 세포 소기관들은 어떻게 세포에 이득이 될 수 있을까? 어떻든 용도가 있으려면, 세포 소기관에서 만든 산물들이 세포질로 빠져 나가야 한다. 이와 같은 현상은 자유 생활을 하던 그 조상들에서는 일어나지 않았던 것이다. 그렇다면 자색 세균에게는 ATP의 낭비이며 남세균에게는 당이라는 중요한 유기물을 외부 매질로 유실하는 것이다. 현재, 유기물과 에너지의 운반은 세포 소기관의 막에 존재하는 특정 운반 단백질이 있어야 가능하다. 그러나 그 산물을 효과적으로 내보내야 할 특정 운반 단백질이 진화 과정에서 생기기도 이전에 어떻게 세포내 공생체가 초기 진핵 생물에게 유용하게 사용될 수 있었을까 하는 문제가 아직도 풀리지 않은 수수께끼이다.

공생체에서 세포 소기관으로의 진화에는 많은 유전자들이 세포의 핵으로 전이되면서, 세포 소기관의 유전자들이 유실되었다. 현재, 미토콘드리아의 유전체는 십수개의 유전자를, 색소체는 1~2백개 정도의 유전자만을 가지고 있다. 핵으로 기능적인 전이가 완료되기도 전에 공생체로부터 수천개의 유전자들이 유실될 수는 분명히 없었을 것이다. 그렇지 않다면 공생체, 결과적으로 전체 세포는 비효율적이 되고, 생존이 불가능하였을 것이다. 공생체에서 유실된 한 유전자가 핵으로 전이되었다 해서 충분하다 할 수는 없다. 실제로 DNA가 세포내의 핵, 색소체, 미토콘드리아와 같은 세포 소기관 사이에서 보다 쉽게 이동한다는 증거에 따르면 유전자의 이동이 특별히 어렵진 않았을 것이다. 그러나 이러한 전이된 유전자에 의해 생산되는 단백질들이 그들이 유래한 특정 소기관으로 되돌아가는 길이 모색되어야 한다. 이는 단백질의 말단에 있는 특정 아미노산 서열이 소기관들의 막에 의해 인지될 수 있는 '전이 신호(transit signal)'로 작용함으로써 막을 통한 단백질 전이를 촉진한다.

그러므로 세포 소기관으로 운반되는 각 단백질은 합성 과정에서 리보솜으로부터 제일 먼저 빠져 나오는 단백질 말단에 신호 서열을 가지고 있다. 이 신호 서열의 기원은 비록 그 서열이 단백질마다 다르기는 하지만 같은 수용체가 인지할 정도로 매우 비슷하다는 사실에서 추론할 수 있다. 이는 각 단백질의 신호 서열이 독립적으로 진화되었음을 의미한다. 물론 각 세포 소기관들은 그들 자신의 단백질들만을 인지하여 받아들인다.

제1장에서 우리는 DNA가 지니고 있는 특성인 '무한적' 유전과 '유한적' 유전을 구별하였다. DNA의 이러한 속성 때문에 복제 기구는 상대적으로 적은 수로 존재할 수 있고, 그 각각이 자신의 DNA 만을 복제한다. 이런 의미에서 세포막은 유한적 유전과 관계가 있다는 것은 흥미로운 사실이다. 예를 들면 미토콘드리아 막은 수용체나 수송체 단백질을 비롯한 미토콘드리아가 필요로 하는 단백질을 세포질로부터 유입하는 과정을 촉매하는 단백질들을 지니고 있다. 이는 다른 막도 마찬가지이다. 이러한 사실은 카발리에-스미스로 하여금 미토콘드리아 막은 이후의 미토콘드리아 막의 합성을 촉진하고, 색소체의 막은 이후의 색소체 막의 합성을 촉진한다는 등, 막의 생장과 유전의 개념을 이끌어내게 하는 계기가 되었다.

다음과 같은 검증 실험을 통해서 이 유전의 잠재력은 핵과 세포 소기관의 막 양자에 대하여 독립적이라는 것을 이해할 수 있다. 미토콘드리아에서 미토콘드리아의 수용체가 동종의 색소체 분자로 대체되었다고 가정해 보자. 이와 같은 조작으로 색소체 단백질들을 미토콘드리아에 넣을 수 있을 것이다. 이렇게 되면 비록 세포 소기관이나 핵의 유전체는 변하지 않았지만, 미토콘드리아는 유전적으로 기능을 상실하게 된다. 막의 유전은 제한된 유전이지만 진핵 세포의 기능 측면에서는 무한한 중요성을 지닌다. 왜냐하면 미토콘드리아의 기능 상실은 곧 세포의 죽음을 초래하기 때문이다.

우리는 특이한 조류인 크로미스타(Chromista)를 예로 들어 세포 소기관의 진화가 얼마나 복합적인가를 설명하고자 한다. 현존한 이 조류는 네 종의 다른 조상으로부터 물려받은 유전 물질을 가지고 있다. 이는 이 조류의 진화의 역사를 기술함으로써 쉽게 설명할 수 있다.

첫째, 녹조류 세포는 엽록체를 상실함으로, 광합성능을 상실하였다. 이후 그들의 후손들은 새로운 공생체를 받아들여 그 기능을 다시 회복하였다. 그러나 이번에는 원핵 생물인 남세균이 아니라 진핵 생물인 홍조류가 공생체로 들어왔다. 이로 인하여 오늘날 네 개의 서로 다른 유전체를 가진 세포가 탄생하게 되었다.

핵의 주된 유전체는 원래가 녹조류였던 숙주의 것이며, 자색세균에서 유래한 미토콘드리아도 가지고 있다. 이 세포 안에는 식세포 작용으로 섭취한 홍조류의 몇몇 염색체가 아직까지 생존해 있으며, 마지막으로 원래는 자유 생활을 하던 남세균에서 유래한 홍조류의 엽록체의 염색체가 들어 있다.

진핵 생물의 진화에 대한 새로운 견해

이 책이 거의 완성될 단계에 이르러 발표된 최근의 발견을 반영하여 우리가 그렸던 최초의 진핵 생물의 진화와 미토콘드리아의 획득에 관한 각본을 수정해야만 하게 되었다. 그러나 이 수정 각본도 아직까지는 잠정적인 것이기 때문에 이 절에서는 새로운 아이디어만을 제시하기로 한다. 운 좋게도, 그 모든 것이 사실로 입증되더라도 앞에서 지적한 대부분의 문제점은 변하지 않을 것이다.

설명한 바와 같이, 현존하는 진핵 생물은 미토콘드리아를 갖는 전형적인 진핵 생물과 미토콘드리아를 갖지 않는 두 그룹으로 나뉘어진다. 우리는, 적어도 몇몇의 원시원생동물은 미토콘드리아를 전혀 가지고 있지 않았던 조상으로부터 유래한 것으로 가정하고 있다. 그들은 핵과 세포 골격을 갖추었지만, 세포벽이 없고, 식세포 작용으로 먹이를 섭취하며, 미토콘드리아나 다른 세포 소기관이 없는 원시적인 단계의 진핵 세포를 대표한다. 최근의 연구는 모든 현존하는 원시원생동물은 언젠가 미토콘드리아를 가진 적이 있었는데 산소가 없는 환경, 예를 들면 기생체로서 생존하는 동안에 미토콘드리아를 잃어버린 것으로 추정하고 있다. 그럴 것이라 생각하는 이유는 이 원시원생동물의 핵이 미토콘드리아와 유사한 공생체에서 기원했다고 해야만 납득할 수 있는 몇몇 유전자들을 가지고 있기 때문이다.

그 자체만을 가지고는 우리가 제시한 시나리오를 바꿀 의향은 없다. 최초의 진핵 생물은 정말로 세포 소기관들이 없었고, 생존 가능한 후손들을 남기지 못하였을 것이다. 그러나 다른 시나리오도 있다. 그 시나리오에는 처음 출발에서부터 고세균과 진균류인 계통이 전혀 다른 종류의 생물 사이에 아주 은밀한 진화의 밀월이 이루어졌다는 것이다. 그러나 이들 간의 관계에서 물질 대사의 의의는 앞에서 언급한 것과는 달랐을 것이다.

록펠러 대학의 뮬러(Miklós Müller)는 새로운 접근을 시도했다(그림 6.9). 먼저 그는 다른 사람들이 주장한 것처럼, 진핵 생물 핵의 유전자들은 이중적인 기원을 가지고 있는 것처럼 보인다고 강조한다. DNA 복제와 단백질 합성에 관련한 유전자들은 고세균과 비슷한 반면, 발효에 관련된 효소들을 만드는 유전자들을 포함하는 물질 대사에 관련된 유전자들은 진균류와 비슷하다. 뮬러는 두 공생체 중 하나는 메탄 생성

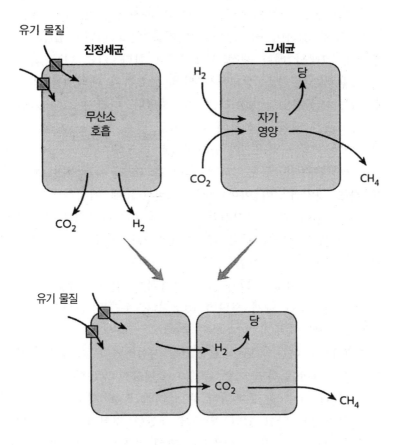

그림 6.9 뮬러가 가정한 진균류(좌)와 메탄 생성 세균(우) 사이의 최초의 상호 관계. 모식도는 무산소 환경에서 일어나는 화학적 협동을 나타낸다. 그러나 진 균류는 산소가 있는 환경에서도 여전히 호흡을 할 수 있다. 세포막에 표시한 사 각형은 세포막을 통하여 유기 화합물을 운반하는 단백질을 나타낸다.

고세균이라고 가정한다.

메탄 생성 세균은 산소를 필요로 하지 않으며, 수소와 이산화탄소를 취하여 이로부터 에너지를 얻고 메탄(CH_4)을 방출한다. 그래서 메탄 생성 세균이라고 한다. 그는 다른 하나의 공생체는 무산소 상태에서 당을 발효하여 에너지를 얻을 수 있는 진균류였을 것이라고 추정하였다. 따라서 그의 가설은 공생체가 당을 산화하여 에너지를 얻는 능력을 제공하였다는 앞에서의 시나리오와 근본적으로 다르다.

그렇다면 진균류는 그 파트너격인 고세균에게 어떤 기여를 하는 것일까? 이 아이디어는 그림 6.10에 제시한 것처럼 진균류는 대사 작용의 부산물로 수소와 이산화탄소를 생산하는데 그 부산물들이 바로 메탄 생성 세균이 유기 화합물을 합성하는 데 필요한 화합물이라는 것이다.

이 아이디어로 우리가 앞의 설명에서 '진화의 주요 전환'에서 제기되었던 난제 하나가 해소된다. 우리는 공생체가 만드는 ATP를 숙주가 이용하기 위해서는 공생체의 생체막을 통한 ATP의 이동 수단이 필요함을 지적하였다. 그러나 뮬러의 아이디어에 의하면 이런 난제가 발생하지 않는다.

그러나 한 가지 문제점이 해소된 대신, 이 새로운 제안은 다른 문제점을 안고 있다. 앞에서 제안한 것처럼, 기원이 되는 숙주 세포는 식세포 작용으로 고체 물질을 집어삼키는 습성을 먼저 진화시켰으며, 식세포 작용에 의해 공생체가 숙주 안으로 들어갔다고 설명한다. 하지만 메탄 생성 세균은 물질을 애써 식세포 작용으로 섭취할 필요가 없다. 왜냐하면 수소나 이산화탄소는 세포막을 통하여 확산될 수 있기 때문이다. 그래서 우리는 공생은 두 세포간의 단순한 접촉에서 비롯되었으며, 고세균인 숙주의 모양이 점진적으로 변해서 결국은

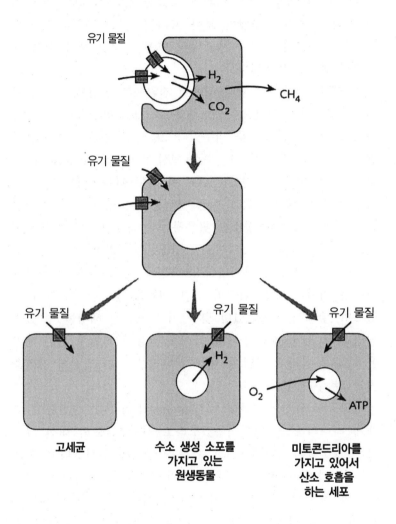

그림 6.10 초기에 일어난 두 세균간의 상호 관계의 진화. 그림 6.9와 같이 세포 막에 표시한 사각형은 막 수송 단백질을 나타낸다.

공생체를 집어삼켜 버린 결과가 되었을 것이며(그림 6.10), 이에 따라서 물질의 운반이 보다 효과적으로 이루어졌을 것으로 생각한다. 이와 같은 세포막의 변형은 몇몇 포자 생성 세균에서 실제로 일어난다.

냉혹한 진화의 실험 무대에서 진균류인 공생체는 여러 가지 운명을 걷게 되었다. 어떤 경우에는 모조리 사라지고 현존하는 고세균에게 자리를 내주었다. 또 다른 경우에는 DNA가 결여된채 수소를 생산하는 수소 생성 소포(hydrogenosome)라는 세포 소기관으로 진화하였다. 미토콘드리아는 없지만 수소 생성 소포를 가지고 있는 현존 원생동물이 있다. 그리고 우연한 기회에 진균류는 산소를 활용하는 능력을 획득하는 쪽으로 진화였는데, 그것이 바로 미토콘드리아로 진화한 것이다.

이러한 새로운 아이디어들로 인해 진핵 생물 유전자의 이중성 기원에 대한 최근의 관찰 결과를 설명할 수 있게 되었으며, 앞에서 설명하였던 몇 가지 난제들을 해명할 수 있게 되었다. 하지만 세포 골격과 식세포 작용의 기원에 관한 해명은 더욱 복잡하게 되었다. 어느 시나리오가 더 진실에 가까울지는 알 수가 없다.

영국의 유전학자 허스트(Laurence Hurst)는 산신령이 그에게 하나의 소원을 들어주겠노라고 하면, 금도끼 대신 그는 모든 생물들의 진정한 진화 계통을 알기를 원하겠다고 하였다. 안타깝게도 진화는 재현할 수가 없으므로 우리에게는 '계통학의 원전'이 없으며, 단지 생물의 계통을 부정확한 방법으로 유추하고 있을 뿐이다. 진핵 생물의 기원이라는 문제에 봉착하여 우리는 허스트의 견해에 동감을 표하지 않을 수 없다.

결론

우리는 '주요 전환'의 하나로서 진핵 생물의 기원에 관하여 기술하였다. 그러나 그 실제는 연속적인 사건들로서, 세포벽의 소실과 고체 물질을 섭취하는 새로운 방법의 취득, 세포골격의 기원과 새로운 세포 이동의 방법, 핵막을 포함한 새로운 세포내막 체제의 출현, DNA 복제, 전사와 번역의 공간적인 분리, 여러 개의 복제 기점을 가진 막대 모양 염색체의 진화와 유전체 크기 제한의 극복, 그 결과로 조류 및 식물의 색소체, 특히 미토콘드리아라는 세포 소기관의 기원에 이르는 것이다. 이 사건들 가운데 적어도 마지막 두 단계는 유전 정보를 저장하고 전수하는 방식의 변화라는 의미에서 주요 전환이라고 하기에 충분하다.

이 이야기에서 흥미진진한 점은 서로 무관한 것으로 보이는 수많은 변화들이 이후 모든 진화의 판도를 결정짓고 있으며, 어떤 의미에서는 그 당시에는 사소하고도 퇴행적인 사건으로 보여지는, 이를테면 세포벽의 소실 같은 것이 세포의 진화에 지대한 역할을 하였다는 것이다.

제7장

··

성의 기원

　동물과 식물에서, 보다 일반적으로는 진핵 생물에 있어서 생식 과정은 두 종의 생식 세포, 즉 난자인 자성 배우자와 정자인 웅성 배우자가 합쳐져서 하나의 접합자를 만들고, 이 접합자로부터 하나의 개체가 형성되는 것이다. 배우자는 염색체 한벌만을 가지고 있어 반수체라 하고 접합자는 두벌의 염색체를 가지므로 2배체라 한다. 따라서, 새로운 개체는 부모로부터 유전 정보를 각각 전달받게 되고, 보다 포괄적인 관점에서 여러 조상들의 유전자를 가지고 있는 셈이며 또한 자손들에게 자신의 유전자를 물려주는 것이다.

　여기서 '유전자 풀(gene pool)'이라는 개념이 도입되는데, 이는 한 집단 내의 각 개체들이 가지고 있는 유전자들의 총 집합을 말한다. 이 유전자들의 집단은 과거에 모두 함께 한 개체 내에 존재했을 수도 있고, 또 미래의 어떤 한 개체가 모두 가지고 있을 수도 있다. 그래서 종(species)이란 잠재적으로 상호 교배가 가능한 즉 유전자를 서로 교환할 수 있는 개체들의 집단을 의미하며 유전자 풀을 공유하는 진화의 단위가 된다.

　여기서 우선 짚고 넘어갈 점은 생물학자들이 유성 생식

(sexual reproduction)이라고 부르는 생식 과정은 사실상 번식 (reproduction)과는 정반대의 개념이라는 것이다. 다시 말해, 번식이란 하나의 세포가 두 개로 나누어지는 것이며 유성 생식이란 두 개의 세포가 하나로 합쳐지는 것이다. 여기서 성 (eros, sex)이란 지속적인 번식만을 위해서는 전혀 필요하지 않을 수도 있다. 실제로, 대부분의 단세포 생물들과 몇몇 동식물들은 생식 과정 없이도 지속적으로 번식할 수 있다.

미수정란이 개체로 발생하는 현상을 단성 생식 (parthenogenesis) 또는 처녀 생식이라고 하는데, 곤충과 몇몇 파충류와 양서류뿐만 아니라 잉어와 붕어와 같은 어류에서도 관찰된다. 따라서 처녀 생식을 하는 종은 유전적으로 동일한 암컷들로만 구성되어 있다. 미국산 채찍꼬리도마뱀 (*Cnemidophorus uniparens*)이 대표적인 예이다. 이 종은 진화적인 관점에서 비교적 최근에 - 수백만년 전이 아니라 수천년 전 - 생겨난 것으로 보이며, 다른 성을 가진 두 개체가 결합하여 생성된 암컷으로부터 기원한 것으로 보인다. 식물의 경우에는 이러한 처녀 생식이 보다 흔한데, 민들레, 블랙베리 등이 그 예이다. 그러나 포유류는 처녀 생식을 하지 않으며, 몇몇의 변종을 제외하면 조류 또한 처녀 생식을 하지 않는다는 것은 매우 흥미로운 사실이다. 결국, 성이라는 것을 어떻게 설명하든지 관계없이, 성이 없이도 번식이 불가능한 것은 아니다.

고려해야 할 문제점들

우리는 보통 성을 성별 즉, 수컷과 암컷을 구분지어 생각

한다. 포유류에서 수컷은 운동성 있는 정자를 만들고 암컷은
운동성이 없는 난자를 만드는 것에서 알 수 있듯이, 동물과
고등 식물에 있어서는 성을 성별과 연관시켜 생각해도 별 무
리가 없다. 그러나 달팽이류와 편충류와 같이 자웅 동체
(hermaphrodite)의 경우 난정소(ovotestis)를 가지고 있어서
한 개체가 정자와 난자를 모두 생산한다. 그러므로 수컷과 암
컷의 분화는 유성 생식의 보편적인 특징이 아니다. 오히려,
대부분의 단세포 진핵 생물들은 동물과 고등 식물과 같이 자
성 배우자와 웅성 배우자의 모양과 크기가 다른 이형 배우자
형(anisogamy)이 아니라, 같은 크기와 모양의 배우자만을 생
산하는 동형 배우자형(isogamy)이다.

　　문제는 성이 왜 생겨났으며 오늘날 왜 그렇게 생물계에
보편적으로 존재하는지를 설명하는 것이다. 만약 성이 필요하
지 않다면, 왜 그렇게 되었는가? 암, 수가 기여하고 투자해야
하는 '성의 이중 부담(twofold cost of sex)' 때문에 이 문제는
더욱 복잡해진다. 성의 이중 부담을 쉽게 이해하기 위해 유성
생식을 하는 도마뱀을 예로 들어 설명해 보자. 한 암컷이 일
생 동안 백 개의 알을 낳을 수 있지만 그 중 둘(수컷 하나,
암컷 하나)만이 살아남아 생식한다면 평균적으로 도마뱀의 총
수는 일정하게 유지된다. 그렇다면 평균적으로 암컷은 한마리
의 암컷을 생산하는 것이다.

　　이제 암컷에 처녀 생식을 하도록 하는 돌연 변이 유전자
가 존재한다고 가정해 보자. 이 유전자를 가지고 있는 암컷
역시 평균 백 개의 알을 낳을 것이며 그 중 둘이 생존할 것
이다. 그러나 이 경우 자손은 둘 다 처녀 생식을 할 수 있는
암컷일 것이다. 초기에, 우연한 사고로 이들이 모두 죽지 않
는다면, 처녀 생식을 하는 암컷의 수는 매 세대마다 두 배가

되어 곧 유성 생식을 하는 개체들을 숫적으로 압도하여 그 개체군은 처녀 생식을 하는 개체군으로 대체될 것이다.

결과적으로 무성 생식을 하는 것이 두 배나 유리하며, 역으로 유성 생식을 하는 것에는 두 배의 대가가 따른다는 것이다. 물론 위의 가정에서 우리는 유성 생식의 장점들을 무시하였으나, 유성 생식의 균형 있는 이점을 밝히는 일은 성의 진화를 설명하는데 있어서 우리가 풀어야 할 중요한 숙제 중의 하나이다.

이제부터 우리는 이중 부담을 치르고도 진화에 성공한 유성 생식의 이점이 무엇인가에 대해 논의할 것이다. 그러나 우선 이중 부담에 대해 언급하기 전에 짚고 넘어가야 할 것이 있다. 우리는 위에서 처녀 생식을 하는 암컷이 유성 생식을 하는 경우보다 많은 수의 자손을 만들 수 있다고 가정하였다. 이 가정은 부모가 자손을 보호하지 않는 도마뱀에 대해서는 그럴 듯하지만 부모 모두가 자식을 돌보는 참새에게는 해당되지 않을 것이다. 요점은 수컷은 수정란에 어떠한 양분도 제공치 않으며 그래서 수컷이 알을 보호하지 않는 이상 그들의 기여도는 없으므로 번식의 측면에서 부담만 된다는 것이다.

이런 상황은 두 배우자가 후손에게 유전자뿐 아니라 양분도 같은 양만큼 제공하는 동형 배우자형에서는 매우 다르다. 만약 동형 배우자형의 개체가 유성 생식에 의해 생산된 만큼의 정상적인 자손을 처녀 생식에 의하여 생산하려면, 유성 생식에 의한 경우 보다 두 배의 영양분을 소비하게 될 것이다. 따라서, 동형 배우자형의 종에게는 성의 이중 부담이 적용되지 않는다.

최초로 성을 가졌던 진핵 생물은 동형 배우자형이었을

것이 분명하기 때문에 이중 부담은 이형 배우자형이 생겨난 후에 어떻게 이중 부담을 상쇄하고 진화 과정에서 성이 유지되어 왔는지를 설명할 때 문제가 될 뿐이지, 성의 기원을 설명하는 데는 관계가 없다. 그렇지만, 동형 배우자형에서도 역시 성을 가짐으로써 얻게 된 부담들은 있다. 배우자들이 수정할 상대를 찾아야 하는 것은 물론이고, 염색체가 반으로 줄어드는 복잡한 감수 분열 과정을 겪으므로 생장과 번식 활동에 많은 제약이 따르게 된다.

생물학에서 감수 분열을 배워 본 적 있는 사람들은 모두 동의하겠지만, 배우자의 형성 과정은 놀랍도록 복잡한 과정이다. 이러한 복잡성과 이로 인한 명확한 불이익을 생각해 볼 때, 성의 탄생과 유지가 생물학자들 사이에서 여전히 논쟁 거리로 남아 있음은 당연한 일이다.

성의 유익한 점

배우자를 만들기 위해 생장을 중지해야 하는 부담, 수정할 상대를 찾아야 할 필요성, 그리고 고등 생물에서 수컷을 생산해야 하는 암컷의 이중 부담 등의 불이익을 상쇄시켜 줄 성의 선택적 장점을 살펴보자. 이 수수께끼를 풀기위해 생물학자들은 다양한 가설들을 제시하였으나, 성을 가짐으로써 얻게 된 이득은 한 가지뿐만이 아닐 것임이 틀림없기 때문에 다양한 가설이 가능하다. 여기서 모든 가설을 살펴볼 수는 없겠으나, 반대로 하나의 가설만을 강조한다면 오해의 소지가 있을 것이다. 여러분이 난상토론과 같은 혼란스러운 이야기를 좋아한다면, 이 글은 재미가 있을 것이다.

가장 어려운 점은 자연 선택이 작용하는 단위를 결정하는 것이다. 선택은 개체 사이에서 작용하는가 아니면 집단 즉, 개체군 사이에서 작용하는가? 우리는 앞서서 이 논쟁을 다루었다. 결론은 '개체간 선택'이 '개체군간 선택'보다 진화를 설명하는데 편리하다는 것으로, 개체간 선택을 거론할 필요는 거의 없다는 것이었다. 그러나 우리는 전통적으로 성을 설명할 때, 성에 의해 개체군이 얻는 이익에 의한 개체군간 선택을 이용했다. 최근, 그룹 수준의 선택을 고려하지 않고 성의 진화를 설명하려고 노력했으나 이는 우리가 생각했던 것보다 훨씬 복잡하다. 선택은 아래의 세 가지 수준에서 일어날 수 있다.

1. **개체군 수준** • 비록 유성 생식을 하는 개체가 무성 생식을 하는 개체에 비해 별다른 이점이 없더라도, 성이 개체군 전체에 이익을 줄 경우가 있다. 예를 들어, 유성 생식을 함으로써 진화가 가속화되거나, 또한 치명적인 돌연 변이에 의한 부담을 감소시킬 수 있다. 그러므로 이는 장기적인 이점이다.

2. **개체 수준** • 성이 개체들에게 이익을 줄 수 있다. 예를 들어, 유성 생식을 하는 암컷은 서로 다른 자손들을 생산하는데, 생존 경쟁이 매우 치열해지면 자손 중 일부만이 살아남아 그 유전자를 보전하는 특권을 갖게 된다. 그러나 이러한 이익은 한두 세대의 단기간에만 효과가 있다.

3. **유전자 수준** • 성은 한 개체 내의 특정 유전자에게 이익을 줄 수 있다. 이 점에 대해서는 다음 단락에서 살펴보도록 하자.

성이 개체군에게 주는 이점

성이 개체군에게 주는 이점은 크게 두 가지가 있는데 첫째, 유성 생식을 하는 개체군은 변화하는 환경에 대하여 보다 신속하게 진화해 나갈 수 있다. 그 이유는 그림 7.1에서 알 수 있다. 우선 생존에 유리한 돌연 변이, $a \rightarrow A$, $b \rightarrow B$를 생각해 보자. 대부분의 경우 두 돌연 변이는 서로 다른 두 개체에서 발생할 것이며, 우연한 사고로 그 개체들이 제거되지 않는 이상, 이 유전자들의 빈도는 증가할 것이다. 유성 개체군에서는 유성 생식에 의한 유전자 재조합에 의하여 두 돌연 변이들을 가지고 있는 개체, 즉 AB 개체가 증가되어 몇 세대가 지나간 후에는 개체군의 거의 모든 개체가 AB일 것이다.

그러나 무성 생식을 하는 무성 개체군에서는 재조합이 일어날 수 없다. 따라서 $a \rightarrow A$ 돌연 변이에 의해 A를 가지고 있던 개체에 $b \rightarrow B$가 다시 일어나는 경우, 또는 반대의 경우에만 AB 개체가 나타날 수 있다. 수학적 계산으로 진화의 속도를 계산해 보면 그 차이는 매우 큼을 알 수 있다.

그러나 이러한 설명은 환경이 계속적으로 변하며 생물들이 그런 환경에 계속해서 적응해야 하는 경우에만 적용할 수 있다. 그런데, 실제의 자연 환경이 이렇게 빠른 속도로 변하고 있을까? 우선, 개개의 종에 대한 환경을 경쟁자, 포식자, 기생충 개체군을 포함하는 집단으로 정의하면 그렇다고 할 수 있다. 어떠한 종이 변화를 겪었다고 하면, 이것은 다른 종에게는 환경의 변화로 작용하여 진화를 유발하게 되고, 도미노 현상과 같이 이는 또 다른 종에게도 환경의 변화가 되는 셈이다. 그 결과 서로 밀고 밀리며 환경의 변화를 경험하게 된다.

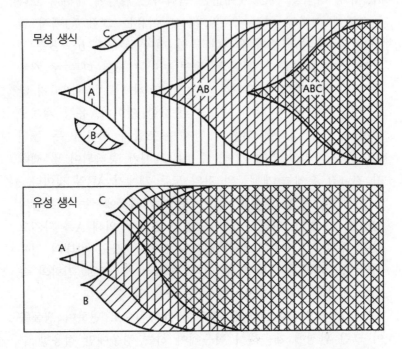

그림 7.1 무성 생식 집단과 유성 생식 집단에서의 진화의 속도

두번째로 생각해 볼 수 있는 장점으로는 유성 개체군에서는 해로운 돌연 변이들에 의한 위험 부담이 적다는 것이다. 해로운 돌연 변이 m_1, m_2를 가지고 있는 두 개체를 생각해 보자. 이들이 교배하면 재조합에 의해 돌연 변이가 없는 정상 개체가 생겨날 수 있다. 하지만 무성 개체군에서는, 확률이 매우 작은 역돌연 변이에 의해서만 정상 개체가 생겨날 수 있을 것이다.

이것을 고장난 엔진을 가진 차와 고장난 기어를 가진 차를 사서 정상적인 차를 조립할 수 있다는 '엔진과 기어 이론(engine-and-gear box theory)'이라고 부르자. 그러나, 버나드 쇼가 "당신의 머리와 나의 아름다움을 가진 아이를 낳고 싶어요."라며 청혼했던 여배우에게, "당신의 머리와 나의 외모를 가진 아이를 낳게 되면 어쩌지?"라고 대답했듯이, 이 경우 두 가지 돌연 변이를 모두 가진 개체가 태어날 수 있는 단점도 있다.

그러나 이러한 단점에도 불구하고, 개체군 전체에서 볼 때 무성 개체군의 경우보다는 유성 개체군의 경우가 해로운 돌연 변이로 인한 부담이 훨씬 적을 것이다. 이것이 이해가 된다면 나머지 문단은 읽을 필요도 없이 다음 단원으로 넘어가도 좋다. 두 가지 상황에서 이것이 진실일 수 있다. 첫째로, 약간 해로운 돌연 변이가 계속적으로 일어나고 있는 유한 개체군을 생각해 보자. 개체군 내의 개체들을 돌연 변이를 0, 1, 2, 3, … 개 가지고 있는 개체들로 구분할 수 있을 것이다. 이 때 돌연 변이를 하나도 가지고 있지 않은 개체들은 개체군 내에서 '최적'의 상태에 있다. 개체군의 크기가 충분히 작은 유성 개체군에서는, 세대가 경과하면서 최적의 상태에 있는 개체들이 사라질 확률이 매우 크다. 무성 개체군에서는 이렇게 사라진 최적의 상태에 있던 개체들이 다시 생겨날 수 없다. 그 결과 이제는 돌연 변이를 하나 가지고 있는 개체들이 최적의 상태가 된다. 마찬가지로 이 개체들도 모두 사라질 수 있다.

이러한 과정에 의해 개체군 전체가 퇴화되는 현상을, 이를 처음으로 제안한 미국 유전학자의 이름을 따서, '뮬러의 제동기(Muller's ratchet)'라고 한다. 유성 개체군에서는 성에 의한 재조합이 뮬러의 제동기로 작용하여 개체군의 퇴화를 막을 수 있다.

두번째로, 유해한 돌연 변이가 상승적으로 작용할 경우, 즉 하나의 돌연 변이를 가진 개체는 살아남지만 두 개 모두 가진 개체는 죽을 경우, 보다 일반적으로, 두 개의 m_1, 혹은 m_2 돌연 변이를 모두 가지고 있을 때 개체가 지니는 불이익이, 각 돌연 변이에 의한 불이익의 합보다 클 경우, 성은 무한 개체군에게도 유익하다. 이것은 수학적 계산 없이는 쉽게 이해할 수 없지만, 누구도 이 결론에 반박하지 않는다. 유해한 두 돌연 변이가 상승적으로 작용할 경우, 성과 재조합은 돌연 변이에 의한 피해를 감소시켜 준다. 이론적인 증거와 경험적인 증거가 이를 뒷받침해 주고 있지만, 또 다른 증거들이 나올 수도 있다.

그렇다면 성과 재조합이 개체군에 이롭다는 것은 쉽게 이해할 수 있을 것이다. 그러나 이러한 결과는 매우 오랜 시간에 걸쳐 나타나기 때문에 인지하기 힘들고, 또한 이것으로 성이 지속되어 온 것에 대해서는 설명할 수 있지만 성의 기원을 설명할 수는 없다.

만약 처녀 생식을 하는 개체가 유성 생식을 하는 개체보다 단기적인 관점에서 유리하다면, 장기적으로는 유해하다 할지라도 유성 개체군은 무성 개체군으로 대체될 것이다. 이러

한 문제는 성을 가짐으로써 생기는 손실이 훨씬 큰 고등 생물
에 적용된다. 이는 집단 선택에 의한 설명에서 생기는 고전적
인 문제로, 개체에 대한 단기적인 이익이 개체군에 대한 장기
적인 이익보다 클 때 나타날 수 있는 현상이다. 그럼에도 불
구하고 집단 선택이 성의 지속에 중요한 요소로 작용해 왔다
고 생각하는 데에는 근거가 있다. 처녀 생식을 하는 집단의
분류학적 분산이 바로 그것이다.

순전히 처녀 생식을 하는 개체들로만 구성된 다양한 변
종, 종, 심지어 속이 있지만 그보다 상위 집단인 과나 목 수준
에서 전체가 처녀 생식을 하는 경우는 거의 없다. 진화의 과
정에서 처녀 생식을 하는 집단이 종종 생겨났을지라도 집단
선택에 의해 제거되어 보다 상위 집단을 형성하지 못했을 것
이라는 것이다.

따라서 고등 생물에서 성이 지속되어 온 데에는 집단 선
택이 중요했다고 할 수 있지만, 여기에는 몇 가지 단서가 붙
는다. 첫번째로, 처녀 생식을 하는 개체만으로 구성된 예외적
인 상위 집단이 존재한다는 것이다. 가장 전형적인 예가 윤형
동물문 질형목(Bdelloidea)으로, 지금까지 수컷이 관찰된 적이
없다. 이러한 예외적인 집단이 다른 집단들과 무엇이 다른지
를 알아보는 일이 매우 중요할 것이다.

두번째로, 집단 선택은 새로운 처녀 생식 집단이 생겨날
확률이 매우 적을 때에만 작용한다. 그런데 이는 사실인 듯하
다. 55쪽에서 살펴보았듯이 포유류는 처녀 생식을 하지 않는
데, 그 이유는 대수롭지 않다. 바로 '유전자 각인(gene
imprinting)'이라는 흥미로운 현상에 의해서 인데, 이것은 특
정 조직에서는 모계 유전자만 활성화되고 또 다른 조직에서
는 부계 유전자만이 활성화되는 현상이다. 그런데, 이 유전자

들은 개체의 생존에 꼭 필요하므로 어떠한 개체도 부모의 유전자를 모두 가져야만 한다. 따라서 처녀 생식을 하는 집단이 생겨날 수 없다. 유전자 각인이라는 이차적인 적응이 성의 진화 과정에 의해 생겨났기 때문에 처녀 생식의 도입은 불가능해졌다는 것이다. 이러한 예는 얼마든지 있다.

세번째로는, 특정 종에서는 유성 생식과 무성 생식을 동시에 하는 개체가 존재한다는 것이다. 국화과의 *Antennaria*가 그 예로 한 꽃에서 무성 생식으로 씨를 생산할 뿐 아니라, 꽃가루에 의해 수정이 되는 유성 생식에 의한 씨도 생산한다. 이러한 경우에 있어서는, 유성 생식을 유지하는 것이 단기적으로도 유리함이 틀림없고, 이에 대한 연구가 계속되어야 할 것이다.

마지막 단서는 성의 기원에서 꼭 다루어야 할 것인데, 집단 선택은 성이 일단 발생한 후에 성이 유지되는 이유는 설명할 수 있으나, 단기간의 장점을 필요로 하는 성의 기원에 대해서는 설명할 수 없다는 것이다.

성이 개체에게 주는 이점

왜 유성 생식을 하는 개체가 더 많은 자손을 남길 수 있는 것일까? 우리는 이미 한 가지의 가능한 해답은 살펴보았다. 유성 생식으로 생산된 자손들은 유전적으로 서로 다른 반면에 즉 다양한 반면에 처녀 생식을 통해 생산된 자손들은 유전적으로 동일하다. 윌리엄즈(George Williams)가 지적한 바와 같이, 처녀 생식을 하는 여성은 마치 숫자가 모두 똑같은 복권 100장을 산 사람과 같다. 이 보다는 숫자가 서로 다른 복권 50장을 산 사람이 당첨될 확률이 높은 것처럼 양성 생식을 하는 여성이 보다 유리하다.

'복권 모델(raffle-ticket model)'이라고 부르는 이러한 설명은 성을 가지는 것이 유리하다는 것을 지지한다. 하지만 이 모델이 성립하려면 환경이 예측할 수 없이 변화하여 자연 선택이 매우 혹독하게 일어나고 있어야 한다. 따라서 이 모델은 몇몇 예외적인 환경에 처한 생물에만 적용할 수 있을 것이다.

성이 개체 수준에 유리할 수 있는 이유는 또 있다. 앞 단락에서 살펴본 것처럼 성은 두 가지 측면에서 개체군에 유리하게 작용할 수 있다. 유성 생식을 하는 집단은 보다 빠르게 진화할 수 있으며 유해한 돌연 변이로부터의 위험 부담도 상대적으로 적다는 것인데, 비슷한 이점이 개체 수준에도 주어질 수 있다.

급격하게 변화하는 환경에서, 유성 생식을 통해 태어나는 자손들은 새로운 환경에 잘 적응한 것만이 살아남는다. 기생충의 경우를 생각하면 쉽게 이해할 수 있다. 또한, 유성 생식을 통해 태어난 자손들은 유해한 돌연 변이에 대한 피해 부담도 더 적다. 하지만 여전히 이런 개체 수준에서의 이점이 성이 지속되어 온 이유를 설명할 수 있는지, 특히 암컷보다 두 배의 대가를 치르면서까지 수컷을 만드는 이유를 설명할 수 있는지에 대하여는 논쟁이 계속되고 있다.

이와는 꽤 다른 관점으로서 분자생물학자들에게 인기 있는 성에 대한 설명이 있는데, 불충분한 이해에 기반을 둔 것이라고 생각하지만 성이 생겨나게 된 중요한 과정을 다루고 있기 때문에 설명해 보기로 하자. 성이 DNA 회복을 가능하게 하기 위해서 존재한다는 것이다. 여기서 우리는 돌연 변이와 DNA 상해를 반드시 구별해야 하는데, 돌연 변이는 하나의 DNA 분자가 다른 염기 서열을 가지는 DNA 분자로 변화하는 것이고 DNA 상해는 DNA의 분자 구조가 변화하여 망가지는 것을 말하는 것으로 우리가 지금 다룰 것은 DNA 상해이다.

만일 손상된 DNA가 수선을 통해 회복되지 않는다면, 그 것은 매우 치명적이다. 손상된 DNA 분자는 다시 복제될 수 없고 거기에 담겨 있는 유전 정보는 기능을 상실하게 된다. 문제는 DNA가 어떻게 수선되는가이다. 효소가 손상받은 조각을 인지하고 그것을 잘라낼 수는 있지만, 어떻게 본래의 정보, 즉 본래의 DNA 염기 서열을 가지고 있는 새로운 DNA로 대체할 것인가? 만약 DNA 이중 나선 중 한 가닥만이 손상되었다면, 손상받지 않은 쪽에 있는 유전 정보를 주형으로 대체할 수 있을 것이다. 하지만 만약에 두 가닥 모두 손상받았다면 회복은 오직 같은 유전 정보를 가지고 있는 손상받지 않은 여벌의 DNA 분자를 복사함으로써만 가능할 것이다. 만약 세포가 한 쌍의 DNA 분자들을 가지고 있다면 두 가닥 모두 손상받더라도 손상받지 않은 유전자를 복사함으로써 회복할 수 있을 것이다.

이러한 이중 나선의 손상이 회복되는 것은 진핵 생물에서뿐만 아니라 대장균에서도 일어나고 있다. 대장균은 단 하나의 염색체를 가지고 있는데 어떻게 이것이 가능할까? 여기서 우리가 대장균이 단지 하나의 염색체를 가지고 있다고 말하는 것은 하나의 유전 정보를 가지고 있는 한 종류의 염색체만을 가지고 있다는 것을 의미한다.

하지만 대부분의 경우 대장균 내에는 똑같은 염색체 두 개가 존재한다. 따라서 만약 한쪽이 손상받게 되면 다른 쪽의 정보를 이용해서 회복할 수 있다. 요점은 두 가닥이 모두 손상 받은 DNA를 회복하기 위해서 필요한 것은 성이 아니라, 한 쌍의 유전 정보를 가진 배수체란 것이다. 이러한 이중 나선 손상의 회복은 진화 과정에서 매우 오래 전에 일어났고 또한 중요하기 때문에 다음 단락에서 언급할 성의 기원에서 또 인용할 것이다. 하지만 이것이 배수체의 탄생에 대한 설명은 되지만 성의 기원에 대한 설명은 되지 않는다고 생각한다.

성과 이기적인 유전자

대부분의 유전자들은 세포가 분열할 때만 복제한다. 그러나 전이 인자(transposon)는 세포 분열과는 상관없이 이 염색체에서 저 염색체로 자리를 옮겨다니면서, 원래의 유전자는 그 자리에 남겨놓고 복제한 유전자는 다른 염색체로 위치를 옮긴다. 따라서 전이 인자는 2벌로 늘어난다. 무성 생식을 하는 생물체에서 이러한 현상이 일어나면 전이 인자의 수는 늘어나지만 전이 인자를 갖는 개체 수에는 변화가 없다. 이 경우 전이 인자는 생물체가 자손을 만들었을 때에만 다음 세대로 전달되어 존속할 수 있다. 만약 전이 인자를 갖고 있는 세포가 다른 세포와 융합을 하게 되면 어떻게 될까? 전이 인자는 다른 염색체로 전이될 수 있을 것이다. 세포가 분열을 한다면 전이 인자가 비록 한 부모의 염색체로부터 왔더라도 2개의 딸세포 모두에 전수될 것이다.

다시 말하면 전이 인자는 세포 융합을 야기시켜 숫자를 늘려갈 수 있는 부가적인 수단을 발전시켰을 수 있다. 비록 전이 인자는 숙주의 적응도를 다소간 감소시켰을지라도 집단을 통해 확산될 수 있다. 이러한 현상이 성과 어떤 관련이 있는가? 1988년 힉케이(Donal Hickey)와 로즈(Michael Rose)는 생식 세포의 융합은 이들이 융합을 통해 어떤 이익을 얻어서라기보다, 융합 전에는 한 세포에만 있던 전이 인자를 세포 융합 후 분열을 통해 딸세포 모두에게 전달할 수 있기 때문이라고 주장하였다.

이러한 생각은 두 가지 이유 때문에 그럴 듯 하다. 첫째,

생식 세포 융합 그 자체가 즉시로 자연 선택적인 장점을 준다. 굳이 먼 미래에나 나타날 장점에 호소할 필요가 없다. 더구나 세균에서 이와 관련이 있는 유전자들이 이미 존재하고 있다. 플라스미드(plasmid)는 극히 적은 수의 유전자를 가지고 있는 보조적인 유전자로 구성되며, 대부분의 세균이 가지고 있다. 대부분의 플라스미드는 숙주 세포가 융합하도록 유도하지 못하며, 세포벽을 갖고 있는 세포는 융합이 어렵다. 하지만 어떤 플라스미드는 자신을 갖고 있는 세균이 다른 세균과 접합하도록 유도하며, 이때 복제된 플라스미드의 복사체가 다른 세균으로 옮아가게 된다. 이때 세균 염색체 속의 DNA의 일부가 플라스미드와 함께 수용체 세포로 전달되기도 한다. 따라서

표 7.1 성의 진화에 대한 이론

1. 자연 선택은 성을 갖는 집단에 유리하게 작용한다.
   a) 성이 있는 집단은 좀 더 빠르게 진화할 수 있다.
   b) 성이 없는 집단은 해로운 유전자를 축적한다.

2. 자연 선택은 유성 생식을 하는 개체들을 선호한다.
   a) 유성 생식은 개체들이 다양한 자손을 생산하도록 해준다.
   b) 생식 세포 융합은 손상된 DNA의 회복을 더 용이하게 한다.
   c) 심지어 한 집단 내에서도 자연 선택은 위의 1에서 설명한 이유로 인해 유성 생식을 하는 개체들을 선호한다. 즉 변화하는 환경에서 그들의 자손들은 새로운 환경에 좀 더 잘 적응할 수 있거나, 변화하지 않는 환경에서도 해로운 돌연 변이를 덜 축적하게 된다는 것이다.

3. 자연 선택은 개체들로 하여금 성적인 융합을 유도하거나 또는 융합하는 배우자를 만들어내는데 관여하는 유전자들을 선호한다. 왜냐하면 융합하는 세포 중의 하나에만 있는 유전자는 세포 융합을 통해 다른 세포로 전달될 수 있기 때문이다.

힉케이와 로즈가 제시한 시나리오를 황당한 주장이라고 매도
할 수만은 없다. 만약 그들이 옳다면 성의 기원은 다소 역설적
인 결론에 도달한다. 생식 세포가 융합하게 된 이유는 비록 융
합에 의해 숙주 세포가 희생되더라도 전이 인자의 이동에 도
움이 되었기 때문이라는 것이다. 비록 처녀 생식에 의해 개체
들이 짧은 시간에 많이 늘어날 수 있지만 긴 안목에서 볼 때
성은 집단에 이점을 주기 때문에 살아 남았다.

　　다음 단락에서 생식 세포의 융합은 어떻게 생겨났는지에
대한 방법을 제시하고자 한다. 우리는 생식 세포의 융합을 이
기적인 전이 인자가 단지 자신을 이동시키기 위한 방법으로
개발하였다는 주장을 받아들이기보다는 이를 생식 세포 융합
의 한 부분으로 설명하고자 한다. 성에 대한 여러 장점을 표
7.1에 요약하였다.

성의 기원에 대한 이론

　　그림 7.2에 성의 기원에 대한 가능한 시나리오를 제시하
였다. 첫 단계는 반수체(n)와 2배체(2n)의 생활사를 갖는 단세
포 생물의 출현이다. 이 생물의 생활사의 일부는 한 벌의 염
색체를 갖는 반수체이며, 다른 시기는 두벌의 염색체를 갖는
2배체이다. 따라서 이 집단은 단상과 복상 상태를 반복한다.
이러한 관점에서 볼 때 현재 바다에 살고 있는 조류와 같은
유성 생식을 하는 몇몇 생물을 닮았다고 볼 수 있지만 반수
체에서 2배체로 그리고 2배체에서 반수체로 변하는 수단은
달랐을 것이다. 반수체는 다른 세포와 융합하여 2배체가 되는
것이 아니라 염색체는 복제하였으나 세포 분열을 생략하여 2

배체가 만들어진다. 이러한 단순한 과정을 핵내 유사 분열 (endomitosis)이라고 하며 오늘날도 몇몇 세포에 나타난다.

2배체는 단순한 감수 분열 방법으로 반수체로 전환할 수 있다. 이러한 방법은 감수 분열의 기원으로 생각되지만 설명하기 쉽지 않으므로 잠시 이 문제는 덮어두자. 감수 분열 전에 세포에는 각 종류의 염색체 두 벌이 있다. 즉 염색체를 알파벳으로 나타내면 A가 2개, B가 2개, C가 2개 등으로 나타낼 수 있다.

감수 분열이 일어난 후에 세포는 쌍으로 된 염색체 중 하나씩 즉, 하나의 A, B, C 등을 갖게 된다. 이러한 분리는 어떻게 이루어질까? 이를 이해하기 위하여 여러분이 학급의 담임 교사이고 반에 2명의 재형, 2명의 수연, 2명의 성준 등 이름이 같은 아이들이 2명씩으로 구성된 반이 있다고 가정하자. 게임을 하기 위하여 반을 두 팀으로 나누고자할 때 양쪽 벽에 이름을 써 놓고 자기 이름이 적혀 있는 곳으로 이동하게 하는 방법이 있다. 하지만 이보다 더 쉬운 방법이 있다. 같은 이름을 갖고 있는 아이들끼리 짝을 이룬 후 반대편으로 갈라서라고 하면 쉽게 두 팀을 짤 수 있으며, 각 팀은 완전히 다른 이름을 갖는 학생들로 구성될 것이다.

감수 분열도 이와 같은 원리로 일어난다. 각 염색체가 유사한 다른 염색체 즉 상동 염색체와 짝을 이룬 후 방추사에 의해 각각의 상동 염색체가 반대 방향으로 끌려간다. 감수 분열이 효율적으로 일어나기 위해서는 상동 염색체간에 짝짓기가 필요하다. 흥미롭게도 다른 종간의 잡종은 두 양친으로부터 온 염색체들이 너무 달라 짝을 형성할 수 없기 때문에 일반적으로 불임이 된다.

그림 7.2에 나타난 것처럼 첫 단계에서는 '한 단계의 감수

(a) 세포의 융합에 의하지 않는 반수체-2배체 생활환

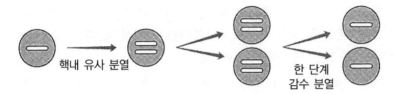

핵내 유사 분열

한 단계
감수 분열

(b) 한 단계의 감수 분열과 배우자 합체(syngamy)를 하는 생활환

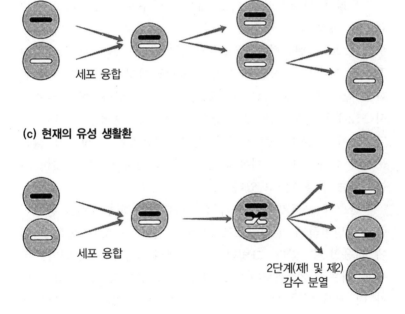

세포 융합

(c) 현재의 유성 생활환

세포 융합

2단계(제1 및 제2)
감수 분열

그림 7.2 감수 분열의 진화 단계 및 배우자의 융합

분열(one-step meiosis)' 과정으로 분열 전에 염색체의 복제
도, 교차도 일어나지 않는다. 단지 일어나는 것은 상동 염색체
간에 짝을 짓고, 분리되고, 세포가 분열하는 것이다. 핵내 유
사 분열에 의해 만들어진 두 상동 염색체는 같거나 거의 유사
하기 때문에 교차가 별 의미가 없다. 이와 같은 한 단계의
감수 분열은 단순히 가설에 불과한 것이 아니라 일부 단세포
원생생물에서 실제로 일어나고 있다. 하지만 교차가 이러한
원생생물에서 일어나는지는 아직 알지 못하기 때문에 좀 더
깊이 있게 유전학적으로 연구해야 한다.

　　우리가 원시적인 형태로 제시한 반수체 및 2배체의 세대
교번은 매우 가변적이다. 핵내 유사 분열과 한 단계의 감수
분열은 모두 현존하는 생물에서 일어난다. 세대 교번은 진화
적으로 어떠한 장점을 갖는가? 아마도 이것은 1년 단위의 변
화와 같은 환경에 대한 적응일 것으로 생각된다. 어떤 환경에
서는 2배체가 되었을 때 보상받을 수 있는 훌륭한 이유가 있
다. 앞에서 설명했던 것처럼 손상된 DNA는 손상받지 않은
분자가 복제할 때만 회복될 수 있다. 즉 2배체이면 이것이 가
능하다는 것을 알 수 있다.

　　산소의 농도가 높을수록 산소라디칼에 의한 DNA 손상이
좀 더 빈번하게 일어나므로 2배체는 산소 농도가 높은 시기
에 적응할 수 있다. 그렇다면 반수체의 장점은 무엇인가? 반
수체 세포는 2배체보다는 크기가 작아 표면적 대 부피의 비
가 더 커서 영양분의 농도가 낮은 환경에서 2배체보다 더 빨
리 자란다. 하지만 이것만으로 설명하기에는 어려움이 있다.
효모는 세포 표면에서 확산을 통해 영양소를 섭취한다. 전장
에서 원시 진핵 세포는 영양소를 확산이 아닌 식세포 작용으
로 먹이를 섭취했을 것이라고 설명하였기 때문에 자가 모순

에 빠지게 된다. 문제의 해결은 반수체 및 2배체의 세대 교번을 하는 현생원생생물의 연구에서 얻을 수 있을 것이다.

어떤 의미에서는 우리가 가정한 첫 단계는 다른 부모로부터 DNA가 합쳐져 자손이 태어나는 것을 전제로 하는 유성생식과는 무관하다. 그와 같은 단계를 상정하는 것은 감수 분열의 단순한 형태에 대한 기원을 설명하는데 도움을 주기 때문이다.

그림 7.2에서 보이는 제 2 단계에서는 2배체를 회복하기 위하여 핵내 유사 분열 대신 세포 융합을 이용한다. 이것이야말로 진짜 유성 생식의 주기가 된다. 이러한 변화에 대한 두 가지 장점을 제시할 수 있다. 하나는 열성의 해로운 돌연 변이 효과를 극복할 수 있는 것이다. 두 개의 다른 반수체 세포가 각각 다른 유전자에 열성 돌연 변이가 생겼다면 세포 융합에 의해 만들어진 세포는 상대 유전자에 대해서는 정상의 유전자를 지니게 되어 이 세포의 표현형은 돌연 변이 형질이 발현하지 않는 정상이 된다. 이것은 잡종 강세의 현상을 강조하는 기작으로 만약 근친간에 교배가 이루어지면 돌연 변이 인자가 집단 내에 더 빈번하게 존재할 확률이 높아져 오히려 돌연 변이가 더 많이 나타나게 된다.

하지만 현재의 2배체 자손끼리 교배시켰을 때 나오는 돌연 변이 효과보다는 초기의 세포 융합이 일어날 때 나타났던 돌연 변이 효과가 오히려 더 적었을 수 있다. 왜냐하면 초창기에 반수체의 열성 돌연 변이는 자연 선택으로 제거되었을 가능성이 크기 때문이다. 이러한 사실에도 불구하고 핵내 유사 분열보다 세포 융합이 갖는 장점은 아직도 상당히 크다고 할 수 있다.

세포 융합에 대한 두번째의 잇점은 161페이지에 언급한 것처럼 이기적인 전이 인자가 자신의 유전자를 전파시키기 위해서 세포 융합을 이용하였을 수 있다는 것이다.

세포 융합에 의해 2배체가 형성되면 핵내 유사 분열에 의한 2배체의 형성때와는 달리 2개의 상동 염색체는 반드시 100% 같지 않기 때문에 둘 사이에 재조합이 일어나 새로운 유전자형을 갖는 자손을 만들어낼 것이다. 그림 7.2에 제시한 세번째 단계에서는 교차가 없는 단순한 '한 단계 감수 분열'이 이제 재조합이 일어나는 '두 단계 감수 분열'로 대치되었다는 것이다. 이것은 다음과 같은 두 가지 의문점을 제시한다. 재조합의 장점은 무엇인가? 현재 일어나는 감수 분열에서는 왜 감수 분열 전에 염색체가 복제되고, 두번의 분열과정을 거쳐 반수체로 되는가?

재조합의 장점은 생물학도라면 누구나 잘 알고 있다. 153~160 페이지에서 언급했던 것처럼 유성 생식 집단은 무성 생식 집단에 비해 두 가지 잠재적인 장점이 있다. 유성 생식 집단은 좀 더 빨리 진화하며, 해로운 돌연 변이를 덜 축적하게 된다. 세포 융합을 하고, 감수 분열을 하는 유성 생식 집단이 있고, 또한 재조합의 속도를 변화시키는 유전자가 있다고 가정하자. 후자의 가정은 가변적이다. 매우 신중하게 연구하였던 유성 생식 집단을 통해서 볼 때 재조합의 속도에서 유전적 다양성의 차이가 나타난다. 무성 생식보다 유성 생식을 선호하는 동일한 환경은 한 유성 생식 집단 안에서도 재조합의 속도를 증가시키는 유전자를 선호하는 것이 밝혀졌다. 환경은 빠르게 변하거나, 혹은 해로운 돌연 변이가 상승 작용을 갖는다면 자연 선택은 재조합의 속도를 증가시키는 쪽을 선호할 것이다.

두번째 질문은 답하기가 쉽지 않다. 왜 두 단계 감수 분

열이 일어나는가? 모든 고등학교 교과서는 염색체가 복제를
하며, 그 결과 각 염색체는 4개의 염색분체로 이루어지게 되
고, 상동 염색체간에 교차가 일어나며, 두번의 감수 분열이
일어나 반수체의 배우자가 만들어져 궁극적으로 양 부모로부
터 온 유전자가 한 자손에 섞여서 나타난다고 설명하고 있다.
하지만 그 어느 교과서에서도 이러한 과정이 실제로 얼마나
이상한 현상인가에 대한 언급은 거의 없다.

감수 분열의 1차적인 기능이 염색체를 반으로 나누는 것
이라면 왜 처음에 굳이 염색체를 두 배로 복제하는가? 재조
합이 4가닥의 염색체를 필요로 하기 때문이라고 설명하는 것
은 명확하지 않다. 위에서 언급한 것처럼 교차라는 것이 원시
원생동물의 한 단계 감수 분열에서 일어나는지 알지 못하며,
왜 이것이 일어나지 말아야 하는지도 우리는 모르고 있다. 두
단계 감수 분열로 진화한 과정을 설명하는 2가지 가설이 있
다. 하지만 여기서 설명하기에는 너무 복잡하므로 제9장에서
다룰 것이다.

감수 분열에 대한 우리의 마지막 초점도 또한 중요하다.
재조합의 과정은 매우 복잡하다. DNA 두 분자가 정확하게
마주보고 놓이며, 정확하게 같은 지점에서 잘리고, DNA 조각
을 교환한 후 다시 연결하여야 한다. 이 과정에는 효소가 있
어야 한다. 오류없이 완벽하지 않으면 일어나지 않는 것보다
오히려 더 해롭기 때문에 이와 같은 시스템이 어떻게 진화해
왔는 지는 모든 생물학도가 궁금하게 여기는 과제이다. 다른
현상에서처럼 아마도 적절한 설명은 재조합에 관련된 효소들
이 처음에는 다른 기능을 수행했을 것으로 생각되며 이로부
터 진화했을 것이라고 생각된다.

재조합에 이용되는 효소는 손상된 DNA를 복구하는데 사

용하였던 것과 같은 효소로 이 과정 또한 DNA 분자를 정확
하게 자르고 연결할 필요가 있기 때문이다. 감수 분열은 진핵
세포에 특징적이지만 관여하는 효소의 대부분은 원핵 세포도
지니고 있으며, 원핵 세포에서는 단지 다른 기능을 수행하고
있을 뿐이다.

그림 7.2에서 요약한 이론은 가변적이라고 생각한다. 아
직 해결되지 않은 많은 의문들이 있으며, 이들은 아마도 현존
하는 생물의 연구로부터 풀 수 있을 것이다. 특히 세대 교번
을 하는 생물체의 생태적인 특징을 알아야 하고, 원핵 생물
중 진핵 생물에 가까운 원시원생동물의 유전적 특징을 이해
하는 것이 필요하다.

교배형과 성의 분화

거의 모든 유성 생식을 하는 원생 생물은 2종의 교배형
(mating, type) 즉 '+' 형과 '-' 형을 갖는다. '+' 형의 배우
자는 '-' 형의 배우자와만 융합한다. 이와 같은 결과로 자신
과 거의 닮은 것과는 융합하지 않게 된다. 우리가 제시한 것
처럼 배우자의 융합이 잡종 강세의 효과를 보기 위해서는 같
은 형의 배우자간의 결합, 특히 감수 분열을 통해 한 세포로
부터 나온 배우자끼리의 결합은 피해야 한다. 하지만 단지 2
종의 교배형만 갖는 것은 바로 이해하기 어렵다.

왜 여러 형태의 교배형이 존재하지 않고, 또한 무작위적
인 융합이 일어나지 않는가? 이것은 어떤 특정한 배우자가
융합할 수 있는 배우자의 비를 증가시키는 것으로 꽃이 피는
식물에서 예를 찾아 볼 수 있다. 종자 식물은 대부분이 자웅

동주로 난세포와 정핵을 모두 생산하지만 자신들간에 수정이 일어나지 않는다. 자신의 배우자간에 수정이 일어나지 못하는 식물이 많으며, 타가 수정 즉 다른 개체로부터 화분이 옮겨와서 수정이 일어난다. 그렇다면 왜 단지 2개의 교배형만 존재하는가?

가능한 해답은 여러 교배형을 갖는 것보다 2종의 형만을 갖는 것이 시스템을 고안하기가 훨씬 쉽다는 것이다. 하지만 진화란 그렇게 비창조적이지는 않다. 첫 유성 생식을 하는 생물에서 2종의 교배형이 존재하였고 그리고 2종의 교배형이 원시적이었을지라도 미토콘드리아와 엽록체는 단지 부모 중의 모계로부터만 유전된다는 것이다. 예를 들면, 잘 연구된 녹조류인 클라미도모나스에서 미토콘드리아는 오직 '−' 교배형으로부터만 유전되며, 엽록체는 오직 '+' 교배형으로부터만 유래한다. 세포 소기관의 이러한 유전 방식은 거의 모든 생물체에서 보편적이다. 즉 동물에서 미토콘드리아는 모계로부터만 유래하고 식물에서 엽록체는 보통 화분이 아니라 난세포로부터 전수된다. 하지만 예외도 있다. 침엽수에서 엽록체는 화분을 통해 전달된다. 속씨 식물과는 달리 침엽수는 절대로 포유류처럼 처녀 생식을 하지 않는데 이는 유성 생식으로부터 처녀 생식으로 바뀌기가 어렵다는 것을 보여주는 한 예로서 놀랄만한 것이 아니다.

엽록체와 미토콘드리아와 같은 세포 소기관이 어버이중 한 쪽으로부터만 유래하는 현상이 왜 그렇게 일반적인가? 만약 미토콘드리아가 양친으로부터 유래하였다면 이기적인 소기관의 진화를 가능하게 했던 단계가 설정되었었을 것이라는 그럴 듯한 대답이 나온다.

세포 분열 때 염색체와는 달리 복제된 미토콘드리아가

각기 딸세포로 분리되는 적절한 방법이 없다. ATP를 만드는
데는 덜 효율적이지만 세포 안에서 더 빠르게 분열하는 미토
콘드리아가 만들어져 집단을 통해서 퍼질 수도 있을 것이다.
실제로 이와 같은 이기적인 미토콘드리아는 자신이 들어 있
는 세포를 죽이기도 한다. 이러한 돌연 변이들이 나타나기도
하는데 다행히 부모의 한쪽으로부터만 전달되므로 이들은 집
단에 퍼질 수는 없다.

미토콘드리아와 엽록체와 같은 세포 소기관이 한쪽 부모
로부터만 와야 된다면 두 종의 교배형 이상으로 진화하는 것
은 어렵다. 즉 하나는 세포 소기관을 제공해 주고, 다른 하나
는 그렇지 못한 경우가 될 것이다. 1992년에 허스트(Laurence
Hurst)와 해밀톤(William Hamilton)은 이러한 것이 정말 옳은
설명이라는 것을 보여주는 훌륭한 관찰을 하였다. 짚신벌레와
같은 섬모가 있는 원생생물에서 보통 배우자는 융합하지 않
고, 대신에 두 세포가 나란히 정렬하여 접합을 하며, 각각이
반수체 핵을 다른 개체에 전달하는데 이때 세포질은 교환하
지 않고 접합한 세포들이 분리된다. 각각은 양 부모로부터 한
세트의 염색체를 받아 2배체이지만 각각은 자신의 미토콘드
리아를 갖고 있다. 이러한 섬모류에서는 세포 소기관이 이기
적인 행동을 할 위험성이 없기 때문에 기대했던 것처럼 여러
교배형이 존재한다. 증거는 더 있다. 하섬모충류(hypotriches)
라는 섬모충류에서는 접합과 세포 융합이 모두 일어나는데
여러 교배형이 존재하여 접합시에는 다양한 조합으로 접합하
지만, 융합 때는 두 배우자형만이 관여한다.

동물이나 식물에서는 이동할 수 있는 생식 세포와 성체
의 발생에 필요한 영양분을 함유하는 상대적으로 큰 생식세
포로 역할이 분담되었다. 몇몇 수학적인 모델들은 성체의 크

기가 이형 배우자를 선호하는 매우 중요한 변수임을 보여준
다. 볼복스는 녹조류에 속하며 클라미도모나스와 인척간이지
만 다세포 군체를 형성하며 가운데가 빈 공 모양을 이룬다.
작은 군체를 갖는 종에서 배우자는 모두 움직일 수 있고, 모
두 같은 크기이다. 중간 크기의 군체인 경우 배우자는 이동성
이나 크기가 다양하다. 가장 큰 군체를 이루는 종에서는 운동
성이 없는 커다란 배우자와 운동성의 작은 배우자가 만들어
진다. 동·식물의 조상을 거슬러 올라가 볼복스에서 작은 규
모로 진화의 흐름을 볼 수 있을 것이다. 성경에서도 언급된
것처럼 수컷이 먼저 만들어졌으며, 후에 암컷이 만들어졌다는
것이다.

　일단 이형 배우자가 형성되었으면 제2의 성의 특징이 진
화했을 것이다. 가장 중요한 논리는 난자를 만드는데 상당한
에너지가 들지만 정자는 비교적 적은 에너지를 써서 만들 수
있다는 것이다. 따라서 수컷이 암컷보다 더 많이 만들어졌을
것이다. 이러한 불균형은 암수 사이에서 많은 차이를 유발하
여 수컷의 몸집이 크거나, 공격적인 무기를 갖게 하고, 화려
한 모습 등을 갖게 한다. 이것은 복잡한 주제를 매우 단순하
게 요약한 것으로 역할 분담이 달라지면 다른 양상을 보이기
도 한다. 예를 들면 배우자 속으로 영양분을 넣는 것보다 자
손을 돌보는 방법이 있다. 만약 인간이 해마에서처럼 남성이
자식을 양육하도록 진화하였다면 여성은 남성을 차지하기 위
해 피나는 경쟁을 하게 될 수 있다.

　위와 같은 내용으로 볼 때 성의 분화는 세 단계로 진행
되어 온 것으로 요약할 수 있다. 첫째, 세포 소기관이 부모의
한쪽 세포로부터 유전되는데 필요한 방법으로 '+' 형과 '−'
형의 두 교배형이 진화하였다. 둘째, 수컷과 암컷의 진화는

이동이 가능한 배우자와 영양분을 축적하는 배우자를 만들어
냈다. 셋째, 교미 상대에 대한 경쟁에서 이기기 위해 그리고
어린 것을 키우기 위한 노동력을 분담하기 위해 암수 사이에
서 2차적인 성적 차이를 보이는 진화가 일어났다.

제8장
··
유전자들의 전쟁

진화의 주요 전환사에 관해 논의할 때 지적하였던 문제점들은 현존하는 생물에서 관찰할 수 있다. 이 장과 다음 장에서는 이러한 전환에 대한 연대기에서 잠시 벗어나 현재 연구되고 있는 유전자들의 불화와 협력의 예를 찾아봄으로써 우리가 제시한 각본이 좀 더 현실적이기를 바란다. 특히, 생명체 내에 존재하는 유전자들간의 전쟁을 종식시키는 것이 얼마나 힘든 지는 물론 유전자간에 뚜렷한 협력의 예들이 실제로 존재한다는 사실을 보이고 싶다. 본 장에서는 유전자들간 혹은 한 개체 내 혹은 매우 유연관계가 깊은 개체들에서 일련의 유전자들 사이에 일어날 수 있는 이율배반에 대하여 알아본다. 다음 장에서는 서로 다른 진화의 이력서를 가진 생명체들간의 협력의 예에 대하여 살펴본다.

유전체 내 전쟁

한 개체의 각 부분들이 전체의 생존을 위하여 협력한다는 사실은 놀랍다. 이는 유전체 내에 존재하는 수많은 유전자들이 자연 선택에 의해 서로 협력하도록 프로그램화되어 있음을 의미하며, 이를 전문 용어로 '상호 적응(coadaptation)'이라고 한다. 비교적 최근까지 이러한 결과를 당연하게 받아들였으며, 한 개체 내에 존재하는 유전자가 협력하지 않는 경우는 매우 드물 것이라고 생각했다. 그러나 지난 10년 동안 비협력적인 예들이 발견됨에 따라 분위기는 현저히 달라졌다. 어떤 경우 이러한 발견은 다소 우연히 얻어진 반면, 앞으로 설명하겠지만 모체와 태아간의 갈등과 같은 경우 유전자에 중심을 둔 진화 연구에 기초한 정교한 분석을 통해 이루어졌다.

우선 무성 생식으로 한 세포의 자손에게만 유전자 사본을 전달할 수 있는 세포 집단이 있다고 하자. 이러한 경우 하나의 유전자가 가지는 이해 관계는 동일한 세포 내에 존재하는 다른 어떤 유전자의 이해 관계와 동일하다. 하나의 유전자 혹은 유전자 사본은 세포 내에 다른 유전자들이 존재하는 한 함께 유지될 것이다. 비록 돌연 변이에 의해 한 유전자가 다른 유전자들보다 세포 내에서 더 빨리 증폭된다 하더라도, 이 이기적 유전자는 세포 생존에 아무런 영향을 미치지 못할 것이다. 실제, 이로 인해 세포는 오히려 적응하지 못하게 되어, 이러한 이기적 유전자의 생존 기회가 감소될 것이다. 비록 이러한 돌연 변이가 발생하더라도 세포의 적응성을 감소시키는 다른 어떠한 돌연 변이와 마찬가지로 이 이기적 유전자는 선택적으로 제거될 것이다. 그러므로 이러한 집단에 있어서 유전자간의 협력은 필연적이다.

그러나 생물체에 성이 없는 것은 아니다. 대부분의 진핵 생물은 유성 생식을 하며 감수 분열 과정을 거친다. 대부분의 원핵 생물의 경우, 비록 세포 융합은 하지 않지만 여러 경로를 통해 하나의 세포로부터 다른 세포로의 형질 전환이나 접합 등을 통해 수평적인 유전자 전달이 가능하다. 유전적으로 성이 존재하는 혹은 여러 의사 양성 생식(parasexuality)을 하는 세균에 있어서 한 유전자가 세포 자체의 적응성을 증가시키거나, 혹은 숙주 세포의 적응성을 감소시킬지라도 다른 세포로의 유전자 전달 기회를 높일 수 있다면 그 유전자의 빈도는 높아질 것이다. 따라서 유전자들의 협력은 더 이상 불가항력적인 것이 아니므로 전쟁과 갈등으로 이어질 수도 있을 것이다. 이러한 결론은 다음의 몇 가지 예에서 명확하다.

유전체 내 불화에 관한 몇 가지 예

감수 분열 조절

일반적으로 2배체 개체는 하나의 유전자 자리에 A와 a로 표시하는 두 개의 서로 다른 대립 유전자를 지니고 있다. 따라서 이 개체가 생산하는 배우자의 반은 A를 그리고 나머지 반은 a를 지니게 될 것이다. 말하자면 감수 분열은 공평하다고 볼 수 있다.

그러나 때때로 감수 분열은 불공평한 경우도 있다. 예를 들어, 노랑초파리(*Drosophila melanogaster*)에는 약어로 SD라 불리는 '분리 장애(segregation distorter)' 유전자가 있다. 한 부모로부터 SD를 그리고 다른 부모로부터 정상 대립유전자($+$)를 물려 받은 초파리는 그의 자손에게 SD를 50%가 아닌 95% 이상 전달한다. 실제로 SD는 하나의 유전자가 아니라 밀접하게 연관된 두 개의 유전자로서, 하나의 유전자는 SD를 지니고 있지 않는 배우자를 죽이는 독소를 생산하고 다른 유전자는 독소로부터 SD를 지닌 배우체를 보호한다.

현재 이와 같이 감수 분열의 분리를 조절하는 유전자들이 여러 개 알려져 있다. 그러나, 이러한 조절에 의해 번식력이 떨어지는 경향이 있으므로 유전체의 다른 부위에 존재하는 어떤 다른 유전자는 감수 분열에 의한 조절을 억제하는 기능을 나타낸다. 따라서, 감수 분열 조절 유전자와 유전체 내 어딘가에 존재하는 억제 유전자간에는 전쟁이 일어나게 된다. 이 전쟁에서 유전체 내 유전자들이 항상 이기는 것 같으며, 이러한 사실로부터 레이(Egbert Leigh)는 '유전자 의회(parliament of genes)'란 문구를 만들어내게 된다.

웅성 불임성

사실 암수동체인 식물의 미토콘드리아 유전자들이 수컷 불임을 유도하며, 염색체에 위치하는 유전자가 이의 효과를 억제함으로써 수컷 생식력을 재생시키는 유전체 내 전쟁에 관한 예는 이미 앞에서 알아보았다. 여기서 지적하고자 하는 중요한 점은 두 종류의 유전자는 유전 양상이 서로 다르기 때문에 수컷과 암컷은 각각 자기 기능에 적합한 서로 다른 자원을 할당받기 위하여 전쟁이 발생한다는 것이다.

전이 인자

진핵 생물과 원핵 생물의 염색체에는 보통 유전자와 다르게 복제하는 유전 인자가 있다. 이 유전 인자의 복제는 복잡하고 다양한 분자 기작에 의해 일어나는데, 여기서는 그 기작에 대해서는 언급하지 않겠다. 복제가 진행되면 이 인자는 유전체 내 다른 염색체에 전이하여 하나 이상의 복사본이 생겨난다. 엄격하게 무성 생식을 영위하는 생물의 경우, 앞에서 설명한 이유 때문에 이러한 전이 현상이 장기적으로는 개체의 생존을 증가시키지는 못할 것이다. 그러나 유성 생식의 경우 상황은 다르다. 만약 이 인자가 유전체의 새로운 위치로 전이한다면, 이 인자를 지니고 있는 한 부모로부터 태어난 개체에게서 생성되는 자손의 반 수 이상은 이 인자를 지니게 된다. 결과적으로 전이 인자 혹은 '트랜스포손(transposon)'은 빠르게 집단 전체로 확산될 수 있다. 예를 들어, P 인자라 불리는 약 3,000 염기 쌍으로 이루어진 전이 인자는 지난 50년 동안에 노랑초파리 전체로 확산되었다. 이 기간 동안에 노랑초파리가 유전학의 중점 연구 대상이 아니었다면 이 사실을 전혀 알지 못했을 것이다. 현재 우리가 인지하지 못하고 있는 새로운 전이 인자가 확산되고 있을지도 모른다.

연구된 모든 종류의 생명체에서 여러 종류의 전이 인자가 발견되었으며, 이는 전체 염색체 DNA의 절반 이상을 차지하는 것 같다. 예를 들어, 사람의 경우 282 염기 쌍 길이의 *Alu* 라고 알려진 인자는 유전체 내에 약 300,000∼500,000벌의 복사본이 존재하며, 유전체의 약 5%를 차지한다.

이와 유사한 인자가 원숭이에서도 발견되었다. 현재까지 알려진 바에 의하면 이러한 *Alu* 인자는 생명체에게는 무용지물이다. 사람 유전체에 있어 이들은 일종의 반복 서열에 불과하다. 생명체에 존재하는 대부분의 DNA가 꼭 필요하기 때문에 존재하는 것이 아니라 단지 이기적인 DNA가 생존하고 복제하기에 좋은 장소이기 때문에 염색체에 존재하는 것이라고 말한다면 매우 우스꽝스럽게 들릴지 모르지만, 이는 유전자의 입장에서 본다면 지극히 당연하다.

부모-자식간의 전쟁

감수 분열 조절, 웅성 불임 및 전이 인자는 한 개체에 존재하는 유전 인자들간의 유전체 내 전쟁에 해당한다. 1974년 트리버스(Robert Trivers)는 유연 관계가 있는 개체의 유전자 사이에서 생길 수 있는 전쟁에 대하여 연구하였다. 예를 들어, 형제 자매가 지니는 유전자는 부모가 지니고 있는 자원을 차지하려고 경쟁할지도 모른다. 트리버스는 부모와 자식간의 전쟁에 특별한 관심을 가졌다. 피상적으로 보기에 이와 같은 전쟁은 존재하는 것 같지 않다. 모체가 가지고 있는 하나의 유전자는 50%의 확률로 아이에게 전달될 수 있으며, 선택된 이 유전자는 아이의 생존을 결정할 것이며, 결국 이 아이의 유전자가 될 것이다. 그렇다면 전쟁이 일어날 소지가 어디에 있단 말인가? 답은 '50%의 기회'에 있다.

한 쌍의 유전자 모두는 아기의 생존에 관계하지만, 이 두 유전자는 생존에 필수적인 희생이나 자원의 할당 정도에 차이를 나타낼 수 있다. 예를 들어, 젖을 뗀 후에야 엄마는 다시 임신할 수 있다는 사실을 염두에 둔다면, 아이는 언제 젖을 떼게 될까? 모든 생물은 자신의 유전자를 퍼트리기 위해서 있는 힘을 다하므로, 이러한 관점에서 본다면 모체의 유전자는 동생을 낳기 위해 젖을 가급적 빨리 떼기를 원하는 반면, 젖먹이의 유전자는 자신의 발육을 위해 가급적 오래 영양의 보고인 엄마의 젖을 먹으려 할 것이다. 그러므로 아기가 지니고 있는 하나의 유전자는 2살에 젖을 떼도록 최선을 다하는 반면, 50%의 확률로 아기에게 전달될 수 있는 아기를 더 낳는데 관심을 보이는 모체의 한 유전자는 18개월에 젖떼기를 원한다고 가정해 볼 수 있다. 그러므로 엄마와 아기간에 젖떼기 전쟁이 나타날 수 있다.

처음 트리버스가 이러한 아이디를 내놓았을 때 많은 사람들은 매우 피상적이며 검증하기가 어려울 것이라 간주했다. 그러나 지난 몇 년 동안에 헤이그(David Haig)를 포함한 여러 사람들은 다른 방법으로는 해석이 불가능한 임신의 특성을 모체-태아의 모순으로 가장 잘 설명할 수 있게 되었다.

여기서는 하나의 예만 들겠다. 임신 중 모체에게 가장 위험한 것은 혈압이 상승하여 신장을 손상시킬 수 있는 전자간(preeclampsia)이다. 대부분의 임신에 있어 혈압이 약간 상승해야 태아의 생존율이 높다. 태아 세포 즉 정확히 말해 태아로부터 기원한 태반에 있는 세포는 태반에 혈액 공급을 증가시키기 위하여 모체의 다른 부위를 지원하는 동맥의 흐름을 제한한다. 그러므로 모체의 혈압을 상승시킬 수 있다. 정상적인 임신의 경우 태아의 이러한 이기적 행동이 있어도 모체도 손상받지 않고 태아도 이익을 볼 수 있으나, 특별한 경우 임신부의 생명이 위험할 수도 있다. 이것이 바로 임신 중독이며 한해에도 수많은 여성이 이 때문에 생명을 잃는다.

도대체 우리는 왜 존재하는가?

여러 단계에서 유전자들의 전쟁이 나타나며 유전체 내에 이기적인 유전 인자가 많이 존재한다는 증거가 쏟아져 나옴에 따라, 생존하는 한 겪게 되는 이러한 여러 위협에 대처하면서 복잡한 생명체가 어떻게 살아남았는지 의문이다. 이미 설명하였듯이, 한 가지 이유는 대부분의 유전체 내 유전자는 이기적인 인자가 지니고 있는 악 영향을 억제하기 위해 유전체가 공동의 노력을 기울이기 때문이다. 다른 두 가지의 자연 선택 압력은 이기적인 유전자의 득세를 억제하는 보조 역할을 담당하는 것 같다.

물리고 물리는 세상

다음의 운문에는 진실이 있다.

> 큰 벼룩은 작은 벼룩을 잡아 먹고
> 서로 잡아먹으려고 등뒤에서 호시탐탐 엿보네.
> 그리고 작은 벼룩은 더 작은 벼룩을 잡아 먹고,
> 이렇게 물리고 물리는 세상

물론, 이러한 먹이 사슬은 영원히 계속될 수 없지만, 상상보다는 오래 지속된다. 예를 들어, 위에서 논의한 노랑초파리의 P 인자는 3,000 염기 쌍으로 구성되어 있으며 단지 두 종의 단백질을 생산한다. 이것을 단지 기생충에 불과하다고 과소평가할지 모르지만, 사실은 그렇지 않다. 현재, 노랑초파리의 유전체에는 기능성 P 인자 외에도 단백질을 합성할 수는 없지만 전이될 수 있는 인자도 있다. 이러한 결핍된 인자는 기능성 P 인자를 등쳐먹고 사는 기생성 유전자의 일종이다. 그들 스스로는 복제할 수 없지만, 세포 내에 기능성 P 인자가 존재하면 전이에 필요한 효소를 생성할 수 있으므로 이 효소를 만들지 못하는 새로운 위치로 이동할 수 있다.

많은 이기적인 인자와 바이러스는 불구자 기생충과 같은 인자이며, 이들이 존재함에 따라 이기적인 인자 자체의 증폭 능력은 감소된다. 이러한 관점에서 보면 이러한 초능력 기생충과 같은 이기적 유전자는 숙주의 생존을 돕는다고 볼 수 있다. 아마 최종의 이기적인 복제자는 단지 일련의 짧은 염기 서열을 지닌 원형 DNA일 것이며, 반복되는 이러한 짧은 염기 서열 각각은 복제 효소로 하여금 '여기에서 복제를 개시해' 라고 말하는 신호일 것이다.

황금 알을 낳는 거위를 죽이지 말라

이기적인 DNA를 제어하는 더 중요한 기작은 개체 수준에서의 자연 선택에 의해 이루어질 수 있다. 세포에서 너무 빨리 복제하는 이기적인 DNA는 숙주를 죽이면 자신도 죽을 것이다. 이것은 황금알을 낳는 거위를 죽이는 것과 비유할 수 있다. 따라서 이기적인 DNA는 자신의 복제를 제어할 수 있는 기작을 진화시키게 되었을 것이다. 이 과정 역시 P 인자를 가지고 설명할 수 있다. 이 인자는 전이 인자와 전위를 제어하는 조절 단백질의 두 가지 단백질을 생산한다. 조절자가 없다면 전위가 너무 자주 일어나 초파리를 죽이거나 불임으로 만들 것이며, 따라서 P 인자도 소멸할 것이다.

개체 수준보다 더 상위 단계에서의 선택도 가능하다는 점을 간과해서는 안 된다. 특정 종류의 이기적인 유전자의 발호를 억제하기 위하여 단성 생식에 의한 세포 소기관의 유전이나 웅성 불임과 같은 진화 기작을 발전시킨 생물들은 이와 같은 기작을 지니지 않은 생물에 비하여 살아남을 가능성이 높다.

이와 같은 이기적인 DNA의 유전체 내 전쟁에 대한 연구는 이제 태동의 단계에 있다. 이제 우리는 한 생명체가 지니는 유전자간에 서로 경쟁하지 않고 협력할 수 있는 복잡한 생명체로 진화하는 것이 얼마나 어려운지 알게 되었을 뿐이다.

제9장

···\·····················

함께 살기

이 책에서 다루는 주제들 중의 하나는 복잡한 생물은 몸의 각 부분 사이의 분업에 의해 살아간다는 것이다. 그러나 이러한 결과는 매우 다른 두 가지 유형으로 진화하여 나타날 수 있다. 예를 들어 코끼리와 식물 세포를 비교해 보자. 코끼리는 상피 세포, 근육 세포, 신경 세포 등 여러 종류의 세포들 사이의 협력에 의해 살아간다. 개체를 이루는 모든 세포들은 근본적으로 같은 유전자를 갖는다. 왜냐하면 이 세포들은 모두 하나의 수정란이 분열해서 생긴 것이기 때문이다. 이것을 진화 기간으로 확대해 본다면, 이 세포들은 모두 수정란이라는 동일한 단세포 조상에서 비롯된 것이라고 할 수 있다. 따라서 각 세포들은 서로 다른 유전자를 갖고 있기 때문에 차이가 난다기보다는 세포 외부의 영향 때문에 세포의 종류에 따라서 다른 유전자가 활성화되어 나타난 차이라 할 수 있다.

사람의 사회나 곤충 군체의 계급 사이에서 나타나는 분업도 이와 비슷하다. 모든 사람들은 유전적으로 모두 동일하지는 않지만 매우 유사하며, 최근에 공동 조상으로부터 진화하였다. 목수와 전기 기술자 사이의 직업적 차이는 유전적이기보다는 교육과 훈련에 의해서 나타난 것이다. 이러한 체계의 진화, 즉 다세포 생물인 동물과 사람의 사회를 이 장에서 다루려는 것은 아니다. 이 주제는 이 책의 다른 부분에서 살펴볼 것이다.

이와는 대조적인 경우를 살펴보자. 식물 세포는 유전적으로 서로 다른 존재들 사이의 협동에 의해 살아간다. 이 존재들이란 바로 핵, 미토콘드리아, 엽록체의 유전체이다. 미토콘드리아와 엽록체는 한 때 하나의 생물체로 독립적으로 자유롭게 살던 어떤 원핵 생물의 후손이라고 할 수 있으며, 원시적인 진핵 세포가 이들 원핵 생물을 삼켜서 생겨났다고 제6장에서 언급한 바 있다. 우리는 자신을 복제하는 물질들의 집단으로부터 최초의 세포가 생겨날 때도 마찬가지 일이 일어났으리라 생각한다. 즉, 한 때는 독립적으로 살던 복제자들이 함께 지내게 되면서 세포가 생성되었으리라는 것이다.

한 때 독립적으로 지내던 복제자들이 밀접한 관계를 갖는 연합체를 이루면서 함께 살게 되는 과정을 '공생(symbiosis)'이라고 한다. 공생이란 일반적으로 동료들이 서로 협동하는 경우를 말하지만, 공생에는 동료끼리 진정으로 협동하는 '상리 공생(mutualism)'과 한 동료가 다른 동료를 착취하는 '기생(parasitism)'도 있다. '편리 공생(commensalism)'은 협동하지도 않고 착취하지도 않는 경우에 해당한다. 특정 관계가 어떤 공생의 영역에 속하는 지를 결정하는 일이 그리 쉽지 않다는 점과 한 관계에서 다른 관계로 쉽게 바뀔 수 있다는 점을 여기서 보게 될 것이다. 우리는 먼저 몇 가지 예들을 제시하고 난 다음, 그들의 진화가 일어난 선택 기작에 관해 설명하고자 한다.

공생의 세계

세균과 진핵 생물의 공생

항생 물질로 진딧물을 죽일 수 있다는 사실은 실로 뜻밖이다. 장미에 들끓는 진딧물을 방제하는 방법으로 항생 물질을 추천하고 있지는 않지만, 진딧물이 항생 물질에 대해 민감하게 작용하는 것은 사실이다. 이 사실로부터 진딧물이 세균과 공생해서 살고 있음을 알 수 있다. 진딧물은 자신이 공격하는 식물의 수액을 먹고 산다. 이 액체에는 특정한 물질 특히 여러 종류의 아미노산이 없는데, 진딧물은 이 물질을 필요로 하지만 스스로 합성할 수는 없다. 그런데 세균은 이러한 물질을 합성할 수 있기 때문에 진딧물을 돕게 된다. 또한 이 세균은 독립적으로는 살아갈 수 없으며, 진딧물의 알에 감염되어 다음 세대로 전달된다. 이러한 공생 관계는 상당히 오래 전에 이루어졌다. 여러 과에 속하는 진딧물과 공생 생물에 대해 분자생물학적 조사를 한 결과, 세균은 약 5,000만년이 넘는 세월 동안 진딧물의 생식을 통해 수직적으로 전달된 것으로 나타났다.

이 경우에 숙주 생물은 자신이 합성할 수 없는 필수적인 생화학물질을 공생 생물이 만들어 주기 때문에 이익을 취한다. 보통 이러한 이유 때문에 세균과 진핵 생물 사이에는 오랜 기간 공생 관계가 형성된다.

식물은 질소를 고정할 수 없다. 그래서 암모니아나 다른 질소 화합물의 형태로 질소원을 얻게 되며, 대기 중의 풍부한 질소 분자를 이용할 수 없다. 그러나 콩과식물은 뿌리혹박테리아와 공생 연합체를 형성함으로써 대기 중의 질소를 고정할 수 있다. 우리가 잔디밭에 콩과식물인 토끼풀을 심고 경작지에 자운영을 심는 이유가 바로 이것 때문이다.

심해의 열수구(hydrothermal vent) 지역의 생태계는 전적으로 공생 관계에 의존한다. 보통 대부분의 생태계는 궁극적으로 광합성에서 에너지를 얻는다. 식물은 태양 빛을 흡수하고, 그 에너지를 이용하여 당과 다른 유기 화합물을 합성하며, 생태계의 다른 생물들은 이러한 식물에 의존해서 산다.

대부분의 심해 생물들도 마찬가지이다. 심해는 광합성을 하기에는 너무 어둡다. 이곳에서는 이처럼 광합성이 일어날 수 없기 때문에 해양 표면에서 가라앉는 죽은 생물에 의존해서 산다. 그러므로 이곳의 생물도 결국은 해양 표면의 광합성에 의존해서 사는 셈이 된다.

그러나 심해의 열수구 지역에는 이와 다른 에너지원이 있다. 열수구로부터 분출되는 황화물이 바로 그것이다. 이 지역에 사는 관벌레(*Riftia*)라는 큰 연충은 입이나 항문이 없으며, 공생 세균에 의존해서 살아간다. 황화물을 산화하는 이 공생 세균은 관벌레 몸 안의 특수 기관에 들어 있으며, 산소와 황화물은 특수한 헤모글로빈에 의해 이 기관으로 전달된다. 사실상 심해 열수구의 생물은 그 에너지를 광합성에 의존하지 않고 황대사세균과의 공생 관계에 의존하는 독특한 생태계를 형성하고 있다고 할 수 있다.

동물과 단세포 조류의 공생

브리태니(Brittany) 해변에는 독특한 편형동물이 살고 있다. 이 동물은 성체 시기에 입과 항문이 없다는 점에서는 관벌레를 닮았지만, 녹조류와 공생하고 있다. 썰물 때 모래 표면이 드러나면 이 생물과 공생하고 있는 녹조류는 광합성을 한다. 밀물 때 물이 들어오면서 흔들리게 되면 이 편형동물은 모래 표면을 파고 들어가 바다로 휩쓸려 나가는 것을 막는다. 이렇게 해서 이곳에는 이상한 현상이 나타난다. 썰물 때의 모래밭은 녹색을 띠지만, 일단 무엇으로 모래를 두드리면 황금색으로 변화한다. 이 경우는 아마도 사람이 호기심을 갖고 보는 대상이 되겠지만, 수중 동물과 조류 사이의 공생은 비교적 흔하게 발견된다. 또한 이러한 공생 관계는 생태학적으로 중요하다. 산호초를 만드는 산호가 공생 생물인 쌍편모조류의 도움 없이는 살아갈 수 없다는 사실은 공생의 생태학적 중요성을 잘 대변하고 있다.

균류와의 공생

지의류는 아마도 가장 친숙한 공생 관계의 예가 될 것이다. 이들은 황량한 바위 위에서 생물이 살아갈 수 있게 하는 데 매우 중요한 역할을 한다. 지의류는 숙주인 균류와 공생 생물인 조류로 구성되어 있다. 이때 녹조류나 원핵 생물인 남세균이 공생 생물이 될 수 있다. 지의류를 구성하는 균류는 여러 종류이며, 지의류의 공생 관계는 틀림없이 여러 차례 진화해 왔을 것이다. 지의류에서 관찰되는 거의 모든 조류는 한편으로 자연에서 독립적으로도 살아가고 있다. 이런 공생 관계에서 균류가 얻는 이익은 분명하지만 조류가 얻는 이익은 분명하지 않다.

많은 육상 식물들은 그 뿌리에 균근과 공생 관계를 이루면서 살아간다. 이러한 균류는 식물이 육상에 나타나기 시작했던 데본기 때부터 존재했다. 그 당시에는 토양 속에 유기물이 없고 무기물만 존재했을 것이며, 균류는 아마도 식물에게 필요한 무기물을 만드는데 중요한 역할을 했을 것이다. 현재 뿌리에 공생하는 균류는 특히 열대 지방의 무기질 토양에서 식물의 생장에 중요한 역할을 한다. 균류는 식물에게 무기물을 전달하고, 식물은 균류에게 유기물을 공급하는 공생 관계가 일어난다. 따라서 이 공생 관계는 두 동료에게 모두 유익해 보인다. 보다 최근에 진화한 근균은 유기물 함량이 높은 이탄 지대와 같은 산성 토양에서 자라는 진달래과 식물과 공생 관계를 이룬다. 이 균류는 식물에게 무기물 뿐만 아니라 식물이 얻을 수 없는 유기물까지 제공한다.

　마지막 예로 나뭇잎을 절단하여 이를 가공해서 살아가는 가위개미와 균류 사이의 공생 관계를 들지 않을 수 없다. 일개미는 잎과 심지어는 꽃잎까지 잘라서 자신의 둥지로 운반한다. 이 때 가위개미들은 숲의 바닥을 가로질러 이들을 운송하는데, 마치 소규모로 축소한 시위대의 현수막과 같아 보인다. 일개미들은 땅 속의 둥지에서 이 나뭇잎과 꽃잎을 잘게 썰어 자신이 분비한 침과 섞어서 작은 나뭇잎 경단을 만든다. 이 경단에서 특수한 균류가 자라게 되고 개미들은 비로소 이 균류를 먹고 산다. 따라서 사람이 버섯을 키우듯이 개미도 버섯을 경작하는 것이다. 개미가 균류에게 나뭇잎이라는 먹이를 주면 그에 상응하여 균류는 개미에게 먹이를 제공하는 셈이다. 스스로 섬유소를 소화할 수 없는 동물은 섬유소를 소화하기 위해 여러 가지 방법으로 다른 생물을 이용하는데, 가위개미의 경우는 이 중에서 가장 극적인 예라 할 수 있다.

공생 관계의 진화 : 상리 공생인가 기생인가?

　앞의 절에서 공생 관계에 있는 두 동료가 모두 이익을 취하거나 적어도 숙주 생물이 이익을 취하는 경우의 예를 제시했다. 그러나 숙주에게 해로움을 끼치거나 심지어 숙주를 죽이기까지 하는 공생 생물의 예도 허다하다. 과연 던져진 진화의 주사위가 어떻게 굴러갈지는 자연만이 예측할 수 있는 것인가?

비교적 최근까지는 숙주 생물과 오랜 기간동안 공생 관계를 유지해온 기생 생물은 비교적 해가 없을 것으로 생각했다. 이런 관점은 1965년에 출간된 듀보(Rene Dubos)의 책 『인간 적응(*Man Adapting*)』에서 다음과 같이 잘 나타난다. '충분한 시간이 주어지면 결국 어떤 숙주와 기생 생물 사이에서도 평화로운 공존 상태가 이루어진다'는 것이다.

이런 관점에서 보면 기생 생물이 처음으로 새로운 숙주 생물을 침입할 때는 심각한 질병이 일어날 수 있다. 이것은 틀림없는 사실이다. 최근의 예를 들어보자. 인간면역결핍바이러스(HIV)는 인간에게는 거의 치명적이지만, 녹색원숭이가 지니고 있는 이와 유사한 바이러스(SIV)는 대부분의 아프리카 원숭이에게 어떤 해로움도 끼치지 않는다. HIV가 바로 이 SIV에서 아주 최근에 진화한 것이다.

그러나 이런 관계만이 있는 것이 아니다. 예를 들어 장티프스는 인간에만 감염되는 *Salmonella typhi*라는 세균에 의해 유발된다. 이와 유연 관계를 갖는 *S. typhimurium*은 정상적인 숙주인 쥐에는 치명적이지만 인간에게는 무해하다. 물론 시간이 지나면서 세균과 숙주 사이에 평화로운 공존 상태가 이루어지도록 진화할 수는 있겠지만 이에 필요한 시간은 수천년 정도가 아닌 수백만년 정도가 될 것이다.

숙주-기생 관계는 종종 편리 공생 쪽으로 진화되곤 한다. 그 이유는 앞장에서 이미 언급한 바 있는, 이기적 유전 인자가 생물체 전체를 송두리째 파멸시키지 않는 이유와 같다. 숙

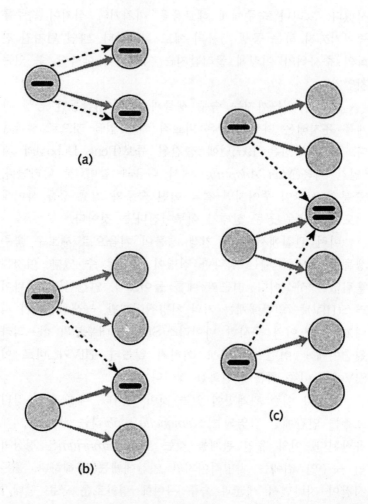

그림 9.1 공생 생물의 수직적·수평적 감염. (a) 수직적 감염 : 공생 생물은 직접 숙주의 자손에게 감염된다. (b) 수평적 감염 : 숙주는 공생 생물을 부모로부터가 아닌 혈연 관계가 없는 다른 개체로부터 얻는다. (c) 이중 감염에 의한 수평적 전파 : 공생 생물을 혈연 관계가 없는 둘 이상의 다른 개체로부터 얻는다.

주 생물은 기생 생물을 통제하는 방향으로 진화하고, 기생 생물은 자신의 생존에 필요한 안식처인 숙주 생물을 파괴하지 않도록 진화한다.

기생 생물이 해를 덜 끼치는 방향으로 숙주 생물의 자연 선택이 일어난다는 것은 분명해 보인다. 숙주와 기생 관계에 관한 연구에서 종종 두 생물 사이에 무기 경쟁이 존재했다는 흔적이 드러난다. 기생성 미생물에 대해 척추동물이 대항했던 주된 무기는 면역계라 할 수 있다. 숙주는 기생 생물에 대항하는 항체, 특히 기생 생물의 표면 단백질에 대항하는 항체를 만들 수 있게 되었다. 반면에 기생 생물의 이러한 단백질은 다른 단백질에 비해 매우 빠른 속도로 진화해서 숙주의 면역 공격을 피하게 된다. 사람에 수면병을 일으키는 원생동물과 같은 일부 기생 생물은 그들 세포막의 표면에 있는 단백질을 주기적으로 교체하는 특수 기작을 발달시켜 숙주가 새로운 항체를 만들 시간적인 여유도 주지않고 교묘히 항체의 공격을 피하기도 한다. 시도 때도 없이 옷을 갈아 입어 다른 사람이 알아볼 수 없게 하는 전략과 같다. 물론 무기 경쟁 때문에 두 생물 사이의 관계가 반드시 편리 공생으로 진화하는 것은 아니며, 이 경쟁에서는 기생 생물이 한 발 앞서 나가는 것으로 보인다.

좀더 흥미로운 점은 몇몇 기생 생물이 편리 공생을 함으로써 수지타산을 맞출 수 있기 때문에 그 쪽으로 진화할 가능성이 있다는 것이다. 이것이 일어나느냐 그렇지 않느냐는 기생 생물이 새로운 숙주에 감염하는 방법에 따라 달라진다.

공생 생물이 수직적으로 숙주의 자손에 감염되는 경우(그림 9.1a)에는 숙주가 살아서 번식력을 유지해야만 공생 생물에게 이득이 된다. 예를 들어 진딧물에 공생하는 박테리아는 진딧물의 알을 통해서만 전달된다. 따라서 진딧물에 이득을 주도록 돌연 변이가 일어난 박테리아는 진화 과정에서 선택될 수 있다. 공생 생물이 숙주의 생식 세포 속으로 들어가 다음 세대로 전달되는 일은 흔하지 않지만, 이와 다른 여러 방법으로 수직적 감염이 일어난다.

흰개미는 나무의 섬유소를 먹는데, 이것은 흰개미의 창자 속에 있는 여러 종류의 공생하는 원생동물이 소화하여 흰개미에게 영양소를 공급한다. 흰개미 유생은 모체의 항문을 핥아서 이러한 공생 생물을 얻게 된다. 지난 20년간 인류에 전파되고 있는 AIDS의 원인 바이러스인 HIV의 감염도 일부는 모체에서 아기에게로 수직적으로 일어난다.

그러나 공생 생물의 수직적 감염이 상리 공생에서 일반적으로 나타나는 특정한 양상은 아니다. 여기서 앞에서 언급한 바 있는 열수구에 서식하는 관벌레의 예로 돌아가 보자. 이것은 성체 시기에는 입이 없지만 유영 생활을 하는 유충 시기에는 입이 있기 때문에 황대사박테리아를 섭취해 이 공생 세균을 얻을 수 있다. 편형 동물인 *Convoluta* 역시 어린 시기에 입을 가지고 있어 공생하는 조류를 섭취할 수 있다. 토양 속의 균근은 식물의 뿌리를 찾아야만 하며, 질소 고정을 하는 뿌리혹박테리아도 마찬가지이다.

수평적으로 감염되는 기생 생물(그림 9.1b)의 진화의 예로 가장 잘 연구된 것은 토끼에 기생하는 점액종바이러스이다. 이 바이러스는 원래 남미에 사는 토끼의 유사종과 공생했던 것으로 토끼를 통제하는 수단으로 도입되었다. 처음에는 바이러스를 주사한지 한 주나 두 주 이내에 토끼가 죽었다. 그러나 현재 이 바이러스에 의해 토끼가 죽는 일은 간혹 일어날 뿐이며, 사망하는데 걸리는 시간도 몇 주라기보다는 몇

달 정도나 걸린다. 이러한 변화는 토끼가 저항력을 갖는 방향
으로 진화함과 더불어 바이러스가 덜 해로운 존재로 진화하
였기 때문이다.

　이러한 현상은 개체군을 연구하는 생물학자인 메이
(Robert May)와 앤더슨(Roy Anderson)이 발견하였다. 이들
은 이런 변화로 인해 기생 생물이 숙주를 죽이지 않는 대신
에 매우 효과적으로 새로운 숙주로 옮길 수 있게 되었다고
주장한다. 이것은 숙주의 생존과 감염성이란 두 요인을 극대
화한 결과로 나타나게 된 것이다. 기생 생물이 숙주에게 단지
손상만 입힘으로써 높은 감염성을 얻을 수 있다면, 우리는 숙
주에게 무해한 편리 공생 쪽으로 진화가 일어나리라 예상할
수 없다. 감기를 앓은 사람이면 누구나 잘 알 수 있듯이, 기
생 생물은 숙주로 하여금 감염성을 증대시킬 수 있는 증세인
재채기나 콧물이 나도록 한다.

　기생 생물이 편리 공생을 하는 관계로 진화하지 않는 또
다른 이유가 있다. 한 숙주가 두 기생 생물에 의해 동시에 감
염된 경우(그림 9.1c)를 생각해 보자. 이 기생 생물들은 서로
다른 곳에서 감염되었으며, 이러한 일은 일반적으로 일어날
수 있다. 기생 생물은 숙주를 살리는 대신 높은 감염성을 얻
는 방향의 선택을 하게 될 것이다. 이때 한 기생 생물이 숙주
를 죽이려고 한다면 다른 기생 생물은 숙주를 살리려 해도
소용이 없다.

　이와 같이 서로 다른 숙주-공생 생물의 관계를 비교해
보면, 공생 생물의 감염 방식에 따라 진화 결과가 달라진다는
생각이 지지를 얻을 수 있다. 그러나 감염이 수평적으로 일어
나는 상리 공생에서는 대부분 경우에 서로 이익이 되는 기회
제공이 가장 중요한 요인이 된다.

협동 관계인가, 노예 관계인가?

어떤 공생의 경우를 보면, 이것이 협동 관계인지 노예 관계인지 헷갈리는 경우가 있다. 예를 들어, 지의류와 공생하는 조류들은 대부분 독립 생활을 하며 살아간다. 그렇다면 지의류에서 조류들이 균류의 노예 역할을 한다고 보는 것과 자의적으로 협동을 한다고 보는 것 중에 무엇이 옳겠는가? 이것은 정답을 구할 수 있는 물음이 아니다. 이러한 종류의 비유를 제시하는 이유는 진실을 말하기보다는 자연의 의문점을 찾고 검증을 하고자 하는 데 있다. 이 경우에 '숙주(균류)나 공생 생물(조류)에서 그들이 공생 관계를 가지면서 서로 돕기 때문에 진화해 왔다는 특징을 찾을 수 있는가?'라는 질문을 할 수 있다. 오래된 공생, 예를 들어 진핵 세포와 그 세포 소기관들 사이에서 나타나는 공생의 경우에는 두 비유 중의 어느 것을 선택할 방법이 없다. 그러나 보다 최근의 예에서는 이러한 선택이 가능하다. 예를 들어 잎을 가공하여 살아가는 가위개미가 경작하는 균류를 노예라 하겠는가, 아니면 공생 관계의 동료라 하겠는가? 답은 후자이다. 왜냐하면 이 균류는 개미의 먹이가 되는 끝이 부푼 실 모양의 균사를 만들어내기 때문이다. 이러한 균사를 다른 균류는 갖고 있지 않으며, 개미의 먹이외에는 다른 목적을 위해 사용하지 않는 것으로 보인다.

여러 상리 공생 생물이 갖는 또 다른 특징으로 무성 생식을 하게 되었다는 점을 들 수 있다. 기생 생물에서는 이런 예를 찾기 어렵다. 이에 대해서는 아마도 다음과 같이 설명할 수 있을 것이다. 상리 공생 생물은 그 숙주의 방어를 계속적

으로 극복할 필요는 없지만, 대신에 숙주는 공생 관계가 쉽게
이루어지게 하는 방향으로 선택된다. 우리는 153~155쪽에서
성이 생물계에 우세하게 된 현상에 대한 설명으로, 서로 상반
관계에 있는 두 가지 설명을 제시한 바 있다. 첫째는 성이 진
화를 촉진한다는 것이고, 둘째는 성이 돌연 변이의 부담을 줄
인다는 것이다. 여러 상리 공생 생물에서 성이 없어짐으로써
첫번째 설명이 적어도 진실의 일부로 판명된 셈이다.

공생의 중요성

우리가 예를 들은 대부분의 공생을 보면 공생 생물이 숙
주가 할 수 없는 생화학적 기능을 수행할 수 있기 때문에 그
관계가 유지된다. 이때의 생화학적 기능이란 광합성능, 질소
고정능, 황 대사능, 섬유소를 소화할 수 있는 능력, 아미노산
합성능 등이다. 이러한 공생 관계는 생태학적으로도 중요하
다. 공생 관계는 현재 심해의 열수구, 산호초, 열대 우림, 산
성 습지의 생태계가 유지되는 중요한 기반이 된다. 건조한 육
상을 정복하는 과정에서 식물과 균류의 공생은 매우 중요하
게 작용했을 것이다.

그리고 공생은 최초의 세포 탄생, 염색체의 생성, 진핵
세포의 생성 등과 같은 세 가지 진화의 전환 과정에서 중요
한 역할을 했다. 이때 공생 생물은 숙주를 도와 살기 어려운
환경에 적응하도록 했을 것이다. 그러나 공생의 역할을 잘못
이해하거나 과장하여 설명해서는 안 된다. 생물학자들에게 미
토콘드리아와 엽록체가 한 때 공생 생물이었음을 설득하기
위해 증거를 정리해 온 마걸리스(Lynn Margulis)는 공생이

진화적으로 자연 선택보다 중요하다고 주장했다. 이것은 사실
이 아니다.

공생 관계에서는 두 동료가 모두 뭔가를 서로에게 기여
하기 때문에 중요하다. 예를 들어 질소 고정을 위한 공생에서
뿌리혹박테리아는 질소 고정 능력을 제공하고, 식물은 광합성
능력과 육상 생활에 필요한 뿌리와 줄기 등의 전체 구조를
제공한다. 이것은 자연 선택에 의해서만 진화할 수 있는 복잡
한 적응이다. 오토바이는 자전거와 내연 기관의 공생체라 할
수 있다. 당신이 오토바이를 좋아한다면 잘 탈 수는 있겠지
만, 누군가가 자전거와 내연 기관을 발명한 후에야 가능한 일
이다. 공생은 자연 선택을 대체할 수 있는 기작은 아니다. 그
보다는 공생에 대한 다윈주의 방식의 설명이 있어야 할 것이
다.

명심해야 할 또 다른 점은 이 장의 첫 부분에서 밝혀 두
었다. 부분들 사이의 협동이 모두 공생에 의해 이루어지지는
않는다는 점이다. 사실, 다른 기능을 하는 특수한 부분들 사
이에서 협동이 이루어지는 복잡한 예의 대부분을 보면, 유전
적으로 동일한 또는 적어도 유사한 것이 분화의 과정을 거쳐
일어났다. 우리는 이제 그러한 과정 즉 다세포 생물이나 사회
의 기원에 관해 다루고자 한다.

제10장
···
다세포 생물의 진화

동물의 몸은 수억 개의 세포로 구성되어 있으며, 이들 세포에는 근육 세포, 신경 세포, 혈구 세포 등 수많은 종류가 있다. 생명체는 동물, 식물, 균류의 세 가지 독립적인 방향으로 진화했다. 대부분의 균류는 동물이나 식물보다는 단순하지만 버섯은 매우 정교한 구조를 갖추고 있다. 물론 이들보다 더 단순한 다세포 생물인 볼복스는 단지 몇 종류의 세포로 구성되어 있으며, 그 중 섬모 세포는 속이 빈 형태의 녹색구를 형성하고 생식 세포는 그 내부에 위치한다.

이처럼 다세포 생물들은 다양하지만 이들을 구성하는 세포들은 한 종의 단세포 생물에서 기원했으므로 진화 과정에서 다세포 생물의 형성은 생명의 탄생이나 진핵 세포의 진화보다는 어렵지 않았을 것 같다. 약 5억 4천만년 전 캄브리아기 초기에 동물의 진화에서 폭발적인 적응 방산(adaptive radiation)*이 있었다. 이는 한때 어떤 중대한 원인으로 동물들의 신체 구조, 이동 방법, 식성, 보호 양상 등이 서로 다르게 폭발적으로 진화했음을 의미한다. 그렇다면 캄브리아기의

---

* 적응 방산 : 공통 조상에서 유래한 종이 서로 다른 새로운 환경에 적응하여 다양하게 종화(speciation)하는 진화 과정.

폭발적 적응 방산은 어떠했으며, 그 원인은 무엇이었을까?

다양한 수중 동물의 화석이 5억 4천만년 전에 최초로 나타난 것으로 보아, 이때 폭발적인 적응 방산이 있었음을 의심할 여지가 없다. 이때의 동물들은 몸집이 클 뿐만 아니라 껍질이나 외골격이 있었기 때문에 화석으로 남을 수 있었다. 캄브리아기 이전에는 껍질이 있는 큰 동물들은 거의 없었고, 작고 연한 몸을 가진 동물들만이 있었을 것으로 추측된다. 이러한 동물들은 화석으로 남지 않았으며, 이들 중 현존하는 동물들에 대한 화석 기록도 남아 있지 않다. 이는 드물거나 생소한 동물의 경우뿐만 아니라, 수가 많고 우리에게 익숙한 선형 동물들에 대한 화석 기록도 남아 있지 않다.

캄브리아기 이전의 동물 화석이 1947년에 오스트레일리아 남부에 있는 에디아카라 언덕의 사암에서 최초로 발견되었다. 이는 캄브리아기의 폭발적 적응 방산이 있기 약 2천만년 전에 생존한 '에디아카라 동물군'*으로 불리는 연한 몸을 가진 동물에 대한 인상 화석으로 이후 지구상의 여러 곳에서 발견되었다. 비록 이들은 화석화될 수 있는 단단한 부분은 없었으나, 죽을 때 자신의 흔적을 진흙에 남겼다.

이들 인상 화석을 어떻게 해석해야 할지에 관해서는 논란의 여지가 다분하지만, 이들은 현대의 동물 분류에 있어 문을 대표하는 자포동물문(말미잘, 해파리류), 환형동물문(지렁이류), 절지동물문(새우, 게, 거미, 지네류), 그리고 극피동물문

---

* 에디아카라 동물군 : 선캄브리아 후기(약 6~7억년 전)에 생존한 것으로 확인된 동물군. 1947년에 오스트레일리아 남부에 있는 에디아카라 언덕의 사암에서 해파리와 유사한 인상 화석이 발견된 것을 계기로 연구가 진행되었다. 에디아카라 동물군에는 다세포 생물의 화석이 많이 포함되나, 캄브리아기 이후에 폭발적으로 적응 방산한 동물의 문과는 직접적으로 관련이 없는 것 같은 동물도 적지 않다.

(불가사리, 성게류) 등에 속하는 것으로 생각된다. 그러나 이는 캄브리아기보다 단지 2천만년 전의 일이다. 유전자의 염기 서열의 차이를 비교하는 분자생물학적 연대 측정 방법으로 동물의 기원 연대를 계산한 결과, 다세포 동물은 약 10억년 전에 출현한 것으로 추측된다. 만약 그렇다면, 화석은 단지 동물 연대기의 후반부에 관한 기록만을 제공하는 것이다. 이러한 화석 기록에 의하면, 약 5억 4천만년 전에 동물의 크기나 골격이 다양하게 독립적으로 진화했음을 알 수 있다.

이후로는 다세포 생명체가 갖추어야 할 생물학적 요소에 관해서 논의한다. "적어도 생명체에 있어서 가장 기본적인 기작은 단세포 진핵 생물뿐만 아니라 세균에서도 공통적이다."는 것이 의문점이다. 몸집이 큰 동물의 생성에 필요했던 것은 단지 물리적 환경의 변화이지 다른 원인때문은 아닐 것이다.

이러한 가정 중의 하나는 5억년 전까지는 대기 중의 산소가 바다에 녹아 해양 생물이 번창했으며, 대기 중에는 산소가 거의 없었을 것이라는 가설이다. 최초의 동물은 심장, 혈관과 같은 순환계가 없었을 것이며, 이러한 구조로 진화하기까지는 상당한 기간이 필요했을 것이다. 따라서 처음에 산소는 단지 확산으로 산소압이 낮은 조직에 공급되었을 것이며, 이는 대다수 동물의 생존에 매우 심각한 문제를 야기했을 것이다.

선캄브리아기의 다세포 동물의 화석은 종이처럼 얇았다. 이렇게 종이처럼 얇고 매우 작은 동물들이 캄브리아기 초기 화석의 특징인 몸집이 크고 단단한 껍질을 가진 생물로 진화하기 전까지, 수백만년 동안 생존했을 것이다. 캄브리아기의 폭발적 적응 방산은 바다의 산소압이 증가함으로써 시작되었다. 또한 몇몇 육식 동물의 출현으로 폭발적 적응 방산이 가

속화되었을 뿐만 아니라, 이들로 인해 다른 동물들은 육식 동
물과 경쟁하기 위하여 단단한 껍질을 가지는 방향으로 진화
하게 되었다.

보다 복잡한 생물로 진화하기 위하여 어떠한 구조와 기능을 갖추어야 했을까?

유전자 조절

바이스만(August Weismann)*은 그림 10.1에서처럼 세포
의 분화기작에 대해 두 가능성을 제시했으며, 이를 결정하는
유전자를 'ids'라 명명한 최초의 인물이다. 그 중 하나는, 그가
지지한 가설로, 발생 중의 세포가 분열할 때 일부의 유전자만
이 딸세포로 유전된다는 것이다. 따라서 뇌에서 요구되는 유
전자는 차후에 뇌가 될 세포에게 전달되고, 간에서 요구되는
유전자는 차후에 간이 될 세포에게 전달된다는 것이다. 배우
자를 생산하는 생식 세포는 다음 세대를 잇는 유일한 세포로
써 전체유전자를 갖고 있다고 생각했다.

그러나 바이스만은 다른 가능성, 즉 모든 유전자는 모든
세포에 전달되고 각각의 세포에서는 각기 다른 유전자들이
발현할 가능성도 배제하지 않았다. 이는 인접한 세포 또는 세
포 외부의 영향으로 이에 상응하는 적절한 유전자가 활성화

---

* 바이스만(1834. 1. 17.~1914. 11. 5.) : 독일의 동물학자. 각종 무척추동물의
발생을 연구하였지만, 안질 때문에 주로 이론가로서 유전, 발생, 진화에
관한 이론을 전개하였다. 그의 고찰로는 유전과 발생에서 염색체학설을
예견하였다. 입자설적 견해에 따라서 생식질의 연속을 주장하였고, 획득형
질의 유전을 부정하였다. 진화에 관한 자연 선택 이론을 확장 적용하여,
자신의 설을 '네오-다윈니즘'이라고 칭하였다.

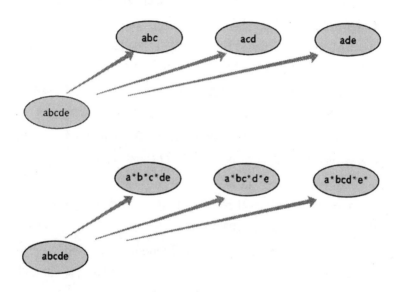

그림 10.1 분화의 두 가설. 첫째 가설(i) : 각 조직 세포가 분화될 때, 생식 세포의 전체 유전자 중에서 각 조직 세포에서 필요로 하는 유전자(예, a)가 각 조직 세포로 전달된다. 둘째 가설(ii) : 모든 유전자가 모든 세포에 전달된다. 그러나 각 조직세포별로 다른 유전자(*표시)가 발현된다. 바이스만은 두 가능성을 모두 인정했으나, 첫째 가설을 중시했으며 둘째 가설은 특이한 경우라고 생각했다.

되기 때문에 이런 일들이 일어날 수 있다. 바이스만은, 외부
환경의 영향으로 야기되는 현상이 어떻게 일어나는지를 충분
히 알 수 없다는 이유로, 두번째 가능성을 받아들이지 않았
다. 비록 바이스만이 제기한 문제점인 유전자의 활성화 기작
을 전부 이해하지는 못하지만, 두번째의 가능성이 옳다는 것
을 우리는 현재 믿고 있다.

　　바이스만의 첫번째 가설에 의하면, 하나의 구조를 형성하
도록 예정된 세포에는 그 구조 형성에 필요한 유전자들만 있
기 때문에, 만약 환경이 변화면 이들은 다른 구조를 형성할
수 없다. 그러나 식물의 새싹과 가지를 잘라 땅에 심으면 뿌
리가 나온다는 것을 모든 원예사들은 잘 알고 있다. 이러한
사실을 바이스만도 알고 있었으나, 그의 첫 가설로는 이 현상
을 충분히 설명할 수 없었다.

　　이로써 세포의 분화는 어떤 다른 유전자의 발현에 달려
있음을 알 수 있다. 1950년대 프랑스 생물학자인 자코브
(François Jacob)와 모노(Jacques Monod)는 오페론설(operon
theory)을 통해서 이러한 일이 어떻게 일어나는지를 밝혔다.
자코브와 모노는 박테리아가 일반적으로 사용하는 글루코오
스 대신 젖당을 에너지원으로 사용할 수 있는 기작을 밝혔다.
그 기작이 그림 10.2에 나타나 있다. 중요한 점은 하나의 유
전자는 하나의 단백질을 생성하며, 이 단백질은 두번째 유전
자 또는 몇 개가 연결된 유전자의 시작 부위에 있는 특이한
DNA 서열을 인지하여 결합함으로써 두번째 유전자의 발현을
조절할 수 있다는 것이다.

　　자코브와 모노가 연구한 결과에 의하면, 유전자 발현 조
절은 음성적 또는 양성적으로 조절된다는 것이다. 음성적 조
절은 조절 단백질이 두번째 유전자의 발현을 억제하거나 또

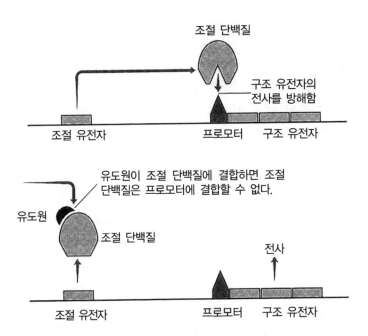

그림 10.2 자코브와 모노가 밝힌 유전자 발현의 조절 기작. 유전자는 단백질로 발현되는 구조 유전자와 이의 발현을 조절하는 조절 유전자로 구성되어 있다. (i) 조절 유전자(R)의 산물인 조절 단백질이 구조 유전자 앞에 있는 프로모터 부위에 결합하면, 이 구조 유전자는 발현하지 못한다. (ii) 유도원인 젖당이 조절 단백질과 결합하면, 조절 단백질의 구조가 변화되어 더 이상 프로모터 부위에 결합하지 못하게 된다. 따라서 구조 유전자는 발현한다. 이러한 기작에 의해서 어떠한 유도원이라도 이에 상응하는 구조 유전자를 발현시킬 수 있다.

는 유도원인 젖당과 결합함으로써 그 기능을 잃게 되는 조절 기작이다. 그러나 양성적 조절은 어떤 유전자의 형질 발현에 특정한 조절 단백질을 필요로 하는 조절 기작이다.

이러한 조절 기작은 모든 세포에서 일반적으로 일어나는 현상이다. '외부 환경의 영향'이라고 언급한 유도원인 젖당은 억제 인자에 결합함으로써 억제 인자를 프로모터로부터 분리시킨다. 따라서 억제 인자가 더 이상 유전자의 발현을 억제하지 못하기 때문에, 젖당을 에너지원으로 사용하는 유전자들이 발현된다.

모노가 강조한 이 결과는 원리적으로 '어떤 화학 물질도 이에 상응하는 유전자를 작동시킬 수 있다'는 의미가 된다. 유도원 또는 유도 신호가 뜻하는 바는 모호하지만, 모든 신호 전달계는 이러한 유도 신호에 의해 조절된다.

유전자 조절 기작에 관한 연구는 박테리아에서 시작되었다. 다세포 동물과 식물의 유전자에는 유전자 발현을 조절하는 다양한 조절 부위가 있으며, 이들은 조절 유전자의 영향을 받고 있다. 따라서 특정 세포에서 특정 유전자의 발현은 음성적 또는 양성적으로 조절될 수 있다. 또한 각 세포가 속한 조직, 이웃하는 세포, 세포 주기, 발생 단계, 그리고 여러 상황에 따라 유전자들의 발현이 다르다. 유전자 조절은 매우 복잡할 뿐만 아니라 계층적인 단계를 통해서 이루어진다. 그러나 근본적인 조절 기작은 이미 밝혀진 원핵 세포의 경우와 유사하다.

세포의 유전

동물 조직의 일부를 세포 배양하면, 상피 조직 세포는 상피세포로 섬유 조직 세포는 섬유아 세포로 그 특성을 유지한

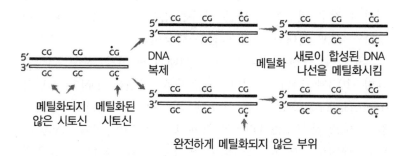

그림 10.3 다세포 생명체에서의 세포의 유전. DNA 메틸화 기작은 DNA의 G-C 배열중의 특정한 C잔기가 DNA 메틸화 효소에 의해서 메틸화되는 것을 말한다. 시토신잔기의 메틸화는 유전자의 발현을 결정하는 중요한 인자이다. DNA 메틸화 효소는 DNA 복제 직후에 이중 나선 중에서 메틸화되지 않은 부위를 인지하여 메틸기를 부가한다. 세포의 유전에 있어서 DNA 메틸화 패턴은 DNA의 복제와 함께 딸세포에 승계된다. 이 외의 세포의 유전 기작으로는 아직 잘 밝혀지지 않은 DNA-단백질의 결합 기작이 있다.

다. 이처럼 분화한 조직의 세포들은 그 특성을 유지하면서 일
정 횟수만 분열한다. 즉, 개체 세대의 유전자 전수 현상뿐만
아니라, 세포의 세대에도 '세포의 유전'이 적용된다는 의미가
된다. 유전이란 어버이의 형질이 자식이나 그 이후의 세대에
나타나는 유전자의 전수 현상을 말한다. 이에는 두 가지 시스
템이 있다. 그 중 하나는 우리에게 익숙한 개체 세대간의 유
전자의 전수 현상이며, 다른 하나는 유전자의 발현 상태를 전
수하는 세포 세대의 유전자 전수 현상이다.

두번째 유전시스템인 세포 세대의 유전자 전수 기작이
그림 10.3에 나타나 있다. 유전자의 발현은 DNA 메틸화
(methylation) 또는 다른 방법에 의해서 이루어진다. 중요한
점은 세포 분열에는 DNA의 복제가 수반되며, 이때 DNA 메
틸화 패턴도 그대로 복사되어 딸세포로 계승된다는 것이다.
그러나 생식 세포가 만들어 질 때에는, DNA 메틸화 패턴은
초기의 상태 즉, 컴퓨터의 'RESET' 버턴을 누른 효과와 같이
복구되어야 한다.

유전자의 발현은 DNA 메틸화 패턴에 의해서 결정될 수
도 있으며, 이러한 기작은 박테리아에도 있다. 그러나 캄브리
아기의 폭발적 적응 방산을 촉발시킨 유전학적 원인에 대해
서는 아직도 밝혀지지 않았다.

생식 세포와 체세포

모든 동물은 발생 초기에 두 계열의 세포를 형성하는 세
포 분열이 일어난다. 그 결과, 정자와 난자를 생산할 수 있는
일부 생식 세포와 신체를 구성하는 체세포가 형성된다. 바이
스만의 첫번째 가설에 의하면, 각 조직 세포는 조직 형성에 필
요한 유전자를 서로 나눠 가지게 된다. 따라서 생식 세포는 다

음 세대 형성에 필요한 모든 유전자를 지녀야 하므로 발생 초
기에 확립될 필요가 있다.

그러나 오늘날 우리는 체세포에도 전체 유전자가 있음을
알고 있다. 그러면 왜 발생 초기에 체세포와 생식 세포가 분리
되는지 그 이유가 명확하지 않다. 식물의 경우, 생식 세포가
분리되지 않는 점으로 보아, 모든 다세포 생명체에 있어서 생
식 세포의 분리가 필수적인 것은 아니다. 식물은 생식 세포가
중앙의 생식선으로부터 수정이 일어나는 꽃까지 갈 수 없으므
로 생식 세포의 분리가 불가능하다. 그러면 동물은 왜 생식 세
포를 형성하는 것일까?

가장 적절한 설명은 세포 분화와 세포의 유전에 있는 것
같다. 생식 세포의 형성에는 컴퓨터의 'RESET' 버턴을 누른
것과 유사한 과정이 필요한 것 같다. 따라서 모든 세포는 다
음 세대의 모든 조직 세포로 분화할 수 있게끔 소위 '분화 전
능(totipotency)*'의 상태로 바뀔 수 있어야 한다. 예를 들어
만약 배우자가 상피 세포에서 유래하였다면, 상피 세포의 특
성을 나타내는 DNA 메틸화 패턴은 원래대로 복구되어야 할
것이다. 식물의 경우에서와 같이 원리적으로는 이러한 현상이
가능하다. 그러나 만약 배우자가 미분화된 생식 세포에서 유
래하였다면, DNA 메틸화 패턴이 바뀔 이유가 없을 뿐만 아
니라 이 과정에서 오류가 발생할 가능성도 줄어든다.

---

* 분화 전능 : 생물의 세포나 조직이 그 종의 모든 조직이나 기관으로 분화
하여 완전한 개체를 형성하는 능력. 수정란은 당연히 분화 전능성을 갖지
만, 동물에서는 발생에 따라 분화 방향이 결정되면 분화 전능성을 상실한
다. 그러나 최근 돌리 양의 복제로 이러한 내용이 수정되어야 할 것 같다.
식물에서는 고도로 분화한 체세포도 분화 전능성을 유지하고 있다. 예를
들어 줄기나 뿌리에서 유래하는 캘러스의 단리 세포나 단리 엽육 세포를
배양하면 배발생과 기관 분화를 거쳐 완전한 식물체를 재생한다.

3차원적 형태 형성

다세포 생명체의 발생에서 3차원적 형태는 어떻게 형성되며, 유전자의 발현과는 어떤 상관성이 있는 것일까? 동·식물의 형태가 어떻게 형성되는지 알아보기 전에, 무생물의 형태를 만드는 방법을 알아보는 것이 생물의 형태 형성을 이해하는데 도움이 될 것 같다. 그 첫번째는 '주형 복제(template reproduction)' 기작이다. 예를 들면 종이에 도장을 찍는 식으로 형태를 만드는 방법이다. 이 방법의 중요한 점은 면과 면의 접촉에 의해서 이미 존재하는 형태의 사본이 만들어진다는 것이다.

다른 예로는 주형에 주물을 부어 동상을 만드는 식으로 형상을 만드는 방법이다. 이 방법 역시 이미 존재하는 형상의 사본이 만들어질 뿐이며, 새로운 형상이 만들어질 수는 없다. 동·식물의 형태가 도장을 찍듯이 또는 주형을 이용하여 동상을 만드는 식으로 형성될 것이라고 생각하는 사람은 아무도 없다. 그러나 유전에서 중요한 DNA 복제가 바로 주형을 이용한 DNA 복제 과정이다.

두번째 방법은 회오리 바람 같은 와동, 눈송이, 또는 물방울 왕관이 형성되는 것과 같은 방법으로 형태가 형성되는 것을 말한다. 이러한 경우는 자연 법칙에 따라 복잡하고 규칙적인 형태가 형성된다. 소위 '자연 형성(self-organization)'이라 부르는 이러한 형태 형성은 물의 비압축성, 점도, 그리고 표면 장력 등에 의해 자연적으로 형성된다. 자연 형성이 순간적이라는 이유로 생명체 형태 형성의 적당한 모델이 될 수 없다고 이의를 제기할 수도 있다. 그러나 자연 형성으로 지속되는 것으로 눈송이가 있다. 좀 더 심각한 이의 사항으로 '자연 형성은 생물과는 달리 개체의 생존이나 생식을 담당하는 기관이 없다'는 것이다. 또한 생명체 특유의 근본적인 특성인 '적응'의 관점에서도 이 모델은 부정적이다.

　이와 관련된 두번째 모순으로, 자연 형성은 외부의 정보에 의해 영향을 받지 않는다는 것이다. 자연 형성은 완전히 자연적일 뿐, 자연 선택에 의해 진화할 수 없다. 바로 이 점이 자연 형성에 의해 생명체의 생존을 담당하는 기관이 만들어질 수 없다는 이유이다. 이러한 자연 형성의 문제점은 일부 해결될 수 있다. 물튀김에 의해 생기는 자연 형성은 물의 점도와 같은 매개 변수에 의해 변할 수 있다. 물튀김과 같은 자연 형성은 시스템의 매개 변수에 의해 변할 수 있는 여지가 있기 때문에 완전히 자연적으로 형태가 형성된다는 문제점의 일부를 해결할 수 있다.

　일부 생물학자들은 동물의 발생을 유전자를 매개 변수로 하는 자연적 형태 형성의 역동적인 일련의 과정이라고 주장한다. 이 주장의 일부분은 옳다. 예를 들어, 얼룩말의 줄무늬는 자연적 형태 형성의 역동적 과정의 결과라고 생각할 수 있지만, 여기에는 발생의 중요한 면이 빠진 것을 알 수 있다. 즉, 서로 다른 유전자가 다른 세포, 다른 시기, 그리고 다른 장소에서 어떻게 발현할 수 있는 것일까? 이 의문을 논의하기 전에, 먼저 무생물의 형태 형성에 있어서 정보의 역할이 명백히 드러나는 세번째 방법에 관하여 논의한다.

　형태 형성의 세번째 방법을 컴퓨터 그래픽을 예로 들어 설명한다. 컴퓨터에서 나오는 연속적인 전기적 신호가 잉크젯 프린터에 전달되면, 프린터는 이러한 신호에 상응하는 그림을 그린다. 따라서 종이에 그려진 그림은 컴퓨터에 입력된 정보가 전기적 신호로 전달되어 형성된 것이다.

　그림의 점과 전기적 신호는 1:1의 대응 관계에 있다. 생명체의 형태가 도장을 찍는 것처럼 또는 컴퓨터 영상이 만들어지는 것처럼 형성될 것이라고는 생각되지 않는다. 그러나 사실 단백질 분자는 컴퓨터의 영상과 유사한 방법으로 만들어진다. 단백질을 구성하는 아미노산들은 염기 3개씩으로 된 유전 암호와 1:1로 대응하고 있다. 따라서 한 염기를 바꾸면, 이에 대응하는 한 아미노산도 바뀐다. 이 내용이 전부는 아니다. 유전자는 단지 단백질을 구성하는 아미노산의 서열만을 결정할 뿐이다. 그러나 아미노산들이 연결되어 형성된 단백질은 3차 입체 구조를 형성하기 위해 꼬이고 접혀야 한다. 대부분의 경우에 있어서 접힘과정은 자연적으로 일어난다. 접힘은 물리학적으로 안정화되려는 자연적인 과정이다. 그러므로 단백질의 1차 구조가 자연적으로 3차원적 형태를 형성하는 것과 전기적 자극으로 그림이 그려지는 것 사이에는 일부 유사한 점이 있다.

컴퓨터 영상의 형성과정이 발생의 모델이 될 수 없는 이유는 다른 점에 있다. 비록 염기의 유전 암호가 아미노산과 1:1의 대응 관계에 있다할 지라도, 유전자와 신체의 각 부분 간에는 대응 관계가 성립되지 않는다는 점이다. 즉, 왼손 새끼 손가락의 손톱이나 오른쪽 눈의 속눈썹을 형성하는 유전자는 하나가 아니다. 대부분의 구조가 다수의 유전자에 의해서 영향을 받기보다는 대부분의 유전자가 여러 구조의 형성에 영향을 끼친다.

무생물의 형태 형성 방법에 관한 논의가 명료하지는 않았지만, 이들 모두가 발생의 모델에는 적합하지 않은 것 같다. 그러나 실제로 일어나는 발생 과정을 생각해 볼 때, 이런 단순한 모델이 발생을 이해하는데 도움이 될 것이다.

생명체의 발생

생명체의 발생은 간단한 모델을 통해 알아보는 것이 편리하다. 식물의 꽃은 그림 10.4에서 볼 수 있듯이 원반 모양으로 배열하고 있는 세포들의 모임에서 발생한다. 원반은 4개의 동심원으로 이루어져 있는데, 가장 바깥쪽에 위치하는 동심원으로부터 꽃받침이 발생하고, 안쪽에 위치하는 각각의 동심원으로부터 꽃밥, 수술, 그리고 가장 안쪽의 동심원에서 암술이 발생한다. 그러나, 이러한 기본 패턴에 변화를 초래하는 돌연 변이가 있는데 꽃받침이 꽃잎으로 변화하는 따위가 그것이다. 원예가들은 위와 같은 유형의 돌연 변이를 오래전부터 흔히 보아왔다. 예를 들어 겹페니(paeony)는 수술이 꽃잎으로 변한 것이다. 이러한 유형의 돌연 변이를 유전체양이 비교적 간단한 십자화과 식물인 아기장대풀(*Arabidopsis*)을 통해 분석하였다(그림 10.5).

위와 같은 현상이 우리에게 시사하는 바는 무엇인가? 아마 보다 중요한 것은 우리가 위와 같은 현상으로부터 아직 알아낼 수 없는 것이 무엇인가를 알아내는 것일 것이다. 이러한 현상은 우리가 이미 어느 정도 예측할 수 있듯이 어떤 특정 구조(예를 들어 꽃잎)의 발생에 필요한 유전자들이 특정한 조절 유전자에 의해 발현됨을 시사한다.

꽃잎의 경우에는 유전자 a와 b가 이에 해당한다. 유전자 a, b, c는 조절 유전자 위계상 상위에 위치하고 있다. 그런데 꽃을 만드는 원반상의 원기에서 이들 유전자가 정확히 어느 곳에서 발현할 것인지와 언제 발현할 것인지를 결정하는 것은 무엇인가? 꽃의 발생에 관한 문제에서 아직 그 해답은 찾아내지 못했다. 이러한 성격의 의문을 풀기 위해서는 발생 유

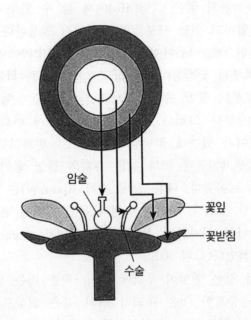

암술

꽃잎

꽃받침

수술

그림 10.4 꽃의 발생. 꽃은 4개의 동심원 모양으로 구성되어 있는 원반 형태의 세포 집단에서 발생하며, 각각의 동심원은 꽃받침, 꽃잎, 수술, 암술로 발생한다.

전학적 연구를 오랫동안 진행한 초파리나 생쥐를 이용하는 것이 좋다. 전체적으로 볼 때 매우 복잡하기는 하지만, 몇 가지의 일반적인 발생 유전의 법칙이 점차 그 윤곽을 드러내고 있다.

약 1세기 전에 독일의 유명한 발생학자였던 바이스만이 예견했던 대로 위와 같은 현상이 일어나려면 일단의 세포들, 보다 적게는 하나의 세포, 궁극적으로는 하나의 유전자가 특정한 외부 요인에 의해 영향받는 과정이 있어야만 한다.

배 발생 과정에서 유도 작용이라고 불리우는 현상은 바로 이러한 과정의 한 예로서 아주 오랫동안 알려져 왔다. 예를 들어 척추동물 눈의 수정체는 원시 상피 세포가 분화하여 만들어진다. 이들 세포가 다른 상피 세포와 다르게 되는 원인은 이들 상피 세포와 발생 중인 뇌의 일부가 팽대되어 뒤에 망막과 시신경으로 발생하는 안배(optic cup)라 불리우는 것과 접촉하여 유도 작용이 일어나기 때문이다. 따라서, 그대로 놓아 두었더라면 피부의 일부를 만들었을 세포들이 안배와의 접촉으로 수정체를 형성하도록 유도된 것이다. 이렇게 하여 망막의 바로 앞에 수정체가 형성되는 아주 이상적인 결과가 나타나는 것이다.

그 개념의 중요성이 최근에 와서야 실험적으로 입증되기는 했지만, 생물체의 3차원적 형태 형성을 가능하게 하는 두 번째 기작을 이미 30여년 전 월퍼트(Lewis Wolpert)가 제안하였다. 이 이론은 다음과 같이 전개된다(그림 10.6). 발생 중인 배의 특정 부위에서 어떤 화학 물질이 만들어진다고 가정하자. 이 물질은 생산된 부위에서 점차 외곽으로 확산되어 일종의 농도 구배를 형성할 것이다. 마치 젖당 농도에 따라 대장균의 특정 유전자가 발현하는 것과 같이, 세포들은 구역별

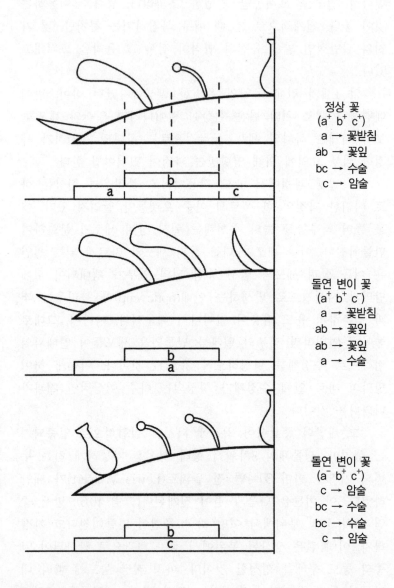

정상 꽃
$(a^+ \, b^+ \, c^+)$
a → 꽃받침
ab → 꽃잎
bc → 수술
c → 암술

돌연 변이 꽃
$(a^+ \, b^+ \, c^-)$
a → 꽃받침
ab → 꽃잎
ab → 꽃잎
a → 수술

돌연 변이 꽃
$(a^- \, b^+ \, c^+)$
c → 암술
bc → 수술
bc → 수술
c → 암술

그림 10.5 정상적인 꽃의 발생과 비정상적인 꽃의 발생. (i) 정상적인 유전자 $a^+b^+c^+$에 의한 꽃의 발생. 오른쪽에 정리한 법칙에 의해 꽃의 원기에서 나타나는 유전자 발현 양상(아랫쪽 그림)과 이에 따른 여러 가지 구조의 발생(윗쪽 그림). (ii) c 유전자가 돌연 변이에 의해 불활성 상태인 경우에 발생하는 꽃의 형태. c 유전자의 활성이 없어지면 a 유전자가 꽃의 원기 전체에서 발현된다. (iii) a 유전자가 불활성 상태인 경우에 발생하는 꽃의 형태. a 유전자의 활성이 없어지면 c 유전자가 꽃의 원기 전체에서 발현된다. 이중 돌연 변이를 포함한 다른 돌연 변이의 경우에도 마찬가지 법칙에 따라 꽃이 발생한다.

로 각각의 농도에 반응하게 되고 이에 따라 각각 상이한 유전자가 발현하거나 발현하지 않게 될 것이다. 예를 들어 산란되기 전의 초파리 알에는 어미의 난소에 있는 영양 세포들로부터 만들어진 물질이 알의 어느 한쪽 끝을 기점으로 하여 불균등하게 분포함으로써 이미 특정 물질의 구배가 형성되어 있다. 이 물질의 농도가 높으면 특정 유전자가 발현하고 이에 따라 배의 그 부위가 특정 구조로, 예를 들어 머리로 발생하게 된다.

이 경우는 좀 특이하다고 할 수 있는데, 그 이유는 물질의 농도 구배의 원천이 배의 외부인 어미의 난소에 있기 때문이다. 그러나, 일반적으로 물질의 구배는 배 그 자체에 기원을 두고 있다. 이론상 하나의 물질의 농도 구배가 이루어지면 농도에 따라 유전자의 발현이 달라짐으로써 배의 여러 부위가 특성화될 수 있다. 그러나, 현실적으로는 두 개 이하, 많아야 셋 정도의 부위가 하나의 물질 구배에 의해 특성화된다.

월퍼트가 3차원적 형태 형성에 대한 이론 전개에서 예로 들었던 프랑스 국기가 세 구역으로 나뉘어진 삼색기라는 사실은 매우 재미있는 일치라고 할 수 있다. 세포는 특정 물질

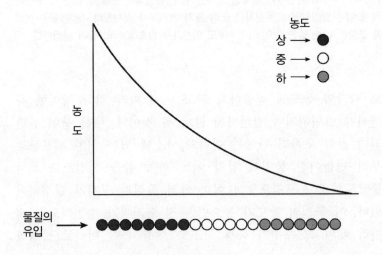

그림 10.6 월퍼트의 프랑스 국기 모델. 한 무리의 세포가 배열되어 있을 때 그 한쪽 끝에서 확산 가능한 물질 또는 형태 형성 인자가 만들어지면 확산에 의해 농도의 구배가 생긴다. 이어 세포들은 각 지역의 농도를 인지하고 이에 따라 세 부위에 상응하는 형태를 형성한다.

에 대해 반응할 때 여러 개가 아닌 한 종류의 물질 유무에 따라 반응하는 것이 쉬울 것이며 이것이 보다 확실한 방법일 수 있다. 따라서, 한 단계에 의해 발생할 수 있는 체계의 복잡성은 매우 낮을 것으로 판단된다. 결론적으로 배 발생은 하나의 유전자가 발현하고 이것이 다음 단계의 신호로 작용하는 일련의 연속적 도미노 현상과 같은 과정으로 일어난다.

형태의 진화

현존하는 생물의 유전자와 자연 선택을 연구하는 집단 유전학자와 화석 기록을 연구하는 고생물학자 사이에는 오랫동안 학문적 대화가 거의 없었다. 전자는 유전자의 변화를 관찰하고 후자는 형태의 변화를 관찰한다. 유전자의 변화가 어떻게 형태 변화를 초래하는지를 알지 못하면 두 그룹의 학자들간에는 토론 거리가 없을 수밖에 없다. 아직 그 단계에 이르지 못했음을 인정할 수밖에 없지만, 최근의 발생유전학의 발전은 앞으로 두 그룹간의 괴리를 좁혀 줄 수 있을 것이다.

발생유전학에서 이루어지고 있는 작금의 혁명적 발전은 새로운 분자생물학적 기법에 의해 이루어지고 있다. 이제 다양한 종류의 동물과 식물에서 초기 발생에 관여하는 유전자를 찾아내어 염기 서열을 결정하고, 이들이 어떠한 단백질을 만들며 비활성화될 때 어디에 이상이 생기는지를 알아낼 수 있다. 뿐만 아니라 이 유전자가 발생 중에 언제 어디에서 처음으로 발현하며, 이 유전자를 다른 종에 집어넣었을 때 어떤 효과가 나타나는 지도 알아낼 수 있다. 또한 그들의 유전자 염기 서열을 다른 종과 비교함으로써 진화적 유연 관계를 알

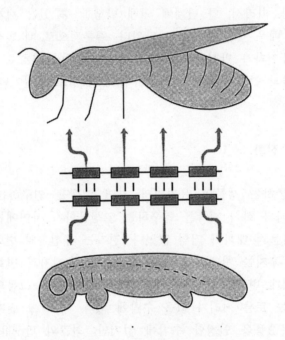

그림 10.7 *Hox* 유전자 무리. 초파리의 염색체에 일렬로 배열되어 있는 일단의 유전자들은 초기 발생 시기에 앞뒤를 연결하는 체축을 따라 독특한 지역에서 각기 발현되어 체절 특이적 구조가 발생하도록 유도한다. 유사한 유전자 집단이 생쥐에서도 발현되어 비록 그 구조 자체에서 초파리와 생쥐는 현격한 차이가 있지만 위치 특이적 구조의 발달을 유발한다. DNA 염기 서열을 비교해 본 결과 생쥐의 제일 앞쪽에서 발현하는 유전자는 초파리의 제일 앞쪽에서 발현하는 유전자와 가장 높은 유사성을 보이며, 이러한 유사성의 대응관계는 머리에서 꼬리에 이르는 전후 축에서 발현되는 *Hox* 유전자 전체에서 나타난다.

수도 있다.

　이러한 기술들을 이용함으로써 아주 귀중한 정보들이 축적되고 있다. 그러나 이러한 정보들은 단편적이기 때문에 해석하기가 어렵다. 자동차의 엔진이 어떻게 작동하는가를 알고 싶은데, 특정 부위를 관찰하고 분해하여 어떤 일이 일어나는지를 알아보는 것만이 가능하다고 가정하자. 점화 플러그를 연결하는 전선을 제거한다면 엔진이 작동하지 않을 것이다. 연결선의 구조를 보면 이것이 전기 신호를 전달하는 작용을 한다는 것을 추측할 수 있겠지만 그 이상의 것은 알 수 없을 것이다. 이렇게 되면 무엇을 알 수 있게 될 것인가? 복잡한 기계의 한 부분을 제거하여 그 기계가 어떻게 움직이는가를 밝혀내는 것은 쉽지 않다. 이러한 어려움에도 불구하고, 모든 것을 파악하기에는 아직 미흡하지만 진보는 계속되고 있다.

　결코 예기하지 못했던 흥미로운 발견이 그림 10.7에 제시되어 있다. 초파리에는 유전자의 시작 부위에 60개의 아미노산 서열을 결정하는 '호메오 상자 구역(homeobox domain)'이라는 부분을 지닌 'Hox 유전자'들이 있다. 이 유전자들은 배아의 앞에서 뒤까지 다양한 지역의 특정 부위에서 발현한다. 이들 유전자는 각각 배아의 각 부분들이 적절한 구조로 발생하는데 필요한 일련의 유전자의 '주요 작동원(master switch)'으로 작용하는 것처럼 보인다. 이들 유전자의 돌연 변이는 엉뚱한 구조, 좀 더 정확히 말하자면 엉뚱한 장소에서 특정 부위의 구조가 만들어지도록 한다. 이 유전자를 분리하여 염기 서열을 밝힌 것은 최근의 일이지만 이러한 '호메오 돌연 변이(homeotic mutation)'는 이미 50여년 전부터 알려져 왔다. 이러한 돌연 변이들 중 전형적인 것으로는 머리에 더듬이가 있을 장소에 다리 모양의 구조가 생기는 '안테나페디아

(antennapedia)', 가슴 부위의 마지막 체절에서 두번째 쌍의 날개 대신에 작은 곤봉 모양의 평형곤(halter)이 또 한 쌍의 날개로 대체되어 초파리가 두쌍의 날개를 갖게 되는 '테트라프테라(tetraptera)' 등이 알려져 있다.

미처 기대하지 못했던 놀라운 발견은 초파리의 호메오 유전자와 유사한 일련의 유전자들이 생쥐에도 존재하고, 환형동물이나 연체동물 같은 다른 동물군에서도 나타난다는 사실이다. 호메오박스 지역의 염기 서열은 진화적 유연 관계를 찾는데도 사용할 수 있다. 초파리에서 몸의 앞부분 형성에 관여하는 유전자는 보다 뒤쪽 부분 형성에 관여하는 다른 유전자들보다는 쥐와 다른 동물들에서 몸의 앞부분 형성에 관여하는 유전자와 보다 높은 유사성을 보이며 이러한 경향성은 몸의 앞쪽에서 뒷쪽으로 진행하면서도 유지된다.

이 사실이 의미하는 바는 파리, 포유동물, 체절성 무척추동물을 비롯한 모든 좌우대칭형 동물의 공통 조상이 이미 5억년 전에 몸의 머리부터 꼬리까지 각각 다른 지역에서 기능하는 일련의 *Hox* 유전자를 가졌고, 이들은 몸의 각 지역에서 각기 다른 구조의 발생을 조절하며, 그때부터 이 유전자들이 별로 변하지 않고 보전되어 왔다는 점을 의미한다. 척추동물의 공통적 특징인 척추를 갖는 것과 같이 *Hox* 유전자를 공통적으로 가지고 있다는 점은 '동물형(zootype)'이라 불리우는 동물의 특징을 결정지어주는 것이라 말할 수 있다.

Hox 유전자의 신호 전달 체계가 진화적으로 잘 보존되어 있음에도 불구하고, 이러한 발견을 전혀 예견하지 못했던 이유는 서로 다른 생물 그룹간에 그 유전자에 의해 형성되는 구조에서 공통점을 찾을 수 없었기 때문이었다. 예를 들어, 두 쌍의 날개와 6개의 다리를 가지는 곤충의 가슴 부위에 상

응하는 구조가 생쥐와 지렁이에는 존재하지 않는다. 그러나 텔레비젼 또는 헤어드라이어를 켜기 위해 같은 유형의 스위치를 사용할 수 있는 것과 같이, 이런 대응 현상이 기계론적으로 볼 때 물론 놀라운 일은 아니다. 정작 놀라운 것은 하위 단계의 유전자를 조절함으로써 구조상 변화가 일어났음에도 불구하고 그 유전자를 작동시키는 신호 전달 체계가 잘 보존되어 있다는 점이다.

진화적으로 신호 전달 체계의 보존은 *Hox* 유전자에만 국한된 것은 아니다. 눈의 발생 과정에서도 역시 좋은 예를 찾아 볼 수 있다. 생쥐에는 '작은 눈(*small eye*)'이라고 불리우는 유전자가 있다. 만약 이 유전자에 돌연 변이가 일어나면, 생쥐의 눈은 발생하지 못한다. *Hox* 유전자와 같이 이 유전자도 일종의 주요 작동원의 역할을 하는 것 같다. 이 유전자가 작동하면, 눈의 발생에 관여하는 일련의 유전자가 순차적으로 발현한다.

초파리에서도 비슷한 DNA 염기 서열을 지닌 유전자가 눈의 발생을 조절한다. 놀라운 일은 생쥐의 이 유전자를 초파리로 옮긴 후 발현시키면, 발현한 위치에서 눈이 발생한다는 사실이다. 물론 발생한 눈은 척추동물의 눈이 아니라 곤충의 눈인 복안이다. 따라서, 이 유전자가 눈의 발생을 조절한다고 말하는 것은 다소 오해의 소지가 있다. 정확히 말한다면 이 유전자의 역할은 배아의 특정 위치에서 눈이 발생하도록 하는 일련의 과정을 개시하도록 하는 것이며, 어떤 종류의 눈이 만들어 질 것인가를 결정하는 것은 아니다. 사실상, 그 유전자는 '여기에 눈을 만들라'라는 신호를 보내는 것이다. 생쥐와 초파리의 공통 조상은 빛에 민감한 기관을 가지고 있었을 것이며, 이 기관의 위치를 바로 이 유전자가 결정하였을 것이다.

이제, 유전자의 신호 전달 체계가 잘 보존되어 있음을 알게 되었으므로, 특정 사건이 일어난 후 설명하는 것이 좋겠지만, 다음과 같은 이야기를 미리 할 수도 있을 것이다. 초파리의 특정 *Hox* 유전자는 오직 하나만의 유전자를 작동시키는 것이 아니라 일련의 과정에 관여하는 일단의 유전자들을 작동시킨다. 신호에 변경이 일어나면, 즉 이 유전자에 돌연 변이가 일어나면 그 신호에 의해 만들어지는 구조가 크게 바뀌게 될 것이다. 이와 같은 극심한 변화는 적응 능력을 향상시킬 가능성이 거의 없다. 오히려 적응 능력의 향상은 신호 자체는 변하지 않으면서 그에 반응하는 유전자들을 하나씩 변화시킬 때 가능하다. 적응력의 변화가 필연적이라고 할 때, 유전자의 신호 전달 체계의 보존은 점진성의 불가피한 측면에서 볼 때 역시 필연적이라고 할 수 있다.

형태학적 진화의 두번째 특징인 형태의 보전성(conservation)은 아주 오랫동안 유지되어 왔다. 생활 방식이 바뀌었음에도 불구하고, 개체의 기본적 틀이 일정하게 보존되어 있다는 사실이 바로 그것이다. 사람의 손과 물개의 유영지, 그리고 박쥐의 날개는 기본 구조상 서로 매우 유사함을 누구나 알고 있으며, 이것은 진화론을 수용하도록 하는 결정적인 증거 중 하나이다.

아마도 더 근본적인 것은 절지동물, 척색동물, 환형동물, 극피동물, 그리고 연체동물과 같이 여러 가지 문에서 공통적으로 나타나는 '계통형(phylotype)'이라 불리우는 것의 보존일 것이다. 이러한 점은 우리가 속해 있는 척색동물을 예로 들어 가장 잘 설명할 수 있다. 발생 과정에서 모든 척색동물은 '파린규라(pharyngula)'라는 '계통형 단계(phylotypic stage)'를 지나는데, 이 시기에 척삭(notochord, 나중에 척추로 바뀔 다소 단단한 막대형 조직), 체절(somites, 나중에 근육이나 늑골과 같은 조직으로 분화할 분절된 조직), 신경삭(hollow nerve cord, 척삭의 등쪽에 위치하는 신경 조직), 그리고 인두(pharynx, 소화관의 앞쪽에 위치하며 인두로부터 외부로 관통하는 아가미 틈새를 가지는 기관), 꼬리 등이 공통적으로 나타난다.

개체 발생이 끝난 인간에서 척삭, 아가미 틈새, 꼬리 등이 없어지는 것과 같이 발생이 종료된 뒤에는 서로 다른 모습을 보이기는 하지만, 배발생 시기중 계통형 단계에서 모든 척색 동물은 놀라우리만큼 비슷한 모습을 보인다. 따라서 발생은 계통형으로 수렴된 후, 다시 확산되어 간다고 할 수 있다.

척색동물의 계통형에 대해 한 가지 지적할 수 있는 것은 이것이 우리의 원시 조상이 가졌던 기본 구조와 생활 방식을 반영한다는 것이다. 척삭, 마디로 된 근육(segmented muscle), 그리고 항문 뒷쪽에서 이어지는 꼬리는 몸체를 구부렸다 폈다 하는 유영 방식에 적응한 것이고, 인두(pharynx)는 삼킨 바닷물을 아가미 틈새를 통해서 방출할 때, 작은 유기물들을 걸러 먹이로 섭취했던 먹이 획득 방식에 대한 적응의 결과였다.

다른 문의 생물이 가지는 기본적 체형 구조도 특이한 운동성에 대한 적응으로 쉽게 이해할 수 있음이 매우 흥미롭다. 이러한 현상의 또 다른 예는 액체로 가득 채워진 체강과 고리 모양의 체절(ring-like segment)을 지닌 환형동물에서 찾아볼 수 있는데 이러한 형태는 땅을 파고들기에 적합한 구조이다. 다른 문의 기본적 체형 구조는 이것이 왜 처음으로 진화되었는지를 설명할 수는 있지만, 그들이 왜 진화적으로 보존되었

는가는 설명할 수 없다. 계통형 단계 이전과, 그 이후를 주목
해보면 이러한 면이 보다 자명함을 알 수 있다. 계통형 단계
이전의 발생 과정은 전체 배에서 일어나며, 광범위한 세포 이
동을 수반한다. 계통형 단계에서 몸의 중요한 부분들은 미분
화 세포의 블록으로 이미 지정된 상태이며, 그 배열 상태는 성
체에서의 배열 상태와 같다. 그 후의 발생은 보다 지역적이며
각 부위는 다른 부위와 어느 정도 독립적인 상태에서 발생한
다.

몇 가지 이유에서 발생 과정에서 인지할 수 있는 진화적
변화는 서로 다른 두 가지 방식에 의해 일어나는 것처럼 보
인다. 계통 발생 단계에 앞선 초기 발생에서의 차이는 주로
난자의 크기와 난황의 양 및 유생 시기의 존재 유무에 의해
좌우된다.

계통 발생 단계 이후의 변화는 성체 구조상의 변화를 초
래한다. 동물형의 보존과 함께 계통형은 생물체가 주어진 그
당시 환경에 적응하기 위해서는 변화가 점진적이어야만 하는
필요성 때문에 보존된 것으로 보인다.

만일 다른 부분의 발생이 어느 정도 독립적이라면 돌연
변이에 의한 작은 형태적 변화가 보다 쉽게 일어날 수 있을
것이다. 새로운 구조를 만들어 내는 유전 프로그램은 먼저 공
간적 배열 관계에서 불변인 여러 부분으로 구성된 전체를 확
립하고 변화가 필요하면 한번에 한 부분씩만을 바꾸어 나가
는 방식을 취한 것으로 보인다.

이러한 생각이 일견 모호하면서도 추상적인 것은 사실이
지만, 같은 생각들이 아주 다른 분야인 유전 연산법(genetic
algorithm) 분야의 연구에서도 발전되어 왔다. 컴퓨터 과학자
들은 로보트, 기차 시간표, 동력 분배망을 디자인하는 것과

같은 문제에 있어 최적의 해결책을 찾는데 고심하고 있다. 이러한 과정에서 한가지 방법은 진화와 자연 선택의 개념을 도입하는 것이다.

실제로 기차 시간표를 만들 수 있는 유전적 연산법이 고안되었고 그 다음으로 돌연 변이, 재조합, 자연 선택 방법으로 기차 시간표를 향상시킬 수 있는 방안이 모색되었다. 이 방법이 매우 효과적이기는 하지만 실제로는 프로그램에서의 무작위적인 변화가 일어나려면 최소한 어떤 유형의 발전적 변화를 담보할 수 있는 프로그램을 먼저 입안해야 한다.

이것은 쉽지 않은 일이다. 베이직이나 파스칼 같은 용어로 컴퓨터 프로그램을 만들어 본 사람들은 알겠지만 무작위적인 변화는 거의 예외 없이 프로그램을 거의 망쳐놓곤 한다. 유전적 연산법을 공부하는 사람들은 진화적 특성을 나타내도록 하는 프로그램을 어떻게 고안할 것인지에 많은 관심을 기울여 왔다. 프로그램이 갖추어야 할 필수적인 인자는 프로그램에서의 작은 변화가 실행 과정에서도 작은 변화를 가져와야 한다는 점이며, 생물학적으로 이야기한다면 유전형의 작은 변화가 표현형에서도 작은 변화만을 유발해야 한다.

이러한 측면에서 컴퓨터 과학자들이 자신의 프로그램에 대해 이야기할 때 유전자형, 표현형이라는 용어를 사용하는 것은 매우 흥미롭다. 이러한 목적을 달성하는 한 가지 방법은 프로그램을 부품을 조립하는 식의 모듈형으로 만드는 것이다. 즉 프로그램의 각 부분들이 전체의 종합된 결과에서 단 한 가지 인자를 지정하도록 하는 것이다. 어떻게 보면 우리의 신체는 신장, 간, 심장, 팔, 다리와 같이 각기 분리 가능하며 각 부분이 고유의 기능을 수행하는 모듈형으로 되어 있다고 할 수 있는데, 이러한 현상은 매우 흥미로우며 유전 프로그램도

어느 정도 모듈형으로 되어 있다는 것이 알려지기 시작하고
있다. 따라서 배와 동물형 및 계통형에 관한 발생유전학적 연
구 결과가 우리에게 시사하는 바는 큰 의미가 있다.

제11장

···

동물 사회의 진화

동물의 사회는 진화적으로 그 기원과 뿌리가 서로 다른 세 부류가 있으나 모두 복잡하게 분업화된 구조로 되어 있다. 이 장에서는 개미, 꿀벌, 말벌 그리고 흰개미와 같은 곤충과 해양 무척추동물의 군체에 대하여 이야기하려고 한다. 그리고 다음 장에서는 인간 사회에 대하여 살펴보기로 할 것이다.

분업과 경제적인 이익 이외에 세 종류의 사회는 또 다른 하나의 공통점을 가지고 있다. 모든 경우 사회의 구성원들은 유전적으로 유사하다. 꿀벌의 군체에서 여왕과 일벌 그리고 인간 사회의 농부, 교사 및 상점점원의 차이점은 유전적으로 생긴 것이 아니라 서로 다른 사회 환경에 대한 유사한 유전자의 발현의 차이로부터 생긴다. 생물학자들은 유전자가 환경의 영향에 어떻게 그렇게 다르게 반응할 수 있도록 진화했는지를 설명해야만 한다.

다윈이 이미 인식하였지만, 사회성 곤충과 어떤 사회성 동물에서 일벌과 같은 비생식 계급의 존재는, 진화론에 배치된다. 암컷이면서도 일벌은 왜 생식을 포기해야만 하는가? 그렇게 함으로서 어떻게 군체의 적응도를 증가시키는가?

이러한 질문에 대하여 다윈과 할데인(J. B. S. Haldane)

이 대부분 설명을 하였다고 볼 수 있다. 1960년대에 이 기본 개념을 윌리암(D. Hamilton William)이 다듬어서 동물 사회의 진화 기작에 관한 일반적인 학설로 만들었다. 다윈은 만약 개체보다 가족 전체가 자연 선택에 유리하다면 진화설은 동물 사회의 형성에도 적용할 수 있다고 시사했다. 할데인은 2명의 형제 또는 10명의 사촌을 구하기 위하여 그는 기꺼이 자신의 삶을 포기할 거라고 하면서 이와 같은 견해를 강조했다. 왜냐하면 이 친척들은 그와 1/2 또는 1/8의 유전자를 공유하고 있기 때문이다.

왜 공유하고 있는 유전자의 비율이 문제인가? 답변을 하기 위하여 우리는 유전자 입장에서 생각해야만 한다. 만약, 할데인이 죽고 그의 사촌 10명이 산다면, 어떤 한 유전자는 할데인이 살고 그의 사촌 10명이 죽는 것보다 자기 자신과 똑같은 유전자가 훨씬 더 많이 살아남게 된다. 즉 죽을 단 하나의 유전자에 비해 10/8 배가 생존할 것이다. 같은 방법으로, 비록 일벌들은 생식을 포기하였으나 협동하여 여왕의 새끼인 자매를 기르는데 전념함으로써 궁극적으로 일벌의 유전자가 널리 퍼질 수 있다. 즉 개체의 생식보다 협동 양육이 군체의 유전적 이익을 크게 증가시켰다. 따라서 우리는 유전자 수준에서 생각하면서 그와 같은 이타적인 유전자들이 널리 퍼져 나갈 수 있는 조건에 대하여 알아보자. 앞으로 알게 될 것이지만, 동물 사회를 출현하게 한 유전 체제가 있다.

종의 사회성은 그 정도를 구배로 나타낼 수 있다. 대부분의 생물학자들은 진정사회성(eusociality)에 흥미를 가지고 있다. 정의하자면 진정사회성 동물은 다음 세 가지 조건을 갖추어야만 한다.

(1) 생식 분업 : 즉 단지 몇 개체들만이 생식능력이 있고,

(2) 군체 내에서 세대를 이어가며,

(3) 생식 개체들이 낳은 새끼를 구성원들이 함께 협동하여 양육해야 한다.

이와 같은 정의에 따르면, 다세포 동물체를 구성하는 세포들도 진정사회성을 나타낸다고 할 수는 없을 것이다. 이 문제는 나중에 다룰 것이다. 진정사회성은 개미, 꿀벌, 말벌 및 흰개미에서 잘 알려져 있다. 이와 유사한 사회성은 털없는두더지쥐(naked mole rat), 점박이하이에나(spotted hyena), 아프리카들개(rycaon) 그리고 일부 사회성 거미, 특히 꼬마거미류인 *Anelosimus eximius*에서 관찰할 수 있다.

사회성 동물의 군체는, 어떤 의미에서는 군체를 형성함으로써 적응도를 증가시키는 특성을 가지므로 군체 자체를 초대형 생물(superorganism)로 간주할 수 있다. 예를 들면, 흰개미가 만든 집의 환기 통로(air channel)는 동물체의 기관계와 같으며, 여왕과 수컷은 생식 계통(germ line)과 그리고 비생식 개체들은 체세포에 해당할 것이다. 그러나 아직 이와 같이 비유하는 데에는 조심스러운 점이 있다. 왜냐하면 여러 여왕을 가진 효율적인 군체들도 있기 때문이다. 이 경우 한 군체에서 무작위로 선택한 개체의 혈연도는 한 개체에서 무작위로 선택한 체세포의 혈연도 보다 훨씬 낮기 때문이다.

서로 다른 부모들로부터 유래한 유전적으로 서로 다른 체세포들로 구성되어 있는 어떤 동물도 자연 상태에서는 존재하지 않는다. 이와 같은 유전적인 모자익은 때때로 아주 우연히 생길 수 있고, 그리고 인공적으로는 만들 수도 있지만 흔한 것은 아니다. 이와 같은 현상이 진정사회성 동물의 군체인 초대형 동물에 대한 이해를 어렵게 하고, 동물 사회의 구성은 혈연도에 의지한다는 것을 강조하게 한다.

진정사회성의 연속성과 생식적 편향

다윈이 지적했듯이, 진정사회성과 같은 현상의 진화에 대하여 생각해 볼 때, 만약 생물계에 사회성의 분화가 덜된 생물의 예가 존재한다면 이를 통해 사회성의 진화 단계를 유추할 수 있을 것이다. 다행히 몇 년 전 코넬대학교의 동물행동학자인 서만(Paul Sherman)과 그의 동료들이 도입한 개념인, 진정사회성의 연속성이 이 문제의 실마리를 풀어줄 수 있을 것 같다. 스위스 로잔의 켈러(Laurent Keller)와 베른의 페린(Nicolas Perrin)은 간단하게 진정사회성의 정도를 정량화할 수 있는 '진정사회성 색인(eusociality index)' 방법을 창안하였다. 이것은 한 군체에서 몇 개체의 직접적인 생식이 그 군체의 다른 개체들에게 얼마나 이익이 되는지를 측정하는 방법이다.

동물과 식물은 생식을 통하여 자손에게 유전자와 특정한 물질을 제공한다. 모든 종류의 생식이 다 그렇다. 한 난자는 분열할 때 유전자뿐만 아니라 세포질과 막들을 딸세포에게 제공한다. 비진정사회성 동물에서 전달된 유전자와 물질의 비율은, 비록 암컷이 웅성보다 보통 많은 물질과 에너지를 전달하지만, 유전적으로 똑같은 개체들이기 때문에 같다. 진정사회성 동물들 가운데는 여왕벌과 일벌과 같이 비록 유전적으로는 똑같다고 할지라도 일벌은 평생동안 일만하며 자손에 유전자를 전달하지 못하는 반면 여왕벌은 다음 세대에 유전자를 공급한다.

협동 양육의 경우 진정사회성의 정도에 따라 생식적 편향이 다양하다는 것이 흥미롭다. 만약 생식적 편향이 있다면 일부 개체는 다른 개체보다 자손에게 보다 많은 유전자를 제공한다. 꿀벌 군체와 같이 단지 몇 개체만이 자손에게 유전자를 전달한다면 생식적 편향 정도는 1.0이다. 인간 사회와 같이 생식 분업이 없다면 생식적 편향 정도는 0이다. 진정한 사회성 동물들은 정확하게 이 범위 안에 들어간다. 예를 들면 줄무늬몽구스의 생식적 편향 정도는 적다. 여기에서는 한 집단의 암컷들이 협동하여 새끼를 키운다. 어떤 뻐꾸기류는 한 집단의 자매들이 같은 둥우리에 알을 낳는다. 몇 종류의 사회성 거미에서도 마찬가지이다. 반대로 여러 종의 진딧물류, 개미류 및 흰개미류는 생식적 편향 정도가 매우 높아서 군체가 수만 마리의 암컷들로 구성되어 있어도 단지 한 마리의 여왕만이 생식 능력을 지닌다. 따라서 생식자는 지배 계급(α)으로 간주되고 다른 개체들은 하위 계급(β)으로 간주된다. 이와 같은 경우 β 계급의 동물들은 자기 희생적인 이 상황을 어떻게 받아들일까?

첫째 대부분의 진정사회성 곤충에서조차도 모든 것이 완벽한 것은 아니라는 것을 강조할 필요가 있다. 예를 들면 꿀벌에서 몇 마리의 일벌들은 기능적인 난소를 가지고 있다. 그러므로 여왕벌이 사고로 죽으면 이 일벌이 산란하나 미수정란이므로 숫벌이 된다. 꿀벌의 한 군체에서 숫벌 가운데 극히 일부만이 일벌이 생산한 것으로 알려져 있다. 그 이유는 비록 일부 일벌들이 알을 낳지만 이 알들을 다른 일벌이 파괴하기 때문이다.

이와 같은 사실에 근거하여 확실하게 한 학설을 예측할 수 있다. 즉 일벌 자신은 다른 일벌이 낳은 알보다 여왕이 낳은 알과 유전적으로 더 가깝다. 그러므로 자신과 보다 유전적으로 동질인 여왕이 낳은 알은 보호하고 일벌이 비정상적으로 낳은 알은 제거한다는 논리이다. 만약 이 이론을 검증하고 싶

으면 꿀벌에서 여왕은 군체를 만들기 이전에 많은 수컷과 짝
짓기를 한다는 것을 알아야만 한다.

그렇다면, 어떤 요인이 생식 편향의 정도를 결정하는가?
켈러(Laurent Keller)와 리브(Ken Reeve)는 다음과 같은 요인
이 생식 편향을 결정한다고 주장했다.

1. β 동물이 군체를 떠나서 스스로 생식을 하려고 한다면
   얼마나 성공할 수 있을까? 만약에 일벌 스스로 성공할
   수 있다면 일벌은 대가를 치르고라도 그 군체를 떠날
   것이다.
2. β 동물들이 협동하는 것이 그 군체의 생산력을 얼마나
   증가시킬까?
3. 군체를 형성하는 개체들간에 유전적 동질성은 어느 정
   도인가?
4. 한 마리의 하위 계급이 지배 계급과의 치명적인 싸움에
   서 다치지 않고 이길 수 있는 기회는 어느 정도인가?

이 모든 요인들을 수학적 모델로 전환할 수 있다. 수학적
모델로 전환함으로써 기대되는 생식 편향의 정도를 예측할
수 있다. 다행히 예측한 대로 결과를 알 수 있다. 세상에서
무슨 일이 일어날지 예측한 것이 맞아떨어질 때 그 즐거움은
표현할 수 없다. 이론과 관찰 사이 이와 같은 예측이 적중하
는 한 가지 예를 제시하겠다.

'체류의 대가(staying incentive)'의 개념에 대하여 생각하
여 보자. 지배 계급인 여왕은 하위 계급이 여왕을 떠나지 않
고 그 군체에 머물러서 여왕을 돕도록 설득할 수 있다면 이
익을 얻는다. 그렇게 하기 위하여 여왕은 어느 정도 하위 계

급이 직접 생식을 하도록 허용할 것이다. 만약 그렇지 않으면 일벌들은 여왕 곁을 떠날 것이다. 이 경우 여왕은 일벌에게 어느 정도의 생식을 허용해야만 하는가? 이것은 환경에 따라 다르다. 만약 유전적 동질성이 높으면 지배 계급이 제공하는 체류의 대가는 적을 수 있다. 왜냐하면 한 하위 계급이 지니고 있는 한 유전자는 체류함으로써 상위 계급과의 투쟁에서 승산이 있어야만 하기 때문이다. 하위 계급이 패할 공산이 크고 생식에 실패할 것 같으면 체류의 대가는 적을 수 있다.

이와 같은 예상은 입증할 수 있고 예상이 가능하다. 예를 들면 작은몽구스에서 지배 계급은 하위 계급의 생식을 완전히 억압하지는 않는다. 만약 하위 계급이 그 군체를 떠나 스스로 생식을 할 수 있다면 암컷의 생식 기회는 나이에 따라 증가할 것이다. 그러므로 지배 계급은 나이든 하위 계급의 암컷이 떠나지 않도록 젊은 암컷보다 우대해 주어야 할 것이다. 예측대로 지배 계급은 나이든 하위 계급의 암컷에 생식을 허용한다.

생식 편향 모델은 역시 계급에 따른 형태적인 진화를 설명하는데 도움이 된다. 계급간에 형태적인 차이가 있는 종에서 예를 들면 일개미와 병정개미 사이 또는 다른 일을 위하여 특수화된 일개미들 사이의 계급은 누가 생식할 것인지를 결정한다. 그러므로 생식 편향 모델은 형태적인 계급의 차이가 뚜렷하고, 군체 구성원의 유전적 동질성이 높으며, 하위 계급이 하극상을 일으켜도 승산이 없는 종에 해당한다. 일벌들은 예상대로 여왕에 비해 크기가 작아 적수가 되지 않는다.

혈연 선택과 유전적 동질성

유전적인 동질성은 개체 양육에서 사회 양육으로 전환하는 데 있어서 중요한 역할을 한다. 이에 관한 기본적인 이론은 옥스퍼드대학교의 해밀톤(William Hamilton)이 제시하였다. 개체군에서 이타적 유전자의 전파를 위하여 그는 포괄 적응도(inclusive fitness)라는 새로운 개념을 도입하였다. 이 기본 개념은 간단하다.

이타적 행동을 유발하는 한 유전자의 전파를 생각해 볼 때, 우리들은 그 유전자를 가진 개체에 대한 그 유전자의 불리한 영향뿐만 아니라 그 유전자를 가진 개체의 유전적 동질성에 따른 친척들에 대한 이점도 생각해야만 한다. 만약 한 개체가 형제의 생식을 위하여 자신의 생식을 포기한다면 자신이 직접 생식하는 것보다 자신의 유전자를 더 널리 전파시키기 위하여 형제들의 적응도를 증가시킬 수 있어야만 한다. 할데인에 의하면, 형제들은 그들 유전자의 반을 공유하고 있으므로, 자신의 유전자의 전파를 포기하려면 둘 이상의 형제가 생식을 해야만 한다는 것을 의미한다. 그러나 할데인은 이타적 유전자는 개체군내에서는 드물다고 주장했다. 만약 그 유전자가 흔하다면 무슨 일이 일어날지 예측하기 어렵다. 해밀톤은 이타적인 유전자가 이미 개체군내에 있을 때 포괄 적응도가 생긴다는 것을 보여주었고, 유전적 동질성에 대한 논쟁을 확대하려고 했으며 사회성의 일반적인 설명을 위한 근거로서 포괄 적응도를 사용하려고 했던 것이다.

군웅할거

　생식적 편향과 혈연 선택 모델을 도입하려면 우리는 다수의 여왕이 있어야 한다는 역설로 되돌아가야만 한다. 유전적 동질성은 협동 양육하는 조류와 포유류에서는 항상 높다. 사회성 곤충의 일꾼들은 그들이 돌볼 새끼들과 아주 가까운 친척들이고 한 여왕의 자손들이다. 그러나 군체에 여러 여왕이 존재한다면 해밀톤의 학설은 빛을 잃는 것 같다. 일웅다자(polygyny)라고 부르는 군체들이 존재하는데, 이 경우 한 군체 당 여왕이 보통 최고 100 마리까지 있을 수도 있다. 이 상황은 여왕들이 친척이라면 설명하기가 그렇게 어렵지는 않겠지만 여왕간의 혈연도가 0인 경우도 있다. 여러 마리의 여왕이 있으면, 여왕들과 일꾼들 그리고 일꾼들 사이에, 군체가 붕괴할 정도로 왕권다툼이 치열할 것으로 예상된다.

　이 분명한 역설에 대하여, 우리는 이미 유성 생식이 유지되어온 것을 설명할 때 함께 다루었다. 우리는 '성의 보류(sexual hang-up)'에 대하여 얘기했다. 한 계통이 수백 만년 동안 유성 생식을 해왔을 때 다양한 2차적인 적응들이 유성 생식의 과정에서 생겼을 것이고, 따라서 성이 사라진다는 것은 불가능한 일이다.

　사회성 곤충의 존속도 이와 같다. 다수의 여왕이 있는 종은 매우 복잡한 사회를 형성한다. 한 여왕이 자신의 능력만으로 자신의 군체를 성공적으로 만들 수 있는 것은 아니다. 새로운 군체는 여왕과 일꾼들의 집단으로 구성된다. 그러므로 일꾼의 협조가 없이는 군체를 성공적으로 이룰 수 없다. 왜 일꾼들은 여왕에 협조하여 자신은 생식을 포기할까? 일꾼들은 여왕이 알을 많이 낳도록 돕는 것을 더 좋아하기 때문에 스스로 알 낳는 것을 억제하고, 그래서 다른 일벌들이 낳은 알을 파괴한다고 했다. 그러나 만약 군체의 구성원들의 혈연도가 아주 낮다면 이와 같은 가설은 맞지 않는다. 한 여왕을 가진 종에서는 드문 일이지만, 다수의 여왕이 있는 군체의 일벌들은 모두 불임이다. 그것은 마치 웅성 불임이 다수 여왕의 진화를 보다 늦게 허용한 것처럼 보인다.

'군체의 유지(social hang-up)' 즉 사회성이 너무나 복잡하여 되돌아갈 길이 없어서 다수 여왕의 존재에도 불구하고 사회성이 존속된다고 설명할지라도, 확실히 이와 같은 방법으로 사회성의 기원을 설명할 수는 없다. 의심할 나위 없이 첫 번째 진정사회성 군체에는 한 여왕이 있었으며 혈연도는 중요했고 공동 노력을 하게 하는 생태적 상황이어야만 했다. 벌류에서 독립적이지만 가까운 이웃으로서 양육을 돕는 암컷들은 진정사회성을 향한 첫 단계였을 것이다.

그와 같은 공동 양육은 암컷들이 집에서 먼 거리에 있는 먹이를 찾아 돌아다녀야만 하기 때문에 생겼을 것이다. 군체를 형성하지 않는 벌과 말벌의 애벌레 시기의 사망의 주된 원인은 애벌레의 몸 속 또는 표면에 알을 낳는 기생파리와 같은 포식기생충(parasitoid)의 공격이다.

공동 양육하는 군집에서는 몇몇 암컷들은 다른 암컷들이 먹이를 찾아 돌아다니는 동안 집을 방어할 수 있다. 이것이 벌목에서 사회성을 진화시킨 생태적인 요인이었을 것이다. 흰개미의 경우 사회성의 중요한 전적응은 섭식의 특이한 방법이었을 것이다. 섬유소가 주성분인 나무를 소화하기 위하여 어린 흰개미들은 어미의 내장에 공생하는 특이한 편모충류를 섭취해야만 한다. 흰개미 애벌레는 성체의 항문에서 이 원생동물을 섭식함으로써 이것이 가능하다. 이것은 적어도 두 개체간에, 처음엔 어미와 새끼들간에 밀접한 접촉을 요구한다. 따라서 흰개미가 사회성 동물로 진화하게 된 첫 단계는 어미의 보호였을 것이다.

무분별한 이타주의는 어떻게 설명할 수 있을까?

만약 개체들이 그들의 친척을 위하여 이타적으로 행동하도록 선택되어진다면 동물들은 친척과 비친척을 구별할 수 있어야 할 것이다. 그러나 항상 그렇지는 않다. 예를 들어 새끼 생쥐들을 다른 새끼들 사이에 집어넣으면 그 어미는 자신의 새끼와 다른 새끼를 구별하지 못한다. 인간 행동의 진화를 이해하려고 동물 행동을 공부하고 있는 미국의 두 학생인 데리(Martin Daly)와 윌슨(Margo Wilson)은 이것은 놀라운 일이 아니라고 지적했다. 땅굴속에 살고 있는 동물들과 생쥐들이 그와 같은 종들인데, 그들은 자신들의 새끼를 일일이 인식할 필요가 없다. 왜냐하면 그들의 집에 있는 새끼는 곧 그들 자신의 새끼이기 때문이다. 반대로 사슴이나 노루와 같이 개방된 곳에서 태어나고, 태어난 직후 곧 움직이는 동물들은 그들의 새끼를 매우 잘 알아본다.

그러나 경우에 따라서는 그들의 친척을 알아보지 못하는 경우도 있다. 예를 들면 한 군체에 여러 여왕이 있을 때 일벌들은 그들의 자매와 다른 여왕들의 새끼들을 구별하지 못한다. 왜 그렇게 되었을까?

확실히 자기 친척들만 돌보려는 편애는 친척을 알아봄으로써 얼마나 이익이 있느냐에 달려 있다. 만약 당신이 당신의 친척과 비친척을 구분하지 못한다면 당신은 친척을 돌보지 못할 것이다. 친척을 알아봄으로써 생기는 이익은 다음 상황에서는 높아질 것이다.

- 친족 편애가 수혜자에게 큰 이익이 되지 못할 때
- 친족을 알아보지 못하면 친족에게 많은 손해가 있을 때
- 친족을 쉽게 알아보기 힘들 때
- 도우는 개체와 수혜자 사이의 유전적 동질성이 클 경우

이와 같은 관점에서 보면, 특별한 경우에, 다음 두 가지 이유 때문에 친족 돌보기가 존재하지 않는다. 첫째 가까운 친족을 도울 때 생기는 이익이 먼 친척을 구별하려는 노력에 의해 상쇄되었을 때이다. 예를 들면 동질성을 알아보는 것 자체가 너무나 힘들어서 친족을 돌보지 않게 될 수도 있다. 그러므로 일벌들은 배가 다르지만 서로를 구별하지 않는다. 그러나 이타주의자와 수혜자 사이에는 어느 정도의 동질성이 있어야 한다.

둘째 친족을 알아보는 것이 잘못되어서 큰 대가를 치를 경우 친족 인식이 존재하지 않는다는 것이다. 예를 들면 한 배 새끼를 가진 어미가 그 중 단지 몇 마리만 확실히 그의 새끼인 경우를 생각해 보라. 만약 잘못 인식하여 그의 새끼가 아닌 것을 먹였다면 그의 새끼에게는 손해일 것이지만 손해는 그렇게 크지 않을 것이다. 만약 잘못하여 그 자신의 새끼를 계속 먹이지 못했다면 그의 새끼들은 죽을 것이고 어미의 손해는 매우 클 것이다. 친족을 알아보는 능력은 비효과적인 친족 인식이 득보다 실이 많기 때문에 진화한 것은 아닐 것이다.

인간 사회의 이타주의는 어떠한가? 우리가 다른 사람을

도우려고 하는 정도는 혈연도와 관계가 있다. 동서고금을 통해 거의 보편화된 계모의 심술은 이 사실을 반증한다. 의붓어버이가 후처의 자식들을 학대하거나 돌보지 않는 것은 더 보편화되어 있음이 분명하다. 그러나 이것이 꼭 유전적인 것만은 아니다. 의붓어버이들 중에는 좋은 부모들도 있으므로 인간의 이타주의를 혈연 관계로만 설명할 수는 없다. 인간은 친족이 아닌 사람도 간혹 돕는다. 독신주의와 무모한 영웅심이 그 대표적인 예이다. 포괄 적응도로 그와 같은 행동을 설명하려고 했었다. 예를 들면 독신주의 종교인들은 모든 사람을 도움으로써 비록 자신은 결혼을 포기하였어도 다른 사람들이 행복하게 살아서 자녀를 낳아 기를 수 있도록 하지 않는가? 어떤 사람은 무모할 정도의 영웅심으로 인하여 생길 수 있는 죽을 위험을 무릅쓰고 다른 사람을 구할 경우 성공한다면 사회적으로 보상을 받을 수 있지 않은가?

그러나 일반적으로 우리는 그와 같은 확신할만한 설명을 발견하지 못한다. 우리는 포괄적응도로 인간의 행동을 설명하고 있다는 것은 의심하지 않는다. 그러나 대가를 바라지 않는 수양으로 얻은 신앙도 똑같이 중요하다고 확신한다. 생물학자들이 답변해야 할 질문은 인간은 왜 그들의 포괄적응도를 증가시키지 않는 전통과 신앙의 영향을 그렇게 쉽게 받는가이다.

사회성 곤충의 분업

여왕과 일벌들간의 생식적인 분업이 진정사회성의 특징을 잘 나타내고 있다. 그것은 한 생물체에서 생식 세포와 체

세포의 분리와 유사하다. 체세포의 분화와 비슷한 분업의 유형을 살펴보자. 이것은 서로 다른 일을 하는 일벌들간의 분업과 유사하다. 분업은 두 가지 방법으로 성취할 수 있다. 첫째 일벌에서와 같이 분업의 유형에 따라서 몸의 형태와 구조는 변하지 않고 일을 분담하는 것이다. 예를 들면 어떤 일벌은 먹이를 찾아 돌아다니고 어떤 것은 새끼를 돌본다. 각각의 일에 종사하는 개체의 비율은 각 군체의 필요에 따라 다양하다. 우리는 이와 같은 노동력의 할당이 어떻게 이루어지는지 이해해야만 한다.

또 다른 경우는 흰개미에서처럼 아예 형태와 몸의 구조가 분업의 유형에 따라서 서로 다르게 변하는 것이다. 즉, 집을 지키는 일개미는 보다 몸이 크고 먹이를 찾아 돌아다니는 것은 몸이 작다. 또한 병정 개미는 날카로운 무기를 지닌다. 꿀단지개미는 계급에 따라 그 형태가 매우 다르다. 꿀을 저장하는 단지 역할을 하는 특별한 계급의 일개미들은 부풀대로 부푼 둥근 배를 가지고 있다.

곤충의 군체에 어떻게 정확한 비율로 각각의 일을 수행하는 일꾼들이 생길까? 먹이를 찾아 돌아다니는 일벌은 없고 새끼를 돌보는 일벌만 있거나, 또는 단지 병정개미만 있고 일개미는 없는 군체는 분명히 없다. 먼저 형태적인 차이 없는 분업을 생각해 보라. 나이에 따라 하는 일이 다르므로 자연적으로 적절히 분업화된다. 예를 들면 어린 일벌들은 집에서 일하고 어른 일벌은 먹이를 찾으러 나간다. 세포 분화와는 다르게 이와같은 기작에 의해 모든 일이 수행된다.

어떤 경우 같은 나이와 형태의 일꾼들은 비록 같은 시간은 아닐지라도, 두 가지 이상의 다른 일을 수행할 수 있다. 따라서 형편에 따라 일의 분배를 융통성 있게 조절할 수 있다. 일꾼들은 효과적으로 환경의 변화에 따라 그들의 행동을 조정한다. 예를 들면 꿀벌은 집에 저장되어 있는 꿀의 양에 따라 먹이를 찾으러 나가거나 또는 집에서 다른 일은 한다. 그와 같은 조절 기작에 대한 증거는 실험에서 얻을 수 있다. 예를 들면 특별한 먹이를 주고 군체의 반응을 본다.

환경의 영향만으로 일의 순서와 노동력의 분배를 적절히 조절할 수는 없다. 개개의 일꾼들은 다른 일꾼들과 의사 소통을 해야만 한다. 여왕이 일꾼에게 무엇을 해야 할지 지시한다는 것은 잘못된 것이다. 일벌들간의 의사 소통은 마치 이웃하고 있는 세포들간에 서로 연락하여 조화롭게 몸이 생장하는 것과 유사하다. 군체 내의 일은 개체간의 국부적인 의사소통에 의해서 이뤄진다. 이와 같은 의사 소통의 효과는 놀라울 정도다. 금세기 가장 특기할 만한 발견 중의 하나는 프리쉬(Karl von Frisch)가 발견한 꿀벌의 의사 소통 방법이다. 먹이를 발견한 일벌은 집으로 돌아와서 그 먹이의 특성, 먹이까지의 거리 및 방향에 관한 정보를 춤을 추어 다른 벌에게 전달한다.

일의 분배와 군체 복지의 역학을 잘 이해하려면, 스텐포드대학교의 고든(Deborah Gordon)과 그의 동료들이 만든 모델을 살펴보아야 한다. 그 모델은 전적으로 개체간의 상호 작용에 의존하고 있고 전체적인 질서가 어떻게 국부적인 규칙으로부터 올 수 있는지를 보여준다. 개체의 발생 과정에서 한 세포의 형태적, 기능적 분화가 세포들간의 국부적인 상호 작용에 의해 일어나는 것과 아주 유사하다.

형태적으로 분화된 계급으로 구성되어 있는 군체로 되돌아가 보자. 이것은 여러 가지 형태의 체세포 분화와 비교하면 도움이 될 것이다. 당신의 몸에 있는 모든 세포들은 같은 유전자를 가지고 있다. 그들간의 차이점은 2차적인 유전자 발현 시스템에 의해서 발생한다. 곤충의 군체에서 다양한 계급의 구성원들은 한 개체의 체세포와 마찬가지로 역시 유전적으로 유사하나, 발생 과정에 서로 다른 환경에 노출되기 때문에 서로 형태적으로 다른 개체가 된다. 그들은 다른 먹이와 다른 화학적인 신호에 의해서 다른 방향으로 발생하도록 유도된다. 그러나 개체의 몸을 구성하고 있는 세포들과는 달리 곤충 군체의 일꾼들은 유전적으로 똑같지는 않다.

군체 히드라충류 : 고등 생물은 군체에서 진화했다

이제 아주 유형이 다른 군체를 살펴 보자. 개미 군체는 독립된 개체로 구성되어 있다. 어떤 면에서 대체로 군체는 그 자체가 한 생물의 특징 중 어떤 것을 가지고 있다. 그러나 그림 11.1에 있는 동물은 왜두해파리류로서 말미잘과 해파리와 같은 자포동물의 일종이다. 이들의 몸은 몸을 떠 있게 하는 부유기, 운동 기관인 펌프와 같은 유영종, 먹이를 잡는 촉수들, 소화 기관들 및 배우자를 만드는 생식 기관을 가진 한 생물체처럼 보인다. 그러나 왜두해파리는 분화된 개체들로 구성된 하나의 군체이다.

왜두해파리의 조상들은 입은 있지만 항문이 없고 입 둘레에 한 줄의 환으로 되어 있는 쏘는 촉수로 물벼룩과 같은 작은 갑각류를 잡아먹고 사는 실린더 모양의 작은 히드라(*Hydra*)를 닮은 개개의 동물들이었다. 우리들이 잘 알고 있는 히드라는 담수에서 살지만 대부분의 히드라 충류는 해산이다. 이들 중 많은 종은 히드라 뿌리(hydrorhyza)와 연결된 여러 종류의 유사한 영양 개충들로 이뤄진 단순한 군체를 형성한다. 그와 같은 군체는 하나의 수정란에서 발생한다. 뿌리는 부착한 바위 위로 퍼져나가서 출아하여 새로운 개체들을 만들어낸다. 고착하지 않고 자유 유영 생활을 하는 왜두해파리도 역시 하나의 수정란에서 발생한다. 그러나 이들의 몸을 구성하는 개충들은 서로 다른 기능, 이를테면 부유, 펌프질, 먹이 잡기, 소화, 그리고 생식 등을 수행하도록 분화되어 있다.

이것은 곤충의 군체 형성과 척추동물체의 형성이 진화한 기작과는 다른 새로운 방법이다. 진화하는 동안, 그리고 개체 발생에서, 곤충과 척추동물들은 유사한 일련의 마디들을 형성한다. 마디로 이루어진 복잡한 몸을 만드는 이 방법과 왜두해파리와 다른 자포동물의 군체 형성은 근본적으로 다르다. 보다 고등한 동물들의 마디들과 몸의 다른 기관들은 결코 자유 생활하는 개체가 아닌 반면, 왜두해파리의 몸의 각 부분들은 한 때 자유 생활하던 개체에서 진화했다. 하나의 왜두해파리는 하나의 군체이지만 한마리의 곤충은 군체가 아니다.

비록 왜두해파리가 하나의 군체이지만 개미 또는 흰개미의 군체와는 아주 다르다. 왜두해파리는 한 개의 수정란에서 발생한다. 만약 왜두해파리의 몸의 각 부분들이 곤충의 군체를 구성하는 개체들보다 밀접하게 모여 있다면, 그들의 혈연도는 최대가 되므로 그 것은 하나의 군체라기보다 하나의 개체이다.

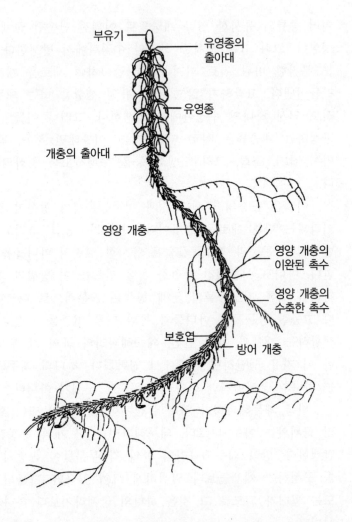

부유기

유영종의
출아대

유영종

개충의 출아대

영양 개충

영양 개충의
이완된 촉수

영양 개충의
수축한 촉수

보호엽

방어 개충

그림 11.1 왜두해파리(*Nanomia cara*)의 군체. 부유기는 부력을 형성하고, 유영종은 펌프질로 군체를 움직이며, 방어 개충과 영양 개충은 각각 먹이를 잡고 소화한다. 그리고 보호엽은 물리적인 손상으로부터 군체를 보호하고 생식 개충은 배우자를 만든다.

제12장
....
동물 사회에서 인간 사회로

   흰개미집과 인간의 도시간에는 상당한 공통점이 있지만 협동을 이루는 메커니즘에는 명백한 차이가 있다. 인간 사회에서 가장 중요한 특성 중의 하나인 개체의 식별은 다른 포유류나 조류에도 존재한다. 곤충은 집단의 구성원임은 인식하나 개체를 구별하지는 못한다. 그에 비하면 원숭이는 자기 무리의 구성원들을 각기 다른 개체들로 인식하고 각각 차별 대우를 한다. 닭들은 자기 무리의 구성원들을 수직적 우열계층에 따라 구별하는데 그러자면 아마도 개체 식별이 필요할 것이다. 비비를 비롯한 다른 원숭이들을 연구하는 학자들은 둘 또는 그보다 많은 개체들이 자기 집단의 다른 구성원들과 갈등 관계에 있을 때 서로 돕는다는 사실을 관찰했다. 이 같은 동맹은 유전적 유연 관계에 기초하지만 그렇지 않을 경우도 있다.
   중요한 점은 이른바 고등 동물의 경우 그들의 사회적 관계는 개체 식별을 전제로 하며 다른 개체에 대한 한 개체의 행동은 유전적 유연 관계와 그 개체와 겪었던 과거 경험에 관한 기억에 의존한다는 것이다.

인간 사회의 특성

인간 사회의 특성은 흔히 문화의 상속이라고 정의한다. 즉 인간은 그들의 믿음과 행동 및 지식과 기술을 유전에 의해서가 아니라 지난 세대로부터 배워서 전해 받는다고 믿는다. 이 같은 생각은 특히 개인과 개인간의 차이 그리고 사회와 사회간의 차이에 관한 한 그럴 듯한 면이 없는 것은 아니다. 개인으로 볼 때 정치적 견해는 유전자의 차이에 기인하는 것은 아니다. 사회적으로 볼 때도 현재 런던에 살고 있는 사람들과 1098년에 살던 사람들간의 차이 또 오늘날 런던에 사는 사람들과 베이징에 사는 사람들간의 차이는 유전적이 아니라 문화적인 것이다.

그러나 이렇게 단적으로 말할 수도 없다. 첫째, 동물들에게도 문화적 상속이 있다는 사실은 인간 문화의 기원을 살펴보는데 중요하다. 둘째, 인간의 학습 능력과 문화의 전수에 기초하여 사회를 구성하는 능력은 유전한다. 침팬지와 인간의 사회가 다른 것은 유전적으로 다르기 때문이다. 셋째, 인간은 어떤 것은 빨리 배우고 또 어떤 것은 그렇지 못하다. 인간의 정신은 경험으로 채워넣을 수 있는 공백의 백지가 아니다.

어린 쥐들은 다른 쥐의 털에 배어 있는 냄새를 맡으며 특별한 먹이를 선호하게 된다. 일종의 문화적 유산이다. 두 집단의 쥐들이 서로 다른 먹이를 먹으며, 그 같은 차이는 학습에 의해 다음 세대로 전달된다. '지역적 증진(local enhancement)'이라 부르는 이 기작은 성체들이 어린 개체들에게 쉽게 배울 수 있는 환경을 조성하는 것을 말한다.

이는 한 개체가 다른 개체가 하는 것을 보고 흉내내는 '관찰 학습(observational learning)'과 대조적이다. 예를 들어,

반짝이는 은박지 뚜껑으로 된 병 속에 들어 있는 우유를 영국에서 박새들이 뚜껑을 찢고 꺼내먹는 법을 배웠고 이 습성은 문화적으로 전파되었다. 혹자는 이 전달 기작이 어린 박새들이 나이 든 박새들이 병마개를 여는 것을 보고 흉내내는 이른바 관찰 학습이라고 생각할지도 모른다. 그러나 그렇지 않을 것이다. 왜냐하면, 대부분의 동물들은 관찰 학습 능력을 갖고 있지 않은 것 같기 때문이다. 그 같은 습성을 가진 무리에 속한 어린 박새들은 뚜껑이 찢어진 병을 자주 보게 될 것이고 뚜껑을 찢으면 그 안에 우유가 있다는 것을 배울 것이라는 설명이 더욱 설득력이 있어 보인다. 그들은 다른 박새들이 우유병 뚜껑을 찢는 것을 관찰하지도 않으며 따라서 흉내내지도 않는다.

그렇지만 동물들의 문화적 유산이 모두 지역적 증진 기작에 의한 것이라고 믿기도 어렵다. 그리스의 어느 지방에 사는 독수리들은 주로 거북을 잡아먹고 산다. 하지만 그들의 부리로는 거북의 껍질을 깰 수가 없다. 그래서 그들은 거북을 물고 상당히 높이 날아오른 후 바위에 거북을 떨어뜨려 껍질을 깬다. 다른 지역에서는 아니지만 유일하게 그리스에서만 이 같은 독수리의 행동이 유전적으로 프로그램되어 있다고 생각하는 것은 현명하지 못하다. 어린 독수리는 지역적 증진 기작에 의해 거북의 단단한 껍질 안에는 먹기 좋은 고기가 들어 있다는 사실을 배운다. 그러나 흉내내지 않고서는 어떻게 거북을 물고 높이 날아오른 후 떨어뜨리는 것을 배울 수 있을 것인가? 두번째 예는 뒤에 나오는 침팬지에서도 찾을 수 있다.

지역적 증진과 관찰 학습의 차이는 오직 관찰 학습만이 인류 역사의 가장 특징적인 성향인 문화의 누적 변화를 일으킬 수 있다는 점에서 매우 중요하다. 관찰 학습에 의해서만 어린 개체들이 성체들로부터 배울 수 있음은 물론 한 개체가 우연히 찾아낸 개선 방법이 전파될 수 있다. 그래야만 변화가 간헐적이 아니라 지속적으로 일어날 수 있으며 한 개체가 스스로 터득할 수 없는 기술을 다른 개체로부터 모방을 통해 배울 수 있다.

　인간의 문화는 구두 지침을 포함한 교육으로 강화된 관찰 학습에 의존한다. 독수리의 예에서 보듯이 다른 동물에서는 관찰 학습이 알려진 바 없다. 스위스의 동물학자 보쉬(Christoph Boesch)는 다음과 같은 침팬지의 예를 제시했다. 모두가 그런 것은 아니지만 몇몇 침팬지 개체군들은 군대개미(driver ant)의 굴에 나뭇가지를 집어넣고 개미들이 그것을 물면 꺼내 개미를 잡아 먹는다. 탄자니아의 곰비국립공원의 침팬지들은 아이보리코스트의 타이국립공원의 침팬지들과 다른 방법을 사용하여 1분에 약 네 배나 많은 개미들을 잡아먹는다.

　지역적 증진 기작은 왜 어떤 개체군은 개미 사냥을 하고 어떤 개체군은 하지 못하는지는 설명할 수 있으나 더 효율적인 방법을 채택하지 못할 이유가 없는 것 같은데 타이 침팬지들은 어찌하여 계속 비효율적인 방법을 쓰고 있는지 설명하지 못한다. 비효율적인 방법을 고수하는 현상은 바로 어린 개체들이 성체들을 흉내내어 배울 때 일어난다.

　만일 가끔이나마 고등동물 중 성체의 행동을 흉내낼 수 있는 것들이 있다면 왜 인간처럼 그들에게는 지속적인 문화의 변화가 일어나지 않는가? 그리하여 한 개체군의 침팬지들이 다른 개체군의 침팬지들과 문화적인 이유로 다르더라도 새로운 풍습이 계속 생겨나는 것은 아니다. 인간의 경우에는 언어에 의해 문화가 전달된다는 설명이 가장 설득력이 있어 보인다. 언어의 본질과 기원은 다음 장에서 논하기로 한다. 중복되는 감이 있지만 두 가지 결론을 다시 한번 정리해 보자. 정보 전달의 방법 중 유전자에 의한 것과 언어에 의한 것, 그리고 인간 정신의 단위적 특성(modular nature)은 언어학의 영향과 관계가 흡사하다.

유전자와 언어의 체계는 일련의 독립적인 많은 소단위들로 이루어져 있어서 거의 무한하게 많은 정보들을 창출할 수 있고 전달할 수 있다. 유전자의 경우, 네 종의 염기 배열로 엄청나게 많은 다양한 종류의 단백질을 합성할 수 있으며 이들 단백질로 헤아릴 수 없을 정도의 다양한 형태를 만들 수 있다. 생명이 탄생한 후 지금까지 40억년동안 수십억 종의 생명체가 지구상에 존재할 수 있었던 까닭도 이 때문이다. 언어도 마찬가지다. 서로 다른 30~40개의 소리 단위 즉 음소(phoneme)로 많은 단어를 만들 수 있으며 그들을 문법에 맞게 배열하여 만든 문장으로 끝없이 많은 의미를 전달할 수 있다. 세음절로 이루어진 단어의 다양한 조합을 예로 들어보자. 리~리~자로 끝나는 말은? 개나리, 보따리, 너구리, 개구리…….

도킨스(Richard Dawkins)는 이 같은 관계를 유전자에 준하는 문화적 상속의 단위로 밈(meme)의 개념을 소개하며 설명했다. 그에 따르면 밈은 일종의 복제자(replicator)다. 우리가 만일 오행속요(五行俗謠)를 만들어 당신에게 말해주면 당신은 친구들에게 말할 것이고 그들은 또 그들의 친구들에게 전할 것이다. 하나의 독특한 실재 즉 나의 머리 속에 있던 오행속요의 표상이 마치 유전자가 복제되듯 복제된 것이다.

당연히 선택의 여지가 있는 일이다. 우리가 재미있는 오행속요를 만들면 재미없는 것보다 훨씬 잘 복제될 것이다. 물론 밈이 성공하느냐 실패하느냐는 인간 정신의 특성과 문화 환경 즉 같은 개체군 내에 있는 다른 밈들에 따라 달라진다. 유전자도 마찬가지다. 유전자의 성공도 그것이 처해 있는 환경과 어떤 유전자들과 함께 있느냐에 따라 결정된다.

물론 차이는 있다. 유전자는 부모로부터 자식에게 수직적 단일 방향으로만 전달되지만 밈은 횡적으로 또는 자식으로부터 부모로 혹은 부모에서 자식으로 양방향으로 전달되기도 한다. 유전자는 발생 과정을 통해 구조와 행동 즉 표현형을 만들지만 표현형은 사라지고 오직 유전자형만이 다음 세대로 전달된다. 밈의 전달은 전혀 다르다. 밈은 사실 표현형이다. 유전자형에 맞먹는 것은 그 밈을 만들어내는 뇌 속의 신경 구조다. 내가 당신에게 오행속요를 말해 줄 때 표현형이 전달되는 것이지 내 뇌의 일부가 전해지는 것은 아니다.

따라서 유전자의 경우와는 달리 밈의 상속에서는 획득 형질이 유전된다. 내가 만일 당신에게 오행속요를 말해 주면 당신이 그걸 향상시킬 수 있으며 그 개선된 부분을 포함하여 다른 이에게 전달할 수 있다. 이런 점에서 문화의 상속은 라마르크의 이론을 따른다. 이런 이유 때문에 집단유전학의 이론을 문화의 상속에 적용하기는 어렵다. 하지만 유전자와 밈의 유사성은 정량적으로는 곤란해도 정성적으로는 고려할 만하다. 그리고 우리는 밈의 개념을 오행속요를 예로 설명했지만 삼위일체에 대한 믿음 또는 화약을 제조하는 정보 등 보다 중요한 예에도 적용할 수 있다.

언어학의 두번째 영향은 정신의 단위적 특성에 있다. 언어와 그 습득에 관한 연구에 따르면 말할 수 있는 능력은 일반적인 지능이 아니라 특수한 재능에 관련되어 있다. 촘스키

(Noam Chomsky)가 말한 대로 인간은 특수한 '언어 기관'을 갖고 있다. 이에 대한 증거들은 다음 장에서 소개할 것이다. 이로부터 인간의 뇌에는 또 다른 재능 영역들이 있을 것이라는 추측이 나왔다. 이를 테면 뇌는 자동차의 구조와 같이 '단위적'이란 말이다. 이 문제는 본 장의 뒷부분에서 다시 논할 것이다.

유인원에서 인간으로

오랑우탄을 제외한 모든 구대륙의 원숭이들과 유인원들은 사회를 구성하고 산다. 그림 12.1은 이들 조상의 가계도 즉 재구성한 계통수와 그들의 사회 구조의 특성들을 보여준다. 구대륙의 원숭이 암컷들은 자신들이 태어난 집단에 머무른다. 반면 숫컷들은 성적으로 성숙하기 전에 원래의 집단을 떠나 다른 집단으로 이주하여 번식을 시작한다. 이른바 '모계 사회'를 이루고 있다. 침팬지는 정반대로 숫컷들이 머물고 암컷들이 떠난다.

그림에 있듯이, 우리 자신인 인류 집단의 사회는 다양하다. 그러나 어느 인종도 모계 사회를 이루고 있지는 않다. 그림 12.1을 작성한 폴리(Robert Foley)는 수컷 형제들간의 유대 관계로 보아 침팬지는 인간의 공동 조상으로부터 유래했다고 주장한다. 자료에 따르면 침팬지와 인간은 둘 중 하나가 고릴라와 가까운 것보다 훨씬 더 서로 가깝다는 예측이 가장 타당하다. 그렇다면 수컷들간의 유대는 인류의 조상 때부터 있었던 형질이다. 현존하는 인류 집단의 사회 체제는 엄청나게 다양해서 이 결론이 과연 옳은지는 단언할 수 없지만 현재 가지

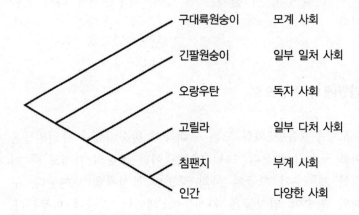

구대륙원숭이	모계 사회
긴팔원숭이	일부 일처 사회
오랑우탄	독자 사회
고릴라	일부 다처 사회
침팬지	부계 사회
인간	다양한 사회

그림 12.1 폴리(Robert Foley)가 서로 다른 그룹들 사이의 사회 제도를 바탕으로 작성한 영장류의 계통수. 인간의 사회제도는 매우 다양하기 때문에 인류 조상의 사회제도의 진화 과정을 추적하는 것은 매우 어렵다. 그러나 폴리는 부계 사회가 인간과 침팬지의 공동 조상에서 기원하였다고 주장한다.

고 있는 비교 자료에 의하면 가장 그럴 듯한 결과이다.

화석 증거도 인간의 기원에 대하여 좋은 정보를 제공한
다. 그림 12.2에 요약되어 있는 내용을 인간의 기술적인 성취
도와 비교해 보면 흥미로울 것이다. 오스트랄로피테쿠스는 두
발로 걸어다녔고 숲이 있는 초원 지대에 살았다. 그들의 두뇌
는 유인원들의 두뇌보다 약간 큰 정도였으며 그들이 사용했
던 도구는 제한적이며 원시적이었다. 오스트랄로피테쿠스로부
터 호모 하빌리스(*Homo habilis*)와 호모 엘렉투스(*H.
erectus*)에 이르기까지 두뇌의 크기는 계속 증가했지만 기술
적인 혁신은 그리 크지 않았다. 호모 엘렉투스가 사용했던 가
장 진보된 도구는 큰 돌의 양쪽을 균형있게 다듬어 만든 손
도끼였다. 이 같은 손도끼들은 약 140만년 전에 처음 등장한
후 거의 1백만년 동안 거의 변하지 않았다. 문화적 변화의 축
적으로 보기에는 부족하다.

두뇌의 크기는 지난 30만년 동안에 급격한 변화가 일어
났고 약 10만년 전에는 현생 인류의 크기에 다다랐다. 하지만
인간이 이룩한 기술적 창의성, 즉 돌, 뼈, 뿔 등으로 만든 온
갖 종류의 도구의 발명은 불과 4~5만년 전에 일어난 일이다.
매장 풍습, 동굴 벽화와 악기 등에 나타난 예술성, 몸치장, 교
역 등도 비슷한 시기에 형성되었다. 우리는 약 4만년 전부터
지속적인 기술 혁신을 이뤄왔다. 바로 이것이 몇 가지 문제점
들을 제시한다. 현생 인류가 나타난 시기와 기술 혁명이 일어
난 시기 사이에는 왜 5만년이라는 세월이 필요했나? 어떤 선
택압이 30만년 전 인간의 두뇌 용량을 급증하게 만들었나?
언제 그리고 왜, 어떻게 언어가 진화되었는가?

두개골 화석이 그 안에 들어 있던 두뇌에 대해서는 그리
많은 걸 가르쳐 주지 못하며 돌도구들 역시 그것을 만들어

사용했던 사회에 대해 별로 알려 주지 못하기 때문에 이 문제들은 간단하지 않다.

영국의 고고학자 미쓴(Steven Mithen)은 그의 1966년 저서『정신의 선사학(*The Prehistory of the Mind*)』에서 이 문제를 다뤘다. 다분히 사변적이기는 하나 그의 책은 고생물학, 고고학, 그리고 심리학적인 정보들을 종합하여 이 문제에 대하여 상당히 그럴 듯한 해답을 제시했다. 그의 설명의 핵심은 다음과 같다. 인간의 정신은 언어 능력에 관한 연구 결과에서 보듯이 특정한 작업들에 적응한 각기 다른 단위들로 구성되어 있다. 인류 역사를 통해 이들 단위들은 점점 더 효율적이 되었고 대체로 각각 독립성을 유지했다. 언어는 우선 사회적인 기능을 수행하기 위하여 진화했지만 문법 능력이 생겨나며 각 단위들 간의 장벽을 허무는 역할을 하게 되었다. 지난 5만년 전에 이 장벽이 무너지며 창의력이 폭발적으로 증가했다.

미쓴은 세 가지 단위, 즉 사회적 지능, 기술적 지능, 보다 효율적인 섭식에 필요한 동물과 식물들에 대한 지식을 의미하는 자연사에 관한 단위가 따로 존재한다고 설명한다. 사회적 지능은 영장류의 보편적인 특성이다. 리버풀의 인류학자 던바(Robin Dunbar)는 원숭이와 유인원들의 두뇌 용량이 증가한 주원인이 바로 사회적 지능이라고 주장한다.

실제로 두뇌 용량과 사회 집단의 규모간에는 명백한 연관 관계가 있다. 중요한 것은 그들이 어느 정도 이른바 '정신의 이론(theory of mind)'을 지니고 있는가 하는 것이다. 정신의 이론을 가진다는 것은 상내방도 사기와 같이 욕망과 사고력을 겸비한 정신을 갖고 있음을 알 수 있어야 한다는 것을 의미한다. 원숭이들이 그러한 능력을 지닌다는 확실한 증거는

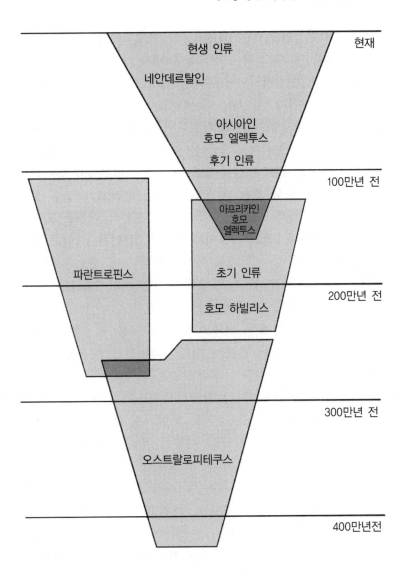

그림 12.2 스트링거(Chris Stringer)와 갬블(Clive Gamble)이 제시한 인류의 진화 과정

없다. 버빗원숭이(vervet monkey)는 독수리, 뱀, 그리고 표범을 발견했을 때 각기 다른 경고음을 낸다. 이 원숭이들을 야생에서 연구한 펜실베이니아 대학의 동물학자 체이니(Dorothy Cheney)와 세이파스(Robert Seyfarth)는 그들이 자신의 경고음을 다른 원숭이들이 듣고 적절히 행동하리라는 지식을 정신 속에 갖고 있지 못하다고 주장한다. 예를 들면, 원숭이들은 다른 동료들이 반응을 보인 후에도 계속하여 경고음을 낸다.

침팬지의 사회 행동 및 조작 기술, 그리고 속임수 등을 연구하는 학자들의 대부분은 침팬지가 정신의 이론을 갖추고 있다고 확신한다. 진화 과정에서 원숭이, 유인원, 그리고 인류의 두뇌 용량이 증가한 데에는 사회적 지능이 중요한 역할을 했다고 결론지을 수 있다. 정신의 이론은 이미 5백만년 전 침팬지와 인간의 공동 조상에 이미 존재했다.

침팬지는 야생에서 실제로 많은 도구를 사용한다. 어떤 개체군에서는 견과의 껍질을 깨기 위해 돌을 사용하기도 한다. 하지만 인간이 기르는 침팬지들은 지극히 기초적인 도구 밖에 만들지 못한다. 오스트랄로피테쿠스도 도구를 사용하기는 했어도 만들어 썼다는 증거는 확실하지 않다. 호모 하빌리스의 유물에 처음으로 도구를 만들어 썼다는 증거들이 나타나지만, 그저 불규칙하게 쪼갠 돌 수준이었다. 호모 엘렉투스는 균형 잡힌 손도끼를 만드는 등 이를 현저하게 발달시켰다. 원하는 결과의 모습을 마음속에 가지고 있었고 그것을 만들 수 있는 기술을 가지고 있었음을 의미한다. 그렇다고 해도 앞에서 언급한 대로 그들의 도구는 지극히 보수적인 경향을 지녔다. 기술석인 진보도 미약하고 창의성은 결여돼 있었다.

현생 인류에 있어서도 사회적 지능과 기술적 지능은 어느 정도 분리되어 있다는 증거가 있다. 예를 들면, 자폐증

(autism)을 연구하는 학자들에 따르면 자폐성 어린이들은 정상아들에 비해 다른 사람들의 행동을 잘 이해하지 못하지만 그래도 자동차와 같은 무생물의 동작을 이해하는 것보다는 인간의 행동을 잘 이해한다.

섭식 효율을 높이기 위하여 동식물들에 대한 지식과 그들의 분포 및 행동에 관한 정보가 매우 중요했다. 하지만 이것이 보편적인 지능이 증가하여 이뤄진 것인지 아니면 특별히 자연사에 관한 지능 단위가 진화하여 이뤄진 것인지는 확실하지 않다. 후자를 지지한다면, 모든 인류 집단은 생물계에 대하여 특정한 개념들을 공유한다는 사실을 들 수 있다.

첫째, 모든 생물체들은 다 그들만의 유일한 '자연적인 종류(natural kind)'에 속한다. 개, 고양이, 오소리처럼 제각기 어느 종에 속해야만 하며 두 종에 속하거나 아무 종에도 속하지 않을 수는 없다. 또 다른 종으로 옮아갈 수도 없다. 둘째, 이같은 자연적인 종류들은 더 큰 분류군으로 묶인다는 생각을 누구나 한다. 예를 들면, 개는 육식동물이고, 그렇다면 물고기나 파충류가 아닌 포유류에 속하며, 식물이 아닌 동물이다.

이 같은 자연에 대한 인간의 보편적인 태도는 아마도 선천적인 성향일 것이다. 그렇지 않다면, 그것이 진실이거나 진실에 가깝기 때문에 보편적으로 받아들였고 자연계에 대한 지식의 중요성 때문에 모든 인류 집단이 습득했을 것이다. 아이들이 얼마나 빨리 이 같은 믿음을 습득하는지가 자연사 단위를 지지하는 또 다른 증거가 된다. 하지만 자연사 단위에 관한 예들은 아직 결정적인 것은 못된다.

인간의 사회적, 기술적, 그리고 자연사에 관한 지능은 계속 증가되어 왔으며, 특히 아동심리학적 연구에서 보듯이 이 같은 기술의 바탕에는 언어 능력의 단위들처럼 선천적이고 다분히 독립적인 정신적 단위(mental module)들이 존재한다는 증거가 있다. 미쓴은 만일 그런 단위들이 존재한다면 선사시대의 보수적인 경향을 이해하기 쉬울 것이라고 설명한다.

만일 기술적인 단위와 자연사적 단위가 분리되어 있다면, 구석기 시대의 도구들의 여러 특성들을 설명할 수 있다. 예를 들면, 뼈, 뿔, 상아 등을 왜 도구의 재료로 사용하지 않았는지, 사냥감의 종류에 상관없이 3~4만년 전의 것들에 비해 돌촉의 모양이 일률적이었던 점 등을 설명할 수 있을 것이다. 마찬가지로, 만일 기술적인 단위와 사회적인 단위가 별개의 것들이었다면, 예술과 개인적인 몸치장의 부재도 설명할 수 있을 것이다.

그렇다면 약 10만년 전 현생 인류가 출현하기까지의 두뇌 용량의 증가는 사회적, 기술적, 그리고 자연사적 능력의 증가와 관련이 있지만 이 같은 능력들은 대체로 독립적이었다. 정확한 측정은 어려우나 미쓴은 문법을 포함한 언어 능력도 이 시대에 진화했다고 주장한다. 그는 문화의 폭발이 약 5만년 전에 시작된 후 지속적이고 점진적으로 변화하여 언어의 등장과 함께 독립적으로 존재하던 정신 단위들의 장벽을 무너뜨리게 되었다고 설명한다. 중요한 것은 일단 사회적, 기술적, 그리고 자연적인 것들에 단어를 붙일 수 있게 됨에 따라 그들을 나열할 때 필요한 문법도 생겨났다는 사실이다. 예를 들면, 돌로 호두를 쳤다. 그래서 그것은 반으로 쪼개졌다. 은호는 소라에게 말을 했다. 그리고 그녀는 그를 돕게 되었다.

과학과 예술의 창의성은 사물의 관찰을 통해 유사성을 발견하는 데에서 시작된다. 만일 미쓴이 옳았다면, 언어의 진화가 정신의 여러 영역들간의 장벽을 허물고 우리를 구석기

시대의 보수성으로부터 해방시켜 문화적 진화를 계속할 수
있게 만든 것이다.

인간 사회의 모델

　플라톤과 아리스토텔레스 시대 이래, 철학자들은 사회의
특성이 무엇인지에 대하여 많은 논의를 해왔다. 법이 조화롭
게 기능을 할 수 있는 사회를 어떻게 만들 수 있을까? 이것
에 대하여 두 생물학자가 완곡하게 새로운 주장을 하고 있는
데, 우리도 이들과 같은 주장을 하려고 한다. 우선, 우리는 인
간 사회를 곤충 사회를 분석하는 방법으로 연구할 수 있다고
말하려는 것이 아니다. 즉, 극대화된 포괄적인 적합성에 대한
개체의 행동을 설명하고, 이어서 개체들의 상호 작용 결과에
따른 전체 사회 구조를 설명함으로써 인간 사회를 곤충사회
에 적용할 수 있는 방법으로 분석할 수 있다는 것을 말하려
는 것이 아니다. 비록, 혈연 집단이 한 개인의 행동에 미치는
영향은 무시할 수 없지만, 혈연 집단이 가지고 있는 문화 유
전의 우월성은 인간 사회를 합리적으로 분석하는데 올바른
접근은 아니라고 본다.
　따라서, 우리는 생물학적 이론으로부터 유추할 수 있는
두 가지 아이디어를 이용하여 인간 사회를 분석할 것이다. 그
첫째는, 다른 동물과 마찬가지로 인간도 자연 선택에 의하여
진화하여 왔기 때문에, 인간 사회의 형성도 자연 선택의 관점
에서 이해하고자 한다. 둘째는, 복잡한 체제는 단순한 모델을
만듦으로써 가장 잘 이해할 수 있다는 것이다. 복잡한 체제를
이해하기 위해서 그 체제에 대하여 알고 있는 모든 것을 통합

한 하나의 모델을 세우는 것이 합리적이라는 것은 당연한 것이다. 그러나 단순한 모델을 만드는 과정에는 민감한 문제가 개재되어 있다. 생물학에서는 이러한 모델을 만드는 것이 헛된 노력에 불과하다는 사실이 여러 사례를 통해 밝혀졌다. 그밖에도 모델을 만드는 과정에는 두 가지 걸림돌이 또 있다.

첫째는 모델의 핵심은 복잡하지 않은 단순성에 있기 때문에 너무 복잡한 모델을 만들면 사람들이 그것을 전혀 이해할 수 없게 되어 하나의 모델로 끝나 버린다는 것이다.

둘째는 단순성과 상반되게, 여러 매개 변수를 충분히 고려하여 그것이 어떤 것을 의미할 수 있도록 복잡한 모델을 만들어야 한다는 것이다. 어떤 것을 쉽게 예측할 수 있는 단순한 모델은 아무것도 예측할 수 없기 때문이다.

그래서, 우리는 사회 계약 게임(social contract game)이라 불리는 단순한 사회 모델에 대하여 논의하고자 한다. 이것의 핵심적인 가정은 사회는 이성적으로 행동하는 동등한 개체들의 그룹으로 구성되어 있다는 것이다. 만약, 모든 사람들이 이기적으로 행동하지 않고 협력한다면, 각 개인에게도 훨씬 이익이 될 것이다.

그러나 협동 사회에서의 문제점은 개인의 희생을 강요할 수도 있다는 것이다. 만약 모든 사람이 세금을 낸다면, 개인적으로는 손해를 보는 사람이 있을 수 있지만, 모든 사람에게는 이익이 된다. 그러나 만약 아무도 세금을 내지 않는다면, 학교도, 병원도, 도로도 건설할 수 없을 것이고, 결국은 모든 사람들이 손해를 볼 것이다. 따라서 협동 사회를 위해서는 강제적인 인자가 있어야만 한다. 만약 모든 사람들이 "나는 협력할 것이다. 나는 잘못을 저지른 사람을 처벌하는데 동의할 것이다."라는 계약에 동의했다면, 모두의 이익을 위하여 이러한 일반적인 협력 사항을 지키지 않겠는가?

그러나 애석하게도 그것은 꼭 그렇지만은 않다. 비록 그 것이 그렇게 크지는 않더라도 '처벌에 합류'하는 행동은 개인 에게는 희생을 요구하는 것이다. 그래서 협동 사회를 이끌었 던 사람들은 개인의 권리를 침해한다는 이유로 종종 처벌에 합류하지 않았다.

"나는 처벌에 합류하지 않은 사람을 의무불이행자로 간 주할 것이다."와 같은 더 많은 서약 사항을 추가하면 계약은 더 잘 지켜질 수 있다. 칸트(Immanuel Kant)가 한 때 언급했 던 것처럼, 만약 인간이 지성만 가지고 있다면 악마들도 쉽게 협동을 할 수 있기 때문에 협동의 문제는 해결될 것 같다. 모 델의 문제점을 고려하기 전에 우리는 우선적으로 사람들이 그런 계약을 하기 전에 인간들이 가지고 있는 속성이 무엇인 지 반문해 보아야 한다.

첫째, 인간은 언어를 가져야만 한다. 둘째, 인간은 공통적 인 마음을 가져야 한다. 만약 어떤 사람이 다른 사람도 자신 과 비슷한 욕망과 이성을 가지고 있다고 생각하지 않는다면, 그 자신이 계약에 동의한 것을 다른 사람에게 권유하는 것은 별의미가 없다.

사회 계약 게임에서는 이성적으로 행동하는 평등한 사람 들의 그룹 사이에서 협동을 유지하는 것은 그렇게 어렵지 않 다고 생각한다. 물론 평등성과 합리성에도 결점이 있다. 이들 문제에 대해서 생각해 보자. 우선 우리는 합리성의 문제에 의 문을 가져야 한다. 우리가 썼던 것처럼, 세상에는 많은 주민 들이 국외자로 있는 지역이 많다.

만약 거의 모든 사람들이 자신들의 소그룹들, 예를 들어 회교도, 세르비아인 또는 크로아티아인, 투시족 또는 후투족,

유태인 또는 아랍인, 기독교도 또는 천주교도와 같은 다른 소
그룹들을 서로 다르지 않다고 생각했더라면 각 소그룹간의
관계는 지금 보다 훨씬 좋아졌을 것이다. 그러나 그들은 공동
의 이익을 위하여 함께 일을 했음에도 불구하고 그 이익을
그 지역의 인류 집단의 크기에 따라 분배하지 않고 소그룹별
로 끼리끼리 분배하였다. 이것은 소그룹간에 협동을 더 이상
불가능하게 만들었으며, 이 때문에 살육으로 얼룩진 비극으로
까지 발전하였다.

그룹 동질성과 여기서 유래한 행동은 합리적인 이기주의
가 아닌 신화와 의식이나, 관습에 의해서 영향을 받는다. 의
식에 의해서 강화되는 사람의 기원에 관한 역사적 신화는 인
간의 행동에 커다란 영향을 미친다. 신화에 의해서 사회화되
는 능력 또는, 사람들의 관점에 따라 신앙이 주입되는 능력은
모든 인류의 특성인데, 우리가 알고자 하는 것은 바로 이러한
인류의 특성에 대한 진화적인 설명이다.

그룹을 통합시키는 특수한 인자들인 노래, 의복, 의식 행
위 등은 분명히 문화적인 것이지만, 개인적으로 그것들에 영
향을 받는 정도 즉, 수용 능력은 천성적인 것이다. 그래서 진
화적 설명을 필요로 한다. 분명한 것은 그들의 구성원들을 그
룹에 충성하도록 가르친 인간 그룹은 더 성공했을 것이라는
것이다. 그래서 그 그룹의 사람들은 그룹에 충성을 하도록 하
는 유전자를 보다 더 많이 전달했을 것이다. 그러나 이것이
적절한 설명일까?

이 책에서 종종 그렇게 설명했던 것처럼, 우리는 개인과
그룹 사이에서 모순에 직면하게 된다. 초기의 인간 그룹들은
그 크기가 작았기 때문에 그룹 선택이 더 합리적이라는 것을
말해 주는 고고학적 증거가 있다. 그러나 만약 다른 영장류와

유사하게 그룹들 사이에서 광범위한 유전적 교환이 있었다면, 이것은 그룹 선택의 효율성을 크게 감소시켰을 것이다. 만약 어떤 그룹이 다른 그룹과의 경쟁에서 유리하거나 그룹들 내에서 선택적으로 유리하지 않았다면, 그룹 동질성에 대한 수용 능력은 진화된 것이 아닐 것이다. 그러면, 어떻게 그룹 동질성에 대한 수용 능력은 진화해 왔을까? 그럴 듯한 답은 그 그룹의 지능 수준을 따르지 못했던 개체는 다른 그룹의 개체들에 의해서 괴롭힘을 당했을 것이라는 것이다. 이것과 사회 계약 게임에서 안정된 협동을 위해 필요로 하는 계약의 특성과는 비슷한 점이 있다. 그 게임에서 이성적인 그룹 사이의 협동은 결점이 있는 사람의 희생을 요구한다.

우리가 지금 제기하고 있는 진화적인 시나리오에서 협동은 이성이 아닌 신화와 의식이나 관습에 의해서 유도되고, 개인의 행동은 본능적으로 수용하는 의식에 의해서 영향을 받는다는 것이다. 만약 이러한 의식의 수용 능력을 갖고 있는 개체의 그룹이 더 성공적이고, 결점이 있는 사람들이 사회 계약 게임에서 희생되는 것처럼 그룹 내에서 이러한 능력을 갖고 있지 못한 개인은 희생된다는 것이 사실이라면, 의식의 수용 능력은 자연 선택에 의해서 진화될 것이다.

현대 사회는 수십이나 수백이 아닌 수백만 명으로 구성되어 있다. 위의 예에서 본 것처럼 하나의 신을 믿고 있는 종교들은 대체로 소그룹이 아닌 사회 또는 모든 인간에게 충성을 가르치고 있는데, 이것은 너무 쉽게 왜곡되어 이웃들간에 증오심을 부추길 수 있다.

사회 내에는 언어, 종교 또는 역사에 의해서 나누어지지 않는 소그룹이 있다. 우리가 앞에서 언급했던 것처럼, 사회 계약 게임의 두번째 결점은 사회는 평등한 개인들로 구성된다는 것을 전제로 한다는 점인데, 농경 사회와 산업 사회에서 개인은 평등하지 않다. 즉, 땅이나 공장, 상점을 소유한 사람은 농민, 공장 노동자, 상점 점원들과는 다른 선택권을 가지고 있다. 한 사회 계층의 구성원들은 그들의 공동의 이익을 추구하고 있고, 의도적으로 그들의 이익의 실현을 위한 경쟁력 강화를 위하여 신화와 의식을 발전시켰다. 그것은 종종 순교자적 희생을 바탕으로 하고 있다.

　이상하게도 그들이 바탕으로 삼은 부의 불평등은 여전히 남아 있지만, 이들 그룹의 단결력은 금세기의 후반세기 동안 약화되었다. 그럴 듯한 이유는 오늘날의 신화 창조자들인 텔레비전과 신문은 사회의 가난한 그룹이 조절하지 않는다. 프리메이슨(Freemason : 공제, 우애를 목적으로 하는 비밀 결사 조합의 조합원)과 같이 지금까지 남아 있는 그룹들은 오직 의식이나 이기주의에 의해서만 함께 묶여 있다. 그리고 마피아 같은 집단은 혈연과 같은 결속력을 중요시 한다. 최근, 성에 바탕을 둔 그룹들은 정치적인 안건을 찾아서, 그들의 단결력을 강화시키기 위한 신화를 발전시키고 있다.

　이 책에서 설명한 다른 변화들처럼, 현대 사회는 과거에 독립적이고 경쟁적이었던 것들의 협동을 필요로 한다. 대체로 수백 사람이 작은 부분을 나누어 일을 분담하던 소규모 집단은 수백만 명이 광범위하게 일을 분담하는 대규모 사회로 대치되었다. 협동은 공동의 관심 속에서 법이나 사회 계약의 합리적 조직화와 그룹에 충성을 가르치는 신화나 의식에 의존한다. 불행하게도, 이성은 너무 쉽게 반사회적 이기주의로 변질될 수 있고 그룹 충성을 비이성적인 배타주의로 이끌 수 있다. 우리는 이기주의가 사회적 파괴를 가져오지 않도록 하고, 모든 인간에게 충성을 강요하는 신화로 발전하지 않도록 합법적인 체계를 만드는 것이 필요하다.

전 유고슬라비아에서 태어난 래드만(Miroslav Radman)은 최근 이웃한 부족 사이에 벌어진 보스니아 전쟁과 관련한 피비린내 나는 증오와 잔인함에 대한 책을 저술하였다. 저자는 이 장을 쓰고 난 후에야 그의 책을 접할 수 있었다. 우리가 생각했던 것처럼, 그도 그와 같은 전쟁을 하는 인간 본성에 대해 진화적인 설명을 하려고 시도하고 있다. 그리고 그것은 인간의 문화적 다양성의 가치를 지키려고 하기 때문에 일어난다고 제안하고 있다. 비록 그의 설명이 우리들이 주장하고 있는 것과 일치하지는 않지만, 그는 전쟁에는 신화와 의식이 중요하다는 것을 강조하고 있고, 이를 막기위해서는 증오보다는 인내를 가지는 의식을 발전시키는 것이 필요하다고 주장하고 있다. 문화적 다양성은 매우 가치있는 것이다. 그러나 우리에게는 그것을 위해서 최소한의 희생만을 치르도록 하는 의식이 필요하다.

제13장

···

언어의 기원

언어가 없는 인간 사회란 상상할 수 없다. 우리가 살고 있는 사회는 언어에 의존한다. 우리가 잠을 잘 때에도 인생의 정보는 언어로 저장되고 있고, 아마도 이것은 인간이 존속하는 한 계속될 것이다. 우리가 세계의 다른 나라에서 직업을 구한다고 생각해 보자. 우리가 그 나라에서 적절한 대우를 받으면서 일을 하기 위해서는 계약을 해야 한다. 즉, 우리는 그 나라의 언어로 응모하고 계약하며 그것에 따라 일을 하게 된다. 우리들의 삶은 노동의 사회적 분배와 언어 없이는 존재할 수 없는 세밀한 사회 계약에 의존하고 있다. 원숭이나 돌고래는 구어적인 형태의 언어를 구사할 수 없으며 그들은 물론 직업을 위한 계약을 이해할 수도 없다.

지난 20여년 동안의 연구 결과 인간의 언어라는 형질도 유전자의 지배를 받는다는 사실이 분명해졌다. 어떤 면에서 우리의 언어 능력은 분명히 본능적인 면이 있다. 우리는 말을 할 수 있지만 원숭이는 그렇지 못하다. 그 이유는 유전적으로 다르기 때문이다. 언어가 본능적인 것이라고 생각하는 두 가지 이유가 있다. 우리는 일반적으로 원숭이보다 더 지능이 좋고, 바로 이러한 사실 때문에 언어 능력도 차이가 나는 것이다. 또한, 우리의 뇌에는 컴퓨터의 언어칩과 같은 독특한 언어 기관이 있다. 이 기관은 컴퓨터의 하드웨어와 같다. 그것의 신경망은 외부 자극없이도 정확하게 연결되어 있다.

언어학 혁명에 가장 큰 공헌을 한 것은 촘스키(Noam Chomsky)와 그의 학파였는데, 그들은 언어에 대한 3가지 중요한 내용을 제시하였다.

1. 헝가리어나 영어 같은 자연 언어(natural language)에는 한정된 세트의 규칙이 있다. 이들 규칙을 적용함으로써 사람들은 그 언어에서 가능한 모든 문법적 문장을 만들 수 있다. 이 규칙 목록을 생성 문법(generative gram-mar)이라고 한다.
2. 인종에 관계없이 어린아이는 어떤 인류의 언어도 배울 수 있다. 그러나 이미 그들의 모국어를 배운 어른들은 다른 언어를 수용하는 능력이 어린아이보다는 못하지만 어떤 특별한 생성 문법을 극복할 수 있는 일반적인 능력을 갖고 있다. 우리는 이것을 일반 문법(universal grammar)이라고 한다.
3. 일반 문법은 강력한 본능적 인자를 갖는다.

만약, 본능적인 언어 기관이 있다면, 생물학자들이 그것이 어떻게 진화하여 왔는지 의문을 갖는 것은 당연하다. 이런 의문에 답을 얻는 것은 매우 어렵다. 아마도 가장 큰 어려움은 인간만이 언어 능력을 지니고 있다는 점이다. 초파리나 쥐를 이용하여 생물학적인 여러 현상을 연구하는 것은 비교적 쉬운데 반하여, 초파리와 쥐 또는 원숭이조차도 우리의 관점에서는 언어를 가지고 있지 않기 때문에 이것에 대한 연구는

그렇게 쉽지 않다. 언어를 구사했을 것으로 추측되는 호모엘
렉투스와 네안데르탈인 같은 우리의 선조들은 멸종하였다. 언
어는 화석으로 남지도 않는다. 말하는 것보다 쓰는 것이 늦게
발달하는데 만약, 우리 조상들이 말하자마자 쓰기 시작했더라
면 언어기관의 진화에 대한 연구는 더 쉬웠을 것이다. 핀커
(Steven Pinker)는 그의 최근 저서 『언어의 본능(*The
Language Instinct, 1994*)』에서 언어의 진화를 코끼리의 진화
와 적절히 비유하였다. 즉, 아직도 몇몇 과학자들은 코끼리의
코가 자연 선택에 의해서 진화되었다는 것을 의심하고 있다.
비록 적절한 대안은 제시할 수 없지만 많은 사람들은 언어의
진화에 대해서도 의심하고 있다.

인간의 조건 : 뇌의 기작

뇌의 특정 부위의 손상이 독특한 언어 장애의 원인이 된
다는 것은 오래 전부터 알려져 왔다(그림 13.1). 심각한 언어
장애가 있는 사람들을 실어증 환자라고 하는데, 실어증에는
지각성 실어증(Wernicke's aphasics)과 운동성 실어증(Broca's
aphasics)이라는 두 종류가 있다. 운동성 실어증 환자는 심각
한 문법적 장애를 가지고 있는 반면, 지각성 실어증 환자는
문법적으로는 맞는 문장을 구사한다.

뇌의 손상과 관련된 몇몇 현상들은 환자를 괴롭힐 뿐만
아니라 언뜻 보기에는 아주 이상하게 보이기도 한다.

예를 들어 정상적으로 보이는 사람이 '나는 사물을 보고
그것이 무엇인지 안다. 그러나 그 이름을 모른다'고 호소하는
것을 볼 수 있다. 뇌에는 개념을 형성하고 그것과 관련된 단

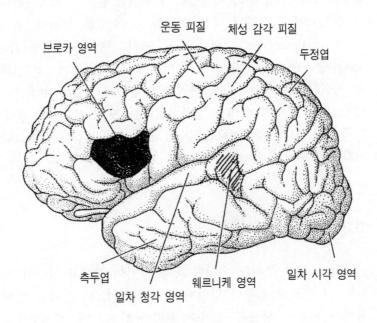

운동 피질   체성 감각 피질

브로카 영역   두정엽

측두엽   웨르니케 영역   일차 시각 영역
        일차 청각 영역

그림 13.1 언어 처리 과정에서 중요한 것으로 알려진 사람 뇌의 브로카 영역과 웨르니케 영역의 위치

어를 기억하며 단어와 개념을 연결하는 특정한 영역이 있다. 물론 그 이상의 영역들이 밝혀져 있기도 하다. 뇌의 어떤 영역은 동사를 저장하는 것 같고, 또 다른 어떤 영역은 명사를 저장하는 것 같다. 그리고 움직이는 사물과 관련된 명사와 움직이지 않는 사물과 관련된 명사를 다루는 부분은 신경학적인 차이가 있는 것 같다.

이러한 관찰은 언어 기관의 본능성과 일치하지만 그것들은 아직 완전히 증명되지 않았다. '학습' 능력에 대한 구역화되지 않고 서로 복잡하게 연결된 뉴론들의 연결망에 대해서 생각해 보자. 연결망을 통하여 학습이 이루어지는 것처럼, 어떤 우연한 사고를 분석해서 뇌의 어떤 부분이 어떤 기능을 하고 있는지를 컴퓨터 시뮬레이션을 통하여 알 수 있다. 특수한 출력 정보를 예를 들면, 말하는 것, 특수한 감각 입력를 예를 들면, 듣는 것과 보는 것이 구역화되어 있다면, 연결망 내에서의 기능도 구역화되어 있을 것이다. 다른 연결망에서도 같은 형태의 구역화가 나타날 것이며, 다른 사람의 뇌에서도 비슷한 구역화가 나타날 것이다.

따라서 아직 증명되지는 않았지만, 뇌에서의 구역화는 본능적인 즉 선천적인 것으로 생각된다. 이것과 관련한 부수적인 문제가 있다. 즉, 어떻게 뇌는 문법적인 규칙에 따라 학습하는 것일까? 예를 들면, 우리는 어떻게 동사의 과거시제를 만드는 규칙을 저장할 수 있는 것일까? 이것에 대해서는 두 가지 대조적인 주장이 있다. 하나는, 규칙들이 모든 것을 통제한다는 것이다. 즉, 전형적인 경우(동사+*ed*)뿐만 아니라 *take*, *shake*, *forsake*에서 처럼 *ey* → *oo*, 그리고 *sing*, *ring*, *spring*에서 처럼 *i* → *a* 등, 규칙들이 모든 것을 좌우한다는 것이다.

또 다른 하나는, 단어의 의미들이 학습되는 것처럼 모든 경우가 별개의 독립된 항목으로 학습된다는 것이다. 핀커는 이러한 극단적인 두 주장을 효과적으로 조화시키는 것이 중요하다고 하였다. 규칙 동사들의 경우는 규칙이 있는 반면, 불규칙 동사들은 개별적으로 기억된다는 것이다. 이것은 어떻게 같은 계통의 동사들이 다른 과거시제형들을 가질 수 있는가를 설명한다. 그 예로, *ring/rang* the bell(종을 울리다)과 *ring/ringed* the city(도시를 둘러싸다)를 들 수 있다. 규칙 동사와 불규칙 동사의 과거시제 형성과 관련된 뇌의 처리 과정이 분리되어 있다는 생각은 신경학적인 이상을 갖는 환자를 연구함으로써 알게 되었다. 이 연구는 기폭제(priming)의 개념에 의존한다. 만약 처음에 *swan*(백조)이라는 단어를 미리 알고 있다면, *goose*(거위)라는 단어를 인식하는 속도는 더 빨라진다는 것이 확인되었다. 이것은 단어들이 서로 가깝게 저장된다거나 또는, 더 일반적으로 서로 다르게 저장된 것 사이에 어떤 연결이 있다면 예상할 수 있는 일이다.

'모든 것은 규칙이다'라는 관점과 '모든 것은 학습된다'라는 두 관점에 관하여, 우리는 *walked*는 *walk*를 통하여 빠르게 인식되고, *found*는 *find*를 통하여 빠르게 인식된다는 것을 알 수 있다. 결국, 규칙에 따르건 학습에 따르건 두 관점은 서로 관련되어 있다는 것이다. 그러나 윌슨(W. Marslen Wilson)과 테일러(Loraine Tyler)는 *found*를 *find*를 통하여 빠르게 인식하고, *swan*을 통하여 *goose*를 빠르게 인식하는데 *walk*를 통하여 *walked*를 인식하지 못하는 환자를 관찰하였다.

그리고 그들은 다른 환자에서 정확히 반대의 경우를 관찰할 수 있었다. 즉, *walk*를 통하여 *walked*를 빠르게 인식하

지만 *swan*을 통하여 *goose*를, *find*를 통하여 *found*를 인식
하지 못하는 환자를 관찰할 수 있었다. 이들 환자들은 서로
다른 뇌 부위에 손상을 가지고 있었다. 단어로 문장을 구성하
지 못하는 실문법적 실어증(agrammatic aphasia) 환자들은
불규칙 동사보다 새로운 규칙 동사의 어형을 변화시키는 것
이 곤란한 반면, 단어를 인식하고 생각해내지 못하는 실명사
적 실어증(anomic aphasia) 환자는 불규칙 동사의 어형을 변
화시키지 못한다. 이러한 모든 것들이 의미하는 것은 불규칙
동사의 과거 시제를 형성할 수 있는 능력은 단어의 의미를
학습하는 것과 같은 기작에 의존하고, 규칙 동사들의 과거 시
제를 형성하는 능력과는 다르다. 이것은 그 자체적으로는 본
능적이지 않다. 그러나 최소한 뇌의 특수한 영역이 언어 규칙
을 통제한다는 것을 의미한다. 우리는 어떻게 과거 시제를 형
성할 수 있을까라는 하찮은 의문에 많은 시간을 소비하였다.
그러나 이러한 연구는 언어 기관의 작용 기작을 밝히는데 신
경학적, 심리학적 연구를 어떻게 결합시키는 것이 좋은지 알
려 주기 시작하였다. 또한 그것이 본능적이라는 면에서 그것
을 발견하는 것이 얼마나 어려운가를 말해 주고 있다. 언어의
본능적인 측면을 알아내는 것은 그렇게 쉽지 않다.

언어의 습득

언어의 습득 능력을 이해하는데 결정적인 문제는 우리가
단순히 시행착오를 수반한 학습으로 언어를 배우는가, 아니면
인간 두뇌에 유전적으로 이미 입력되어 있고 조직되어 있는
본능적인 능력에 의해 언어를 배우는가이다. 외부로부터 언어

입력이 전혀 없다면 언어를 배울 수 없다는 것은 명백하다. 즉, 어렸을 때부터 어느 누구도 말하지 않는다면, 우리는 말하는 것을 배울 수 없을 것이다. 언어 학습에 관한 결정적인 시기는 사춘기가 끝날 무렵에 닫히고, 그 이후에는 언어를 배울 수 있는 창이 영원히 닫히게 된다는 것을 보여주는 몇 가지의 놀라운 사례들이 있다.

만약 이 결정적인 시기 동안에 언어를 배울 기회를 놓친 사람은 결코 어떤 언어도 완전히 습득할 수 없게 될 것이다. 비극적인 경우이지만 수년간 아버지에 의해 감금된 채 살아온 제니라는 소녀의 이야기는 적절한 사례이다. 비록 이후에 그녀에게 말하는 것을 가르쳤지만, 그녀는 문법에 맞지 않는 하급 영어 수준을 넘어설 수가 없었다. 그러므로 언어 입력은 언어의 습득에 절대적으로 필요한 것처럼 생각된다. 그렇지만 언어 입력뿐만 아니라 사람에게 이미 잠재되어 있는 언어의 습득 능력 또한 중요하다. 이러한 선천적인 언어의 습득 능력을 시각의 발달과 비교하며 설명해 보겠다.

눈, 시각 신경, 이와 관련된 뇌의 부분들을 포함한 시각 시스템은 여러 기관들로 이루어진 매우 정교한 기관계이다. 시각 시스템이 그것을 가진 생물체의 적응력을 높이기 위한 진화의 산물이라는 것은 분명하다. 시각 시스템은 거의가 이미 선천적으로 장치되어 있고, 시각 시스템의 운영에 영향을 미치는 유전적인 결함도 보고되어 있다. 언어 시스템과의 유사성으로부터 생각해 볼 때 우리는 다음과 같은 두 가지의 질문을 던질 수 있다. 첫번째는 발달 초기에 아무런 입력이 없다면 시각 시스템에 어떠한 일이 일어나겠는가 이고, 두번째는 만약 다양한 인자들이 시각을 위해 통합적으로 필요하다면 과연 어떻게 시각 시스템이 진화되어 왔겠는가 이다. 이에 대한 답은 어느 정도 만족할 만한 정도로 알려져 있으므로, 우리는 그것에 대해 하나하나 살펴 보자.

어린 고양이를 눈을 가리고 기르면 완전한 시력을 형성할 수 없게 된다. 만약 8주 전에 가리개를 벗겨 주면 정상적인 시력발생이 다시 시작되지만, 그 이후에는 가리개를 벗겨줘도 그 고양이의 시력 손상은 일생 동안 지속된다. 그러므로, 시각시스템이 발달하기 위해서는 외부로부터 자극을 받아야만 하는 결정적인 시기(critical period)가 존재한다고 할 수 있다.

시각 시스템의 신경해부학적 지식에 대해서는 비교적 잘 알려져 있다. 즉, 뉴런 사이의 연결이 자극에 반응해서 생성되고, 자극이 없어지면 사라지는 것이다. 따라서 고양이에게는 선천적인 시각 습득 장치(vision acquisition device ; VAD)라는 것이 있어서 여기에 적절한 시각 입력이 주어지면 완전한 시력을 형성하게 되는 것이다. 시력이 발달하기 위해서는 특이적으로, 이미 조직화되어 있는 뇌의 부분이 필요하다. 즉, 뇌의 다른 부분들은 그것을 대체할 수 없다. 아마도 완전한 시각 시스템을 형성하는 것은 매우 어려운 작업이므로 자극 자체를 신호로 사용하여 더 쉽게 시각 시스템이 형성되어지는 것 같다. 이와 유사하게 언어 습득 역시 언어 입력뿐만 아니라, 미리 조직화된 뇌의 부분이 있어야 한다. 즉, 시각과 언어 시스템은 발달 초기의 적절한 입력뿐만 아니라 유전적으로 결정된 뇌의 구조에 의해 좌우되는 것이다.

두번째 질문을 생각해 보자. 눈의 진화적 기원은 생물학자뿐만 아니라 비생물학자들에게도 흥미로운 주제였다. 생물학자들은 눈의 정교하고도 놀라운 구조에 감탄하지만 눈은 진화 과정에서 단지 돌연 변이들 가운데 가장 적합한 것이 선택되는 자연 선택의 결과에 지나지 않는다고도 볼 수 있다.

즉, 오늘날 일부의 단순한 무척추동물들이 지니고 있는 빛에 민감한 세포들의 집합체들이 점차 진화하여 인간과 두 족류의 눈과 같은 완벽한 카메라와 같은 눈이 만들어졌다고 주장한다. 이렇게 매우 원시적인 눈으로부터 완벽한 카메라 눈으로 진화하는 동안에 거친 중간 단계의 눈의 구조들을 현생 동물에서도 관찰할 수 있다. 이로 인해 눈에 대한 진화의 역사를 재구성하는 일이 언어의 기원에 비해 훨씬 쉬운 작업이 된다. 왜냐하면, 언어는 화석으로 남지도 않고, 형태도 눈처럼 살아남은 구조로 관찰할 수 없기 때문이다. 그럼에도 불구하고 진화학자들은 언어의 진화에서도 그러한 중간 단계들이 반드시 존재했었을 것이라고 주장한다.

위에서 설명한 눈의 진화를 살펴보면서 우리는 세 가지의 결론에 도달할 수 있다. (1) 완전한 기능을 갖춘 복잡한 시각 분석기보다는 시각 습득 장치가 유전적으로 형성되는 것이 더 쉽다. (2) 고양이의 발생에서 시각 습득에 관한 결정적 시기가 존재하는 것에서 유추할 수 있듯이 시각 분석기가 일단 형성되면 다시 재구성하기는 매우 힘들어진다. (3) 눈은 보편적인 진화 기작을 따라 빛과 자극에 민감한 세포로부터 복잡한 눈으로 단계적으로 진화되어온 것으로 생각된다.

이와 유사한 일들이 언어 기관의 진화에서도 진행되어 왔었고, 또 개체의 발생 과정에서도 일어났을 것이다. 촘스키와 그의 동료들은 '자극의 결핍(poverty of stimulus)'에 대한 학설을 강력하게 주장하고 있다. 대부분의 경우 어떤 한 문장에서 단어의 순서와 분법적 항목들의 순서를 바꾸어 놓으면, 전혀 이해할 수 없는 문장이 된다.

어떤 내재적인 안내 체계가 없다면 어린이들은 단지 그들이 주위로부터 들은 말들만을 토대로 해서는 어떤 문장이 문법적인지를 배울 수가 없다. 게다가 대부분의 부모들은 자기 아이들의 문법적 실수를 바로 잡아주지 않는다. 오히려 부모들은 복잡한 철자를 가진 단어들을 제대로 발음하는가에 더 신경을 쓴다. 최근의 조사에 따르면, 어린이들은 2살에서 4살 사이에 문법의 복잡성을 본능적으로 이해하는 정도가 전통적인 학습 기작으로부터 얻는 정도보다 훨씬 뛰어나다라는 것을 분명하게 보여준다. 그러므로, 뇌 속에 언어 습득 장치(language acquisition device ; LAD)가 존재하고 이것이 언어의 입력에 의해 촉발되어 궁극적으로 완전한 언어를 구사할 수 있게 만드는 것 같다. 즉, 선천적이라고 생각되는 것은 완전히 개발된 언어 처리 프로그램이 아니라 언어 습득 장치이다.

언어 기관의 조율

언어 습득 장치가 이미 사람의 머리에 내재되어 있다고 하자. 그렇다만 왜 어린이들은 언어를 오랜 기간 동안 배워야만 하는가? 그리고 놀라운 향상에도 불구하고 왜 그들은 이 기간 동안에 문법적 실수를 거듭하는가? 왜 사람들은 언어의 입력 없이는 언어를 완전히 습득할 수 없는가? 왜 우리는 문법을 조금이라도 배워야 하는가? 왜 문법 체계 전체가 뇌에 잘 조직화되어 있지 않은가? 또한 왜 그렇게 어휘의 표현에서뿐만 아니라, 문법 표현에서도 언어들마다 다양성이 존재하는가? 왜 세계적으로 인종에 관계 없이 보편적인 문법이 존재하지 않는가? 우리는 이러한 질문들에 대해 답하고자 하며, 또한 선천적인 언어 능력(language instinct)이 일반적인 진화 과정처럼 돌연 변이와 자연 선택에 의해 생긴 것인지에 대해 서도 답하고자 한다.

아마도 이러한 문제들 중에서 가장 답하기 쉬운 문제는 왜 우리가 선천적으로 어휘를 알지 못하고 배워서 알게 되는 가일 것이다. 만약 어휘를 선천적으로 알고 태어났다면, 문화 의 진화는 유전자의 진화보다 더 빠르게 진행할 수 없었을 것이다. 즉, 새로운 어휘, 예를 들면 나사와 드라이버라는 도 구가 도입되기 위해서는, 그 어휘를 사용하기 이전에 모든 사 람들이 그 어휘를 유전적으로 알고 태어났어야 한다. 그러므 로, 어떤 문장이라도 만들기 위해서는 문법이 필요하긴 하지 만, 각 문장을 구성하는 실질적인 내용은 유전적이라기보다는 문화적이어야만 한다.

이 세상에 왜 다양한 언어들이 존재하는가에 대한 이유 를 찾아보려면 다음 두 가지를 고려해야 한다. 즉, 언어는 태 어나자마자 즉시 배우게 되며, 또한 인간의 두뇌에 이미 입력 되어 있는 언어 습득 장치에 의존하면 가장 쉽게 배울 수 있 다. 어쩌면 언어 습득 장치를 이용하지 않으면 언어 습득이 불가능할 지도 모른다.

세상에 존재하는 다양한 언어들 가운데 과연 선천적으로 배우기 쉬운 언어가 존재할까? 확실한 대답을 할 수는 없지 만 빅커튼(Derek Bickerton)의 피진어(Pidgin)와 크리올어 (Creole)에 대한 연구에 의하면 그 대답이 '예'일 수도 있다. 피진어는 공통된 언어를 갖지 않은 사람들이 만날 때 사용하 던 의사소통의 수단인데 과거 식민지에서 노예로 일하는 사 람들 사이에서 빈번히 사용되었었다.

우리는 아래에서 피진어에 대해 상세하게 논할 것이므로, 여기에서는 피진어가 문법 체계 없이도 의사 소통을 할 수

있는 제한된 수단이라고만 이해해도 충분하다. 크리올어는 주
된 언어 입력이 피진인 공동체에서 자라나는 아이들로부터
생겨났다. 그렇게 생겨난 크리올어는 피진어와는 달리 완전한
문법 체계를 가진 완전한 언어이다.

여기서 놀라운 것은 수천 킬로미터나 떨어진 서로 다른
공동체들에서 사용하는 크리올어의 문법이 약간의 차이는 있
지만 매우 유사하다는 것이다. 그 한 가지 예가 크리올어에서
공통적인 문법인 '이중 부정'이다. 혹자는 부모들이 완전한 언
어를 말했기 때문에 그들의 영향이 새로운 크리올어 문법의
출현에 결정적이었다고 주장할 수도 있을 것이다. 하지만 그
이후로도 유일한 외부 언어 입력이 피진어와 같은 것이라 할
지라도 어떤 집단의 아이들은 완전한 문법을 가진 언어를 진
화시킬 수 있다라는 증거들이 제시되어왔다.

피진어 수준에서만 의사 표현을 할 수 있는 부모들 아래
에서 수화를 배운 청각 장애아들의 집단은 수화로 능숙하게
말할 수 있는 어른들이 없었음에도 불구하고 그들 부모들의
문법 수준을 훨씬 넘어서는 매우 정교한 문법 체계를 가진
수화를 발달시킬 수 있었다. 크리올어는 다음의 두 가지 점을
보여주고 있다. 우선 어린이 공동체의 언어적 창조성을 보여
준다. 그리고 우리에게 보편적인 문법이 주어진다면, 어떤 특
정한 생성 문법이 가장 쉽게 나타날 수 있을 지에 관한 힌트
를 준다.

일반적인 문법을 습득하는 능력은 선천적인가?

모든 언어에서 문장은 적당한 방법으로 명사와 동사의

조합으로 만들어진다. 이는 그림 13.2에서 자세히 설명하였다. 즉, 영어 독자는 '이건 잭이 만든 집이다(This is the house that Jack built)'라는 동요를 반복함으로써 더욱 더 빨리 생각을 이해 할 수 있다. 특별한 언어를 위해 만들어진 문법에서 특별한 법칙은 더욱 더 복잡하게 들릴 수 있다. 예를 들어보자. '그가 누구를 보았는지 너는 어떻게 아니(How do you know who he saw)?'라는 표현은 문법적으로 옳지만 '그가 어떤 방법으로 보았는지 너는 누구를 아니(Who do you know how he saw)?'는 비논리적이고 부적절한 표현이다.

영어를 어느 정도 구사하는 대다수의 사람은 이 문장의 모순을 알지만, 그들이 언어학자가 아니라면 비록 매우 박식한 본토 영국인이라도 왜 잘못되었는지를 설명할 수는 없다.

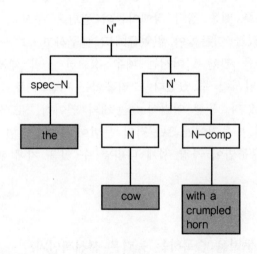

그림 13.2 명사구의 구조. N(cow)은 구의 주요어이다.

이는 '보이지 않는 인자(null elements)'로 설명할 수 있을 것
이다. 두번째 질문은 '그가 어떤 방법으로 보았는지 너는 누
구를 아니(Who do you know how he saw)?'이다. 여기서는
'누구(Who)'로 대체되어 있지만 '어디(Where)'는 관찰한 사물
의 옮겨진 장소 대신에 사용할 수 있다. 그러나 언어학자에
의하면 옮기는데 제한이 있다. Wh-로 시작되는 단어는 How
로 채워진 공간을 가로질러 옮길 수 없다고 주장한다.

　이런 제한은 미묘한 것이다. 그러나 언어학자들은 '보이
지 않는 인자'가 이런 제한과 문법적으로 관련된 많은 현상들
을 설명하는 가장 간단한 방법이라고 주장한다. 그들이 옳을
지도 모른다. 그러나 우리는 이 사실을 설명하는 가장 간단한
법칙이 존재하지 않는다고 확신할 수도 없다. 또는, 아마 역
사적 이유로 진화가 가장 복잡한 시스템을 선택했을 수도 있
다. 만약, 그렇다면 우리가 따르는 법칙은 언어학자가 주장하
는 것보다 더욱 더 복잡할 것이다. 여하튼, 이야기 할 때 우
리가 이런 법칙들을 의식하지 않고 별 노력 없이 따른다는
것은 흥미로운 일이다.

　촘스키가 주장하는 언어학의 새로운 시작 즉, '최소한의
프로그램(minimalist programme)'은 단어가 문법적 문장으로
특정화되는데 가능한 간단한 법칙을 공식화하는 방법을 찾는
데 목적이 있다. 우리는 자세히 알 수는 없다. 그러나 베릭
(Robert Berwick)은, 화학 법칙과 유사하게 그림으로 그리는
접근 방법으로 언어 형성 법칙의 묘미를 알 수 있을 것이라
고 주장하였다. 화학 법칙을 예로 들면서 언어의 법칙을 설명
하려는 저자의 의도에 의아해 할 것이다. 왜냐하면 대부분의
사람들은 언어보다 화학을 더 모른다고 믿기 때문이다. 그럼
에도 화학 법칙이 문법보다도 이해하기가 더 쉽다는 것은 흥

미로운 사실이다.

화학과 문법간에 유사성이 존재한다. 화학에서 수소, 산소, 철과 같은 여러 종류의 원자는 수많은 종류의 다른 화합물을 형성할 수 있게 결합할 수 있다. 그러나 원자의 모든 배열이 안정한 화합물을 형성하지는 않는다. 이와 유사하게 언어에는 명사, 동사, 부사 등의 여러 종류의 단어가 존재하고 이들이 결합하여 거대한 문장을 형성할 수 있다. 하지만 모든 결합이 문법적이지는 못하다. 즉, 안정한 문장이 될 수 없다. 이 책을 읽는 독자들은 지금쯤은 발견했을 테지만, 화학 법칙과 문법에는 이런 유사성이 존재하며, 이를 이용하여 사고의 폭을 넓히는데 도움을 받을 수 있다.

화학은 불분명하지만 틀림없이 정교한 자연 과학의 한 분야이며, 이 책의 저자 중 한 명도 그 분야에서 일한다. 원자가 결합하는 법칙은 쉽게 설명할 수 있다. 처음은 '결합의 법칙'이다. 각각의 원자는 1에서 4까지의 결합수를 가지는데, 이 결합수에 맞추어 다른 원자와 결합함으로써 분자를 형성한다. 즉, 분자를 구성하는 원소들의 결합수가 모두 만족되어야 한다. 예를 들어, 수소는 결합수가 1이고 산소는 결합수가 2이다. 따라서 물분자는 산소원자 1개와 수소원자 2개의 결합이다. 그러므로 H-O-H, H_2O로 표시한다. 그러나 O-H-O와 같이 산소 2개와 수소 1개는 결합할 수 없다. 물론 화학 결합이 일어나려면 또 다른 법칙들을 만족시켜야 하지만 최소한 위의 결합 법칙은 꼭 지켜져야 한다.

두번째 법칙은 '부품 조립(subassembly)의 법칙'이다. 분사는 만들어지면 하나의 단위로 행동한다. 원자가 분자를 이루기 위해 결합하는 법칙과 비슷하게 다른 분자와 연결된다. 예를 들어, 뉴클레오티드(nucleotide)가 형성되면 그들은 DNA

라는 더 복잡한 분자를 만들기 위해 끝과 끝이 연결된다.

언어도 이와 유사한 법칙이 있음이 확실하다. 문장을 형성하기 위해 단어들이 결합될 때 작동하는 법칙이 존재할 것이다. 더욱이, 구(phrase)라는 문법 구조(그림 13.2)가 존재하여 문장 내의 한 단어를 여러 단어로 이루어진 숙어로 대체할 수 있다. 예를 들어, 특정 문장에 있는 '소(cow)'라는 단어를 '뒤틀린 뿔을 가진 특정 소(the cow with a crumpled horn)'라는 숙어로 바꾸어도 문법에 틀리지 않는다. 즉, 문법에서 단어는 원소의 결합수와 비슷한 개념의 특징을 가지고 있어서 결합의 법칙이 만족되어야만 원소들이 결합하여 분자를 이루듯이 단어들간의 결합에서도 결합의 법칙이 만족되어야만 한다. 만일 결합의 법칙이 만족되지 않은 문장은 문법이 틀린 문장이며, 따라서 의미의 전달이 부실하게 될 것이다.

앞서 던졌던 질문인 선천적으로 타고나며, 모든 언어에 적용되는 공통적인 문법이 존재하는가에 대한 답은 아직 모른다. 최소한 언어 현상을 비교해서는 답을 찾을 수 없을지도 모른다. 그러면 해답을 전혀 찾을 길은 없을까? 어쩌면 생물학자들이 주장하듯이 유전학적인 연구로 해답을 찾을 수 있을지도 모른다.

유전학적 접근

사람의 단어 구성 능력이 선천적으로 타고난 능력이라면 이런 능력에 영향을 미치는 유전적 변이가 존재할 수도 있을 것이다. 실제로 모국어나 외국어를 습득하는데 개인간에 다양한 편차가 존재함을 우리는 학교 교육을 통하여 잘 알고 있

286 40억년 간의 시나리오

다. 하지만 이런 다양한 편차 가운데 어느 것이 유전적인 요인에 기인하는지를 연구하기는 쉽지 않다. 즉, 어떤 특정 문법을 배우는데 문제점을 가지고 있다는 등의 분석은 비교적 쉽게 할 수 있다. 하지만 이런 문제들이 저능 혹은 귀머거리와 같이 다른 장애와 복합된 것이 아닌, 오직 언어 습득에만 국한되어 나타남을 알아내기는 쉽지 않다. 그럼에도 불구하고 언어 습득에만 특이하게 장애를 가진 경우는 존재한다.

언어 습득 장애가 유전적으로 연관되어 있다는 연구는 몇 년 전에 고닉(Myrna Gopnik)이 최초로 보고하였다. 그녀의 연구는 신경성 부전실어증(dysplasia)이라는 매우 특이한 언어 장애를 가진 가족을 대상으로 하였다. 대상 가족은 영어를 구사하는데, 문장 구성에서 과거형과 복수형 같은 문법적인 것에 문제를 가지고 있다. 다음은 이들 가족이 작성한 문장들이다.

She remembered when she hurts herself the other day. (그녀는 전에 자해했었던 때를 기억했다.)
Carol is cry in the church. (캐롤은 교회에서 운다.)
On Saturday I went to nanny house with nanny and Carol. (지난 토요일, 나는 보모와 캐롤과 함께 보모 집에 갔다.)

문제는 명백하다. 정상적인 문법을 사용하는데 문제가 있어서, 예를 들면 진행형을 나타내는 -ing를 쓰지 못한다. 하지만 'went(갔다)'는 정확히 썼는데, 아마 이는 정상적인 문법에 따른 과거형이 아니라 나중에 습득해야 하는 특수한 과거형이기 때문에 학습으로 터득하여 옳게 사용한 듯하다.

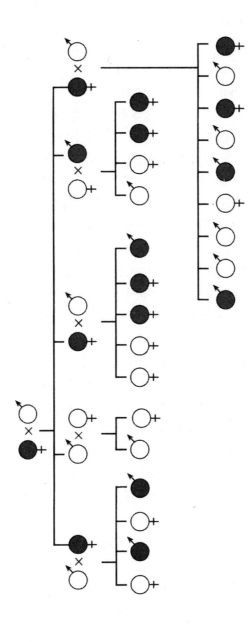

그림 **13. 3** 고닉(Myrna Gopnik)이 보고한 특이한 언어 장애를 갖고 있는 언어 장애를 갖고 있는 가계도. 검게 칠해진 원은 언어 장애를 갖고 있는 사람을 표시한 것이다.

즉, 환자들은 후천적 언어 습득에는 큰 문제가 없어 보였다. 하지만 선천적인 문법 구사 능력에는 결함을 보인다. 예를 들어 환자에게 이상한 동물의 그림을 보여주면서 그 동물의 이름을 wug라고 가리켜주었다. 하지만 이런 동물이 여럿이 있는 그림을 보여주고 동물의 이름을 물으면 보편적 복수형 단어인 wugs라는 답을 찾지 못한다. 이는 내재적으로 문법 구사 능력에 결함이 있음을 보여주는 예이다.

이들 환자들의 공통적인 특징은 현재 / 과거 또는 단수 / 복수 등을 표현하기 위한 단어의 변형 법칙을 모른다는 것이다. 물론 변형된 단어를 사전적으로 배울 수는 있다. 예를 들어, watched(봤다)가 watch(보다)의 과거형임을 사전을 찾아서 배울 수는 있다. 하지만 이를 일반화시키는 능력이 없기 때문에 wash(씻다)의 과거형이 washed라는 것은 깨닫지 못한다. 이러한 능력의 결함은 유전적임을 가계도(그림 13.3)에서 알 수 있다. 문법 결핍 유전자는 상염색체에 존재하며 우성 유전자임을 알 수 있다. 더 많은 연구를 해보아야 알겠지만 비슷한 예가 프랑스, 일본, 그리스에서도 보고되었다.

하지만 위와 같은 연구 결과를 보편적으로 받아들이는데는 항상 문제점이 따른다. 가장 먼저 제기되는 반대 의견은 환자가 듣거나 발음을 똑바로 못하는 문제를 가지고 있으므로, 문법적인 결함은 부산물이며, 일반적인 인식의 차이에 의해서도 영향을 받는다는 의견이다. 하지만 실험적인 증거는 이런 일반적인 우려를 불식시키고 있다.

예를 들어, 듣는 과정에 문제가 있는 환자는 영어의 과거 문장의 동사 끝에서 나는 작은 -d소리를 들을 수 없다. 하지만 다른 언어의 과거형은 영어와 다른 데도 역시 환자들은 과거형을 잘 만들지 못한다. 게다가 환자는 글을 쓰는 데에도 같은 실수를 한다. walked와 같은 말을 할 때, 그들에게는 walk + -ed가 자동적으로 한 단어로 들리는 것이 아니라 두 단어로 들리므로 의식적으로 두 단어로 결합하려는 노력을 한다.

또한 오랜 발음 연습을 거치면 복수의 경우 단어 끝에 -s를 첨가하는 것을 배우게 된다. 하지만 이들은 보통 사람들이 복수형을 만드는 선천적인 능력과 다름이 곧 드러나는데, 예를 들면 'sas'와 'wug'의 복수형을 보통 사람들은 'sassez'와 'wug-z'로 발음하는데 반하여 환자들은 'sasss'와 'wugs'로 발음한다. 이는 이들의 문법 능력은 선천적으로 지니고 있는 언어 능력에 의하여 다듬어지는 것이라기보다는 후천적인 교육에만 의존함을 보여주는 예이다.

언어 장애가 일반적인 지능의 문제라는 지적은 많은 경우에는 사실이다. 실제로 지능이 낮아서 언어 습득에 장애를 나타내는 경우가 있다. 하지만 언어 장애 환자가 모두 저능이라고는 말할 수 없다. 예를 들면 언어 장애를 가지고 있는 물리학자도 있다. 즉, 단지 언어에만 장애가 있는 사람들은 대부분 정상적인 지능을 가지고 있다. 또한 언어 장애를 가진 환자의 뇌는 구조적으로 정상인과 구별된다는 신경학적 연구 결과도 보고되었다. 이런 구조적 차이로 인하여 언어 장애를 일으킬 수 있다.

제10장에서 살펴보았듯이 지난 20년 간 발생유전학은 눈부시게 발전해 왔다. 현재 우리는 발생 과정 중에 생기는 돌연 변이에 대한 연구를 기반으로 하여 발생 과정에 관여하는 다양한 인자들을 유전적으로 분석할 수 있다. 즉, 기형을 연구함으로써 정상적인 발생이 이루어지는 원리를 알 수 있다. 언어유전학(linguistie genetics)이라는 새로운 분야도 비슷한

방향으로 연구될 것으로 예상한다. 그런데, 이 일은 인간만이
언어를 유일하게 사용하기 때문에 연구에 큰 어려움이 있다.
인간을 임의적으로 교배하거나 인위적으로 인간의 돌연 변이
를 만들 수 없으므로, 연구가 생존하는 가족의 가계도를 분석
하는데 국한될 수밖에 없다.

비상 신호로부터 연설까지 : 언어 능력의 진화

알아내야 할 진화의 틈새는 '원형 언어(protolanguage)*'와
촘스키의 일반 문법 사이에 존재한다. 원형 언어의 예는 피진
어, 2세 이하 어린이들의 언어, 유인원이 습득한 언어, 그리고
언어적 결핍 상태에서 자라난 사람들의 언어를 들 수 있다.
표 13.1에 몇 가지 예를 들었다. 이들의 특징은 다음과 같다.

1. 소쉬르적 기호(Saussurean sign)로서의 낱말의 사용 :
   즉, 낱말은 듣는 이와 말하는 이 모두에게 개념을 나
   타내어야 하나 그러하지 못하다.
2. if, that, the, when, in, not 과 같은 아무 대상도 지시
   하지 않는 순수한 문법적 항목들이 결핍되어 있다.
3. 계층적인 통사 구조(syntax)의 부재 : 예를 들면 위에서
   언급한 구(phrase)를 사용하지 않는다.

---

* 원형 언어 : 이 술어의 언어학적 개념은 현존하지 않는 고대의 조상 언어
(祖語)를 뜻한다. 조어의 재구성(reconstruction)을 위해서 역사비교언어학
(historical comparative linguistics)이 존재하며 현 언어학의 뿌리를 이루고 있
다. 따라서 이 책의 원 저자가 의미한 개념으로서의 본래 언어학적 술어는
'원시 언어' 곧 'primitive language'가 되어야 옳다.

비록 이렇게 언어로서 본질적인 요소들이 결여되었다 하더라도, 이 원형 언어 속에는 이미 많은 내용이 들어 있다. 그러나, 대부분의 언어학자들은, 야생 동물이 적절한 낱말을 사용한다고 믿을 만한 예가 없다고 주장한다. 호전적인 독수리, 표범, 그리고 비단뱀의 출현에 반응하는 버빗원숭이들의 신호를 고려해보자. 어른 원숭이들이 이러한 약탈자들을 보았을 때 사용하는 개개의 신호가 있다는 것은 인정하고 있다. 예를 들어, 어린 원숭이의 경우, 학습을 하지 않고도, 독수리를 의미하는 신호가 비행하는 물체라는 뜻은 알지만, 그 정확한 적용법은 배워야만 한다.

처음에, 어린 원숭이들은 다른 무해한 새들 심지어는 떨어지는 낙엽에 대해서도 독수리가 출현했을 때 지르는 신호를 외칠 것이다. 이러한 신호를 듣는 원숭이들은 적절하게 반응한다. 만일 표범이 주변에 있다면 나무 꼭대기로 올라가는 것이 좋은 생각이지만, 독수리가 있다면 좋은 생각이 아니다. 그러나, 이건 아주 중요한 사항인데, 원숭이가 비단뱀의 출현에 대한 신호를 들을 때 원숭이 자신의 뇌에 실제로 뱀의 개념을 형성한다는 증거는 없다. 원숭이는 왜 그런지 영문을 알지 못하면서 반응할 수도 있다. 따라서 그림 13.4에 있는 도해에서 하나의 화살표가 빠져 버릴 수도 있다.

다른 동물들 심지어 야생 동물들도 소쉬르적 기호를 사용할 수 있는 것처럼 보인다. 그 중 하나가 돌고래이다. 놀랍게도, 돌고래의 두뇌 크기는 인간 다음으로 두번째이다. 유인원은 돌고래의 반 정도에 불과하다. 이 자체는 그다지 중요하지 않다고 할 수도 있다. 어쨌든 네안데르탈인의 머리도 우리보다 더 컸기 때문에……. 그러나, 돌고래는 무한해 보이는 매우 풍부한 음역을 가지고 있어 죽을 때까지 새로운 신호들

표 13.1 원형 언어의 예. A는 2살 어린이들의 발화. B는 인간이 훈련한 침팬지의 기호화된 진술. C는 13세 때까지 언어 습득을 박탈당한 소녀 지니(Genie)의 발화

A	B	C
big train	drink red	want milk
red book	comb black	Mike pain
Mommy lunch	tickle Washoe	At school wash face
go store	open blanket	I want Curtis play piano

을 배울 수 있다.

돌고래는 같은 종족의 신호를 들을 수 있고, 관련된 정보를 추출해 냄으로써 적절하게 서로 반응할 수 있다. 어떤 신호는 그 신호를 내는 특정 돌고래의 주민등록증인 것처럼 보인다. 비록 증명되지는 않았지만, 돌고래가 소쉬르적 기호, 간단히 말해 낱말을 사용한다는 믿을만한 증거가 있다. 예를 들면, 한 돌고래가 어떤 물체에 대한 반응으로 어떤 것을 '말할' 때, 다른 돌고래는 그 말을 듣고 이 물체를 본적이 없어도 이것을 가르킨다.

돌고래들은 어순(word order)의 중요성을 이해하고 있는 것 같다. 그래서 '문장 이해(sentence comprehension)'를 하고 있다고 믿게끔 한다. 예를 들면, '파이프-가져와-고리(pipe fetch hoop)'와 '고리-가져와-파이프(hoop fetch pipe)'의 의미를 적절하게 구별하도록 가르칠 수 있다. 이들은 2개에서 5개

사이의 낱말로 구성된 수많은 문장들에 대해 반응하여 그에
맞는 적절한 행동을 할 수 있다.

돌고래는, 일단, 직접 목적어(direct object) + 행동(action)
+ 간접 목적어(indirect object)와 같은 구문 구조에 익숙해지
면 이 원형을 처음 보는 새로운 낱말에 사용할 수 있다. 예를
들면, '고리-가져와-파이프(hoop fetch pipe)'라는 문장이 'fetch
the hoop to the pipe(고리를 파이프 쪽으로 가져와라)'라는 것
을 의미한다는 것과 그물(net)과 바구니(basket)란 단어의 의미
를 배우게 되면, 돌고래는 처음 경험하는 '그물-가져와-바구니
(net fetch basket)'란 문장을 'fetch the net to the basket(그물
을 바구니 쪽으로 가져와라)'의 의미로 올바르게 해석할 수 있
는 것 같다.

이러한 수행은 주목할 만하지만 거기엔 다음과 같은 세
가지의 제한이 있다.

1. 일반적으로 이해는 산출보다 쉽다. 우리가 잘 알고 있
   는 것처럼 언어를 이해하는 것은 말하는 것 보다 쉽다.
2. 돌고래는 실험에서 문장을 만들지 않았다.
3. 돌고래가 사육 상태에서 무엇을 할 수 있든 야생 상태
   에서, 과연 문장 구조는 말할 것 없이, 낱말조차도 사용
   하는지에 대해 우리는 전혀 알지 못한다.

다음은 위헬리(Mária Újhelyi)의 의견이다. 일부일처제로
살고 있는 어떤 원숭이들이 영역 방어를 위해 사용하는 노래
와, 이 원숭이들과 비슷한 사회적 체제를 지닌 긴팔원숭이
(gibbon)들이 부르는 노래가 '선사 언어 체계(pre-linguistic
system)'로서의 자격 요건을 갖추고 있다는 것이다.

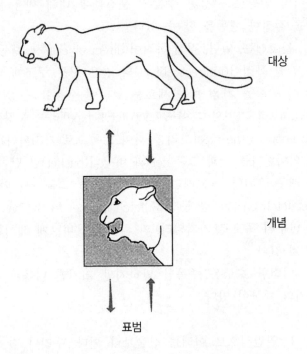

대상

개념

표범

그림 13.4 소쉬르적 기호의 구조*. 화살표는 직접적인 연계를 나타낸다. '외부' 대상과 이에 상응하는 낱말 사이에 직접적인 연결이 없다는 것에 주목하라. 그 둘 사이에 개념이 존재한다. 어떤 사람이 표범의 소리를 들었거나 보는 경우, 이것이 그의 마음에 표범의 개념을 유도할 것이며, 결과적으로 표범의 모습이나

---

* 소쉬르적 기호 : 소리와 의미의 결합체로서의 체계적 목록을 기호라고 부르며 이는 흔히들 말하는 랑그(langue)에 대응된다. 현대적 의미에서는 각 개인이 가지고 있는 언어 능력(linguistic competence) 자체를 말하기도 한다. 이러한 잠재적이고 선험적인 언어 능력을, 구체적인 습득(acquistition)의 과정을 거쳐 발화해내었을 때, 소쉬르적 개념으로는 빠롤(parole)이라고 하며 촘스키적 의미로는 언어 수행(linguistic performance)이라고 한다. 소쉬르는 19세기 역사비교언어학을 정리하며 20세기 구조주의 언어학을 구축한 태두이다.

소리를 상상할 수 있게 될 것이다. 낱말로서의 자격을 갖추기 위해서 신호
(signal)는 이러한 의미의 기호(sign)여야 한다. 즉 낱말, 대상, 그리고 그 사이
에 존재하는 개념에 관련된 모든 방향의 화살표가 존재해야 한다. 정도의 차이
는 있지만 동물의 경우, 개념의 형성은 꽤 일반적인 반면, 낱말을 얼마나 자주
사용하는지는 불분명하다. 예를 들어, 원숭이가 뱀에 대한 경계 신호를 듣는 경
우, 이 신호가 우선 원숭이의 머리 속에 뱀에 대한 개념을 형성시킬까 아니면
그저 단순한 반응에 그치는 것일까? 우리는 모른다. 결국 개념에 대응하는 어느
것도 형성하지 않으면서, 구체적인 소리에 대해 구체적인 방법으로 반응하는 기
계를 고안하는 것이 더 쉬울 것이다.

원숭이들은 서로 다른 연쇄체에서 별개의 인자들을 골라
결합시켜 성(性), 정체성(identity), 영역 등등을 표시한다. 특
히 동남아시아산 긴팔원숭이의 경우 흥미로운데, 결혼한 쌍의
구성원은 듀에팅(duetting)이라 불리는 노래를 부르기도 한다.
침팬지와, 피그미 침팬지인 보노보(bonobo)는 일부일처제가
아닌데도 그들의 긴 신호로 알 수 있는 것처럼 선사 언어의
능력을 유지하고 있는 것처럼 보인다. 물론, 문제점이라 할
수 있는 것은 그러한 발성행위가 지시하고 있는 본질적 내용
이다. 그들이 실제로 의미하는 것은 무엇인가?
　지금쯤 분명해졌겠지만, 우리는 언어의 진화에서 완전한
문법에 이르는 중간 단계가 반드시 존재한다고 생각한다. 중
간 단계를 생각하는 것은 어렵지 않다. 예를 들어, 프리맥
(David Premack)은 '존이 멍멍이에게 물렸다(John was
bitten by the dog)'라는 문장 말고 '멍멍이가 존을 문다(the
dog bit John)'라고 말하는 것이 가능한 단계가 존재한다고
주장했다. 즉 문장의 주어는 처음에 나타나야만 하며, 능동적
행위 주체를 지시해야 하는 단계이다. 사실, 언어의 확장 경

로에는 다음과 같은 여러 단계를 제시할 수 있다.

- no와 같은 부정(negation)의 항목들
- what, who, where와 같은 'Wh-' 의문사
- 고유명사를 다시 언급하는 대신 사용하는 대명사
- can, must와 같은 조동사
- before와 after 같은 시간적 순서를 나타내는 표현들
- many, few와 같은 양을 표시하는 양화사(quantifier)

물론, 이러한 항목을 넣지 않고서는 말을 할 수 없었던 내용도 있었을 게다. 그래서 어떻다는 것인가? 이제껏 우리가 보아왔듯이 불완전한 눈이라도, 눈이 없는 것보다는 훨씬 낫다.

그러나 빅커튼(Derek Bickerton)과 같은 언어학자들은 통사(syntax) 구조의 많은 부분들이 진화기간 동안 갑작스럽게 발생하였을 것이라고 주장한다. 진화 과정에서 새로운 내용들은, 진화 자체가 다른 기능의 수행을 위한 구조의 변형인 경우, 비교적 갑자기 나타날 수 있다. 예를 들어, 제4장에서, 아미노산이 RNA 효소의 조효소로 기능하는 체계로부터 유전암호가 진화되어 왔을 것이라는 의견을 제시했다. 유사하게, 새의 깃털은 날기 위해서 보다는 체온 조절을 위해 진화되었다. 그러나 진화와 관련하여, 오래된 최초의 구조는 새로운 역할을 수행하게 되었을 때 비효율적일 것이며 따라서 자연선택이 조정을 가했을 것이다.

빅커튼은, 통사 구조는 두 개의 이미 존재했던 능력 — 하나는 사회적 '거짓말 탐지기', 다른 하나는 원형 언어적 능력 — 의 결합에 의해 진화되어 왔다고 주장했다. 이것은 본래 독립적인 생물체가 아니라, 같은 생물체 안의 두 개의 유전

체계 사이에서 공생하는 어떤 종류일 것이다. 우리는 공생이 돌연한 도약적 진화의 이유가 될 수 있다고 이미 주장해 왔다. 만일 이러한 생각이 혹은 이것과 유사한 생각이 옳다고 판명된다면, 인간 언어의 급격한 출현과 복잡성 둘 다를 설명하는 데 도움이 될 것이다.

이러한 견해의 중요한 부분은, 인간이 아닌 영장류에게 가능하다고 생각되는 '마키아벨리적' 사고 방식(정략적인 교묘한 생각)이, 구구조(phrase structure)*와 엇비슷한 통사 구조를 분명히 지녔다는 것이다. 이런 견해는 신뢰할 수 있는 것 같다. 예를 들어, "만일 내가 Joe에게 말한다면 Joe는 Mary에게 말할 것이다(If I tell Joe, then Joe will tell Mary)"의 문장 유형과 같은, 누가 무엇을 누구에게 왜 했는지 / 하는지 / 할 것인지에 대해 생각하지 못하고, 그리고 이런 내용을 반복해서 말할 수 없는 훌륭한 마키아벨리적 인물을 상상하는 것은 어렵다. 마키아벨리적 인물은 복잡한 통사 내용을 말할 수 있으며, 반복 생산도 가능하다.

비록 이러한 설명이 옳다 해도, 진화 내용의 실질적인 정밀 조정이 필요할 것이다. 세포 소기관의 진화에 대한 예를 다시 한번 생각해 보자. 비록 공생으로 많은 부분을 저절로 얻었다 할지라도, 특정한 기능을 수행할 수 있는 장구한 진화 단계 없이는, 공생을 통해 신진 대사에서 광합성과 ATP의 이용은 불가능했을 것이다.

두뇌에서 원형 언어와 사회적 단위 사이의 연결에 대한

---

* 구구조 : 전체 문장이 주부와 술부로 분해되고(S→NP + VP), 주부는 관형구와 명사구로 분해되며, 술부는 부사구와 용언으로 구성된다. 그외 등등등… 문장의 구조를 성분 구조로 분해하여 제시하는 도해 방식(diagram)을 말한다.

이러한 견해는, 제12장에 기술되어 있는 미쓴(Steven Mithen)
의 견해와 유사하다. 그에 의하면, 약 십만년 전 초기, 인류의
정신(human mind)은 사회적 지능, 사냥과 같은 자연사에 대
한 지능, 기술적 지능 그리고 사회적 지능과 연계된 언어 등
과 같은 특징적인 정신 구조의 단위들로 구성되어 있었다고
한다.

고고학 자료에 의하면, 약 5만년 전에, 기술적 발명과 예
술적 창조에 거대한 분출 시기가 있었다고 한다. 미쓴은 그의
저서 『정신의 선사학(*The Prehistory of the Mind*)』에서, 이
러한 분출은, 비교적 고립되어 있던 사회 단위 사이에 의사
소통이 증가했기 때문에 야기되었다고 주장했다. 예를 들어,
그 당시 만들어진 도구 종류의 현저한 증가로 인해, 사람들은
사냥과 도구의 제작을 동시에 생각하게끔 되었다. 언어는 이
러한 의사 소통을 도와주었을 것이다.

이러한 견해의 매력은 이들이 원칙상 뇌의 특별한 부분
의 기능, 발달, 퇴화를 관찰함으로써 검증이 가능하다는 것이
다. 만일 어떤 신경학적인 무질서가, 앞서 언급한 인류 정신
을 구성하는 영역의 기능적 결함에서 발생한다고 판명된다면
이는 특히 설득력 있게 들린다.

하나의 수수께끼가 남아 있다. 어떻게 문법적 개신형
(grammatical novelty)이 사람들 사이에 퍼졌을까? 만일 다른
사람이 이해하지 못한다면 한 개인이 사용하는 새로운 문장
이나 구성은 소용없다. 그런 새로운 개신 형태는, '희망적 괴
물(hopeful monster)'로, 즉 낱말 자체는 희망적이지만 실제
세계에서는 통용될 가망이 없다고 하여 선택되지 않은 것은
아닐까? 여기에서 주목해야 할 첫번째 것은, 언어학적으로 새
로운 것을 만났을 때 우리는 쉽게 포기하지 않는다는 것이다.

우리는 다른 것을 관찰함으로써, 뿐만 아니라, 스스로 시험해 봄으로써 그 의미를 추측하려고 시도한다. 두번째로, 문법적 인 새로움은 이미 존재하는 신경 구조에서 만들어지며, 컴퓨 터에서 일반적으로 더 정교하게 만들어진 소프트웨어의 가장 최근 형태가 이전 버전과 함께 쓰일 수 있는 것처럼, 이미 존 재하는 오래된 형태와 양립할 것으로 보인다.

다른 사람들이 이 새로운 개신형을 배우고 채택하려 하 기 때문에 이 돌연 변이적 언어 능력의 확장은 계속될 것이 다. 그러나, 이 돌연 변이가 자연 선택에 의해 확산되려면, 나 름의 장점이 있어야 한다. 사람들이 어떤 돌연 변이 형태가 뇌 속에 확고하게 장착되어 자리잡는 것을 학습할 수 있다 하더라도, 왜 그 돌연 변이형이 실질적으로 더 적합해야만 하 나? 핀커(Steven Pinker)와 블룸(Paul Bloom)과 같은 언어학 자들은, 이러한 올가미로부터 벗어나는 한 가지 가능한 방법 으로 '유전적 동화 학습(genetic assimilation learning)'을 주 장하였다. 습득한 특징들이 상속된다는 가정을 하지 않고, 학 습한 행위를, 유전적으로 프로그램된 행위로 전환시킬 수 있 는 진화 과정이다. 이것은 힌튼(G. E. Hinton)과 노우란(S. J. Nowlan)이 제시한 흥미로운 컴퓨터 시뮬레이션을 통해 가장 잘 설명할 수 있다.

그들의 주장은, 어떤 행동을 수행하기 위해서는 신경 전 환(neuronal switch)이 올바르게 되어야만 한다는 것이다. 그 전환은 유전자 자체 혹은 학습에 의해서 이루어질 수 있다. 그러나 만일 유전자 자체에만 의존한다면, 개체군은 행동을 수행하기 위한 능력을 진화시키지 못할 것이다. 왜냐하면, 모 든 올바른 신경 전환 조정을 결정하는 유전자형이 무작위적 돌연 변이에 의해 나타날 기회가 거의 없기 때문이다. 비록 그러한 유전자형이 발생한다 하더라도 다음 세대에서 유전적 재조합에 의해 사라질 것이다. 순수 유전학에서, 올바르게 조정된 신경 전환의 99퍼센트를 가지는 거나 올바른 형태 10 퍼센트를 갖는 거나 결국은 대동소이하다.

만약, 학습이 한 개체의 일생 동안 계속 일어날 수 있다고 가정한다면, 그 상황은 극적으로 변한다. 즉, 단지 일부의 신경 전환만 유전적 특질에 의해 조정되고, 조정되지 않은 전환에는 많은 임의의 시도들이 행해질 수 있다는 것이다. 생의 초기일수록, 한 개체는 올바른 결합을 발견하고, 세대가 지나면서 그 결합을 다음 세대로 물려줄 것이다. 그러므로, 만약 유전적으로 신경 전환이 정확하게 될수록, 정확한 조정의 나머지가 밝혀지는 데 걸리는 예상 시간은 감소하며, 그럼으로써 기대되는 자손의 수는 증가한다. 학습이 유전적 특성과 결합할 때, 신경 전환의 90 퍼센트 정도가 정확한 법칙 하에 유전적으로 조정되는 것이, 정확하게 조정된 신경전환의 약 70 퍼센트 정도를 얻는 것보다 훨씬 낫다. 그러므로, 첫째, 틀림없이 학습된, 개체에 적합한 어떤 특성은, 뇌에 컴퓨터의 배선처럼 확고하게 장착되어 나타날 수 있다. 왜냐하면 학습은 자연 선택의 길잡이가 될 수 있기 때문이다.

따라서 우리의 제안은, 유전적 동화가, 문법을 습득하기 위한 두뇌 신경의 배선 능력의 발달을 설명하는 데 도움이 될 수 있다는 것이다. 오늘날 새로 만들어진 구가 시험되고 있는 것처럼, 문법의 새 구성 요소는 먼저 개인들이 충분히 시험한 것이고, 개체군의 다른 구성원들이 학습할 것이다. 만약 의사 소통 기술이 향상된다면, 가장 빨리 새로운 문법직 장치를 학습해 왔던 사람들은 늙어 죽게되므로 대부분의 후손들과 결별하게 될 것이고, 처음으로 학습한 문법적 개신형은 유전적으로 동화될 것이다.

언어의 진화에 긍정적으로 영향을 주었을지 모를, 또 다른 인간 능력이 있는가? 한 주요한 제안은 다음과 같은 것이다. 대상을 조작하고 그것들을 결합함으로써 그 결과 '의미를 만들어내는' 기술인 인간에게만 특징적인 그러한 능력은 언어 능력과 함께 인간에게서만 공진화해 왔을 것이라는 의견이다. 그 핵심은, 무언가를 의도하고 대상을 조작함에는 명백히 '실전 문법(action grammar)'이 있다는 것이다. 예를 들면, '(나는) 더 많은 포도 쥬스를 원한다((I) want more grape juice)' 라는 문장을 다룰 때, 문법은 부품 조립(subassembly) 전략을 따른다. 명사구를 만들기 위해 more는 grape juice와 결합하고, 그 결합한 구는 동사와 재결합된다. 예를 들어 숟가락으로 음식을 먹는 것도 명백히 비슷한 전략이다. 음식과 숟가락을 결합시켜야만 하고 그 결합체가 입 안으로 들어가야 한다.

유추는 이보다 더 깊이 진행된다. 신경정신의학자인 그린필드(Susan Greenfield)는, 하나의 컵이 다른 컵 안으로 쏙 들어가는, 여러 크기를 가진 컵들을 가지고 놀이를 하는 어린이들을 관찰해 왔다. 그녀는 실제 언어 문법의 습득을 닮아 가는 단계 속에서 실전 문법이 발달한다는 것을 발견했다. 컵놀이에서 어린이들은 세 가지 전략을 적용한다. 짝짓기 방법(pairing), 컵 집어넣기 방법(pot), 그리고 부품 조립 방법(subassembly method)이다(그림 13.5). 이 전략은, 문법의 발달이 나타나는 단계에 맞춰 점진적으로 그 복잡도가 증가한다. 문장 구성에 있어 유추 단계는 어린이의 발달 과정에서 늦게 나타난다. 그러나, 그린필드는 그 유추 단계가 어린이들이 음소(phoneme)를 결합시켜 낱말을 만드는 능력을 획득한 후에 나타난다고 지적하고, 실질적으로 실전 문법과 낱말의 구성이 시간적으로 동시에 나타난다고 제안했다.

원숭이는, 야생의 상태에서, 물건을 다루는데 부품 조립 전략을 사용하지 못한다는 사실에 주목할 만하다. 비록 그들 중 일부가 인간이 기르면 그 전략을 습득한다고 하더라도.

컵끼우기(nesting-cup) 실험에서 부품 조립 전략을 발견한 두 침팬지가, 집중 언어 훈련의 대상이 되어 왔다는 사실은 중요하다. 야생의 침팬지 세계에서는, 어미가 자신의 새끼들에게 망치와 모루를 이용하여 견과를 까는 방법을 가르칠 때에만 학습과는 다른 시범 교육을 행한다는 사실이 아마 훨씬 중요할 것이다. 그래서 그린필드는, 점점 더 많은 낱말과 문법을 사용하는 교육과, 점점 더 복잡한 일을 할 수 있는 도구의 사용, 이 두 측면 사이의 공진화적인 과정을 생각한다. 그럴 듯하다. 그러나, 언어의 한 가지 중요한 면은, 언어의 창조성인데 우리가 결코 할 수 없는 내용을 말할 수 있는 것임을 잊지 말아야 한다. 복잡하고 의미 있는 행동을 하기 위해서, 우리는 머리 속에 있는 많은 실행 불가능한 것들을 뒤져야만 한다. 빈틈없는 실험을 하기 위해서는 환상과 상상의 날개를 잘 펴야만 하는 것처럼.

언어와 미래

이야기를 끝내기 위해, 진화 과정에서 무엇이 일어났으며 앞으로 무엇이 일어날 수 있는지 살펴보고자 한다. 몇몇 주요한 진화적 변화를 통해 우리는 다음의 두 가지 내용 중 하나를 알 수 있다. 1) 유전 체계에 새로운 유형이 나타난다. 2) 혹은 소수의 선택적인 정보를 부호화할 수 있는 제한된 유전 체계

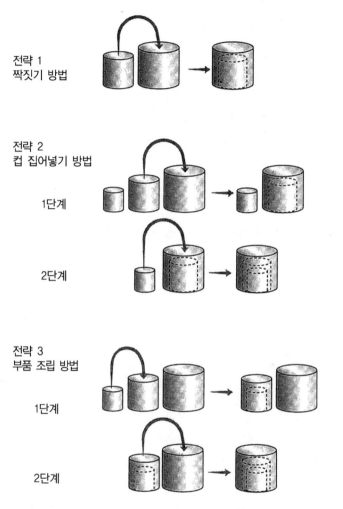

전략 1
짝짓기 방법

전략 2
컵 집어넣기 방법

1단계

2단계

전략 3
부품 조립 방법

1단계

2단계

그림 13.5 실전 문법(action grammar). 어린이들은 세 가지 방법으로, 작은 것을 큰 것의 안으로 넣으면서 컵들을 늘어놓을 수 있다. 이는 문장을 구축하는 방법과 형식적 유사성을 가진다. 짝짓기 방법은 Mary ate the fish같은 간단한 문장과 비슷하다. 컵 집어넣기 방법에서, John caught the fish and Mary ate the fish처럼 두 문장을 결합한다. 부품 조립 방법에서, Mary ate the fish which John had caught처럼, 구를 처음 만들고 그것을 문장의 일부분으로 사용한다.

가, 잠재적으로 무제한적인 유전 체계로 진화한다. 지난 40억
년 동안에 진화한 서로 다른 유전 체계는 다음과 같이 요약
할 수 있다.

- 제1장에서 설명하였고 그림 1.2에서 표현하였던 것과 같은
  자가 촉매적 주기와 망
- 작은 올리고뉴클레오티드 즉, 소수의 뉴클레오티드의 연
  쇄
- 수백개의 뉴클레오티드로 구성된 RNA와 DNA 같은 분
  자
- 박테리아의 염색체처럼, 오직 하나의 복제 기점을 가진
  염색체
- 진핵 세포의 여러 복제 기점을 가진 염색체
- 제10장에서 하였던 락오페론과 같은 유전자 조절의 1차
  적 조절
- 다세포 생물에서 발견되는 발전된 유전자 조절 체계
- 원형 언어
- 현대 언어

유전 암호와 인간 언어 사이의 유사성은 주목할 만하다.
발화된 문장은 몇 개의 음성 단위들이나 음소*들의 서열로 구
성된다. 이 음소들의 서열은 먼저, 서로 다른 낱말들을 구분
하고, 그 다음 통사구성 단계를 거치고, 나아가 문장의 의미
를 구분한다. 이러한 체계에 의해, 적은 수로 이루어진 일종
의 단위 서열은, 무제한으로 많은 의미를 전달할 수 있다. 유

---

* 음소 : 의미를 구별해줄 수 있는 최소 단위(minimal meaning distinguishing
  unit)를 말한다. 예를 들어 '팔'과 '발'의 의미를 구별하는 데는 [ㅍ]과 [ㅂ]의
  대립으로 충분하다. 이 때 /ㅍ/과 /ㅂ/은 각기 음소의 자격을 가진다. 언어학
  에서는 / /사이에 알파벳 기호를 넣어 음소를 표시한다.

전 정보는 단지 네 종류의 염기 서열로 이루어져 있다. 이 서열은 먼저, 유전 암호를 통해, 20종류의 아미노산 서열로 바뀐다. 이 아미노산 사슬이 3차원의 기능적 단백질을 만들기 위해 포개진다. 유전자 조절을 통해, 올바른 단백질이 올바른 시간과 장소에서 만들어지므로, 무한한 종류의 단백질을 만들 수 있다.

따라서 두 체계 모두, 여러 가지 단위들의 소수 선형 서열이 무한수의 결과물을 만들 수 있다는 공통점을 지닌다. 그러나 두 체계를 피부에 와 닿게 비교할 수는 없다는 문제가 있다. 언어에서, 문장의 의미는 통사 규칙에 의해 결정된다. 이 규칙들은 형식적이고 논리적이다.

반면에, 유전 정보의 '의미'는 논리적으로 얻어질 수 없다. 그러므로, 비록 단백질의 아미노산 서열이 유전 정보에 의해 간단히 도출될 수 있다고 해도, 그들이 3차원 구조를 만들기 위해 겹쳐지는 방법과 그들이 촉매하는 화학 반응들은, 물리학과 화학의 법칙들이 규정하는 복잡하고 역동적인 과정에 의존해야 한다. 통사 구조로부터 의미가 나오는 방법과, 유전 정보로부터 단백질이 나오는 방법을 비교하여 기술하는 것은 불가능해 보인다.

소수 개별 단위들이 선형 서열을 이루어 유전 정보 체계를 구성하는 것외에, 무제한적인 유전 형질에 이용할 수 있는 다른 방법은 있는가? 선형 서열이 배열하기 쉽다는 것 외에, 그 정보들이 일차원적이어야 하는 필연적인 이유는 없는 것 같다. 그러나 아마도 단위들의 속성은 반드시 개별적(discrete)이고 불연속적(digital)이어야 할 것이다. 만약 의미가, 소수의 부류들 중 하나에 속하지 않고, 지속적으로 변할 수 있는 기호에 의해 나타난다면, 중국의 귓속말 게임에서처럼, 의미는 점차로 바뀌어 버릴 것이다. 그러나, 인간의 언어는 음소나 그에 상응한 어떤 것에 의존하지는 않는 것 같다. 그러므로 청각장애자를 위해 개발한 기호 언어(sign language)는, 비록 낱말이 존재하긴 하지만, 기호와 음소간에 일대일 대응이 존재하지 않는다. 이들 언어가 어느 정도로 불연속적인 지를 아는 것은 흥미로운 일일 것이다.

주요 전환들의 마지막으로 언어의 기원을 다루었다. 이 사실은 우리가 역사학자가 아니라 생물학자임을 보여준다. 언어는, 유전적 정보의 변화라는 측면에서, 진실로, 생물학적 진화를 요구하는 마지막 전환이었다. 그러나 언어의 기원 이래, 정보가 전달되는 방법에는 두 부류의 주요 전환이 있었다. 하나는 문자의 발명이다. 문자가 없거나, 혹은 정보를 저장하는 어떤 방법이 없었다면, 대규모의 문명화는 불가능했을 것이다. 자료를 영구적인 형태로 기록할 수 없었다면 사람을 부릴 수가 없었기 때문이었으리라…….

가장 최근의 전환은 오늘날 우리의 근본적인 삶을 지탱해 주는, 정보의 저장과 전달을 담당하는 컴퓨터의 사용이다. 컴퓨터의 발명과 활용은 유전 정보의 기원 혹은 언어의 기원 이후 가장 뜻깊은 사건이 될 것이다. 그러나 우리는 그런 현상이 얼마만큼 미래를 지배할지 예측할 수는 없다. 우리 후손들은 가상 현실(virtual reality) 속에서 그들의 삶의 대부분을 보낼 것인가? 유전적인 저장과 전자적 저장 사이에 어떤 공생 형태가 이루어질 것인가? 컴퓨터는 자기 복제의 수단을 요구하고 그것들을 만들었던 초기의 삶의 형태를 대체하려고 진화할 것인가? 우리는 예측할 수 없다. 던져진 진화의 주사위가 어느 숫자에 멈출지…….

찾아보기

〈ㅈ〉

40억년 간의 시나리오

찍은 날 2001년 4월 15일

펴낸 날 2001년 4월 25일

지은이 존 메이나드 스미스·에올스 스자스마리

옮긴이 한국동물학회

펴낸이 손 영 일

펴낸 곳 전파과학사

출판 등록 1956. 7. 23(제10-89호)

120-112 서울 서대문구 연희2동 92-18

전화 02-333-8877·8855

팩시밀리 02-334-8092

한국어판 ⓒ 전파과학사 2001 printed in Seoul, Korea

ISBN 89-7044-219-7 03470

Website www.S-wave.co.kr

E-mail S-wave@S-wave.co.kr